科学史ライブラリー

環境科学の歴史 I

P.J.ボウラー 著

小川眞里子・財部香枝・桒原康子 訳

朝倉書店

FONTANA HISTORY OF SCIENCE
(Editor: Roy Porter)

THE FONTANA HISTORY OF
THE ENVIRONMENTAL SCIENCES

Peter J. Bowler

FontanaPress
An Imprint of HarperCollins*Publishers*

Originally published in English by HarperCollins*Publishers* Ltd under the title:
THE FONTANA HISTORY OF THE ENVIRONMENTAL SCIENCES

Copyright ©Peter J. Bowler 1997

The Author asserts the moral right to be identified as the Author of this work.

Japanese translation rights arranged with HarperCollins*Publishers*
through Japan UNI Agency, Inc., Tokyo.

序

Preface

　本書は，最も広義における環境科学の歴史である．地理学や地質学から生態学や進化論に至るまで，我々の自然的・生物的環境を扱う諸科学を網羅するが，だからといって関係分野の歴史の寄せ集めというわけではない．博物学の全分野を詳細に説明すれば，一般読者には退屈であろうし，紙幅の面でも無理だろう．それよりも，科学の主要な領域や理論上の重要な革新の説明に力を注いだ．それでもなお，このような広範な主題の探求はやや荷が重く，したがって専門家ではない読者にも興味をもってもらえるような事項を選択するよう努めてきた．しかし，その選択が進化論史という私の専門に依存しすぎているというのであれば，ここに謝罪する．自分の得意分野に基づきながらも，できる限り広範に題材を加えようと努めたつもりである．これは，自身の専門領域外の主題の選択については，良質な二次文献の利用の可否にかかっていたことを意味する．

　本書のねらいは，我々の思考・行動様式に影響を与える諸科学の発達を，現代の歴史家がいかに理解しようとしたのかを示すことである．科学史は，もはや事実発見の無味乾燥なカタログを提供するものではない．それは，科学者が観察を説明しようとするとき，その方法に影響を与える文化的・専門的要因を理解するために，科学をその社会的コンテクストの中へ置こうとする1つの学問分野である．しかしながら，科学史の研究成果には異論も多い．というのも，多くの科学者が研究を事実に基づく知識の蓄積に他ならないと考えているからである．実際のところ彼らが好むのは，発見のカタログであって，研究主題や理論モデルの選択が，経済的圧力から信仰に至るまでの外的要因から影響を受けることを示唆する社会学的分析ではないからである．

　他方，科学史家も，どれが「重要な」問題かという先入観によって研究の方向づけが左右されてきた面があることを認めなければならない．その結果，科学史のテーマに浮沈が生じた．すなわちダーウィン革命のように果てしもなく記述され続けてきたテーマもあれば，まったくかえりみられることのないテーマもあるということだ．そしてこの状況が時代とともに変化し，それは全体として社会における新しい態度の結果でもある．生態学の歴史はようやく盛んになってきたが，[環境科学の]他の領域（たとえば気象学や海洋学）においては十分なレベルに達した[歴史]研究の数は片手で足

りる程度である．

　私見によれば，本書は「環境科学」の包括的な歴史を扱った最初の本である．このような形の書物を書き下ろすように依頼されたという事実は，いま，一般の人々が「環境」を科学が深く関与する重要問題として考え始めたという認識を反映している．環境に関係する諸科学の歴史の1つの切り口は，西洋文明の環境観の変化である．本書で論じようとしたのはこの主題である．「環境科学」はあるレベルで人為的なカテゴリーである．すなわち環境に対する大衆の関心によって，環境科学として浮上してきたということ以上には，何ひとつとして統一性をもたないさまざまに異なる専門領域の集合なのである．環境（保護）主義者の多くは，我々の星である地球を自然のプロセスが連動する系として考えない限り，我々の干渉によってその系は破壊されるかもしれないと主張する．科学もしばしばその問題の一部であると思われる．すなわち科学が専門的に分化することが，現代思想における唯物論的傾向，つまり自然をばらばらの単位に分けようとする欲望を象徴する．そして単位ごとに切り分けられた自然は横のつながりを欠いたまま研究され，目先の利益のために開発が行われることもある．環境（保護）主義の目的をめざして自然の統一性という感覚を再び呼び戻そうとする努力は，実行不可能な理想主義として拒絶されてきた．

　唯物論や専門分化への傾向は本書の一部であるが，科学は，その傾向に拮抗する哲学，たとえばロマン主義などの影響のおかげで，広範な自然の相互作用の研究が活発に奨励されたような諸段階を経てきたことも，あわせて述べたい．今日，自然の統一性という感覚をとり戻すべきだとするさらに実践的理由があるが，その感覚は科学者の蛸つぼ化現象に再考を促す手段としても同様に有効かもしれない．科学者たちがそれぞれの時代にどんなふうに動機づけられてきたかを例示することによって，新しくいっそう頼りになる環境科学が，科学自体の本質によって排除されないことを願うばかりである．

1992年2月

ピーター・J・ボウラー
クィーンズ大学，ベルファスト

目　　次

1. 認識の問題 ———————————————————————— *1*
   - 1.1 広がる地平線　*5*
     - ａ．文化と自然　*5*
     - ｂ．科学とキリスト教の伝統　*9*
   - 1.2 科学の本質　*11*
     - ａ．科学的方法　*12*
     - ｂ．社会的活動としての科学　*14*
     - ｃ．科学とイデオロギー　*18*

2. 古代と中世の世界 ——————————————————— *23*
   - 2.1 ギリシアとローマ　*26*
     - ａ．競合する宇宙論　*28*
     - ｂ．プラトンとアリストテレス　*33*
     - ｃ．古代後期　*38*
   - 2.2 中　世　*40*
     - ａ．動物寓話集と本草書　*42*
     - ｂ．学問の復興　*43*

3. ルネサンスと革命 ——————————————————— *47*
   - 3.1 人文主義と自然界　*49*
     - ａ．秘密の力　*50*
     - ｂ．自然の豊かさ　*51*
     - ｃ．動物，植物，および鉱物　*54*
   - 3.2 大復興　*61*
     - ａ．博物学と革命　*61*
     - ｂ．機械論哲学　*65*

4. 地球の理論 ―――――――――――――――― 71
　4.1　理性の時代の科学　71
　　　ａ．分類と説明　73
　　　ｂ．描かれた地球　75
　4.2　地球の起源　80
　　　ａ．化石の意味　81
　　　ｂ．新しい宇宙生成論　85
　4.3　火と水　89
　　　ａ．水成論　89
　　　ｂ．火成論　93

5. 自然と啓蒙時代 ―――――――――――――― 99
　5.1　生命の多様性　100
　　　ａ．博物学の古典派時代　100
　　　ｂ．社会的環境　104
　　　ｃ．デザイン論　107
　5.2　自然の体系　109
　　　ａ．存在の連鎖　111
　　　ｂ．分類体系と分類法　113
　　　ｃ．リンネ　115
　5.3　自然の経済　118
　　　ａ．田園の調和　119
　　　ｂ．バランスの維持　120
　　　ｃ．生命の地理学　123
　5.4　変化の可能性　125
　　　ａ．間隙を埋めること　126
　　　ｂ．ビュフォン　128
　　　ｃ．唯物論と生命の起源　131
　　　ｄ．自然の進歩　133

6. 英雄時代 ―――――――――――――――― 137
　6.1　科学の組織　140

a．ヨーロッパによる地球調査　*140*
　　　b．アメリカの巻き返し　*142*
　6.2　新しい地理学　*144*
　　　a．フンボルトと宇宙　*145*
　　　b．フンボルト科学　*147*
　6.3　地質学上の記録　*148*
　　　a．化石と層位学　*150*
　　　b．古代の岩石　*152*
　6.4　気候と時代　*155*
　　　a．冷却する地球　*155*
　　　b．氷河時代　*157*
　6.5　山と大陸　*161*
　　　a．収縮する地球　*163*
　　　b．浮遊する大陸　*165*
　6.6　変化の速度　*166*
　　　a．激変説論者の地質学　*167*
　　　b．自然の斉一性　*168*
　　　c．地球の年齢　*172*

7．哲学的博物学者たち ───────────── *175*
　7.1　知識と権力　*177*
　　　a．専門家とアマチュア　*178*
　　　b．科学と政治　*180*
　7.2　自然のパターン　*182*
　　　a．連鎖，樹，そして円環　*184*
　　　b．形態と機能　*186*
　7.3　植物の地理学　*193*
　　　a．植物学上の地区　*193*
　　　b．歴史生物地理学　*195*
　7.4　生命の歴史　*199*
　　　a．種の絶滅　*200*
　　　b．前進的発展　*203*
　7.5　変化の過程　*208*

　　　　　　　　　　　　　　目　次

　　a．ダーウィン以前の転成論　*208*
　　b．ダーウィン理論の起源　*212*
　　c．自然選択　*215*

人名索引　　1
書名索引　　13
事項索引　　17

第II巻目次

8. 進化の時代
    8.1 開発かそれとも保護か
        a．科学と帝国
        b．生物学の専門化
        c．初期の自然保護主義
    8.2 ダーウィン革命
        a．ダーウィニズムの解釈
        b．ダーウィン学派
        c．反ダーウィニズム
    8.3 生命の樹
        a．進化形態学
        b．化石と祖先
        c．人類の起源
    8.4 進化と環境
        a．移動の道筋
        b．進化と適応
    8.5 生態学の起源
        a．新しい生物学
        b．植物生態学

9. 地球科学
    9.1 現代の科学
        a．拡大と細分化
        b．巨大科学の時代
        c．探検の終焉
    9.2 地球の物理学
        a．気象パターン
        b．氷河時代再論
    9.3 移動する大陸

a．地質学の危機
   b．ヴェーゲナーの独創性
   c．ヴェーゲナーに対する反応
 9.4 プレートテクトニクス（造構運動論）
   a．古地磁気学
   b．海洋底拡大
   c．過去と現在

10. ダーウィニズムの勝利
 10.1 科学とイデオロギー
   a．権力のイメージ
   b．自然と文化
 10.2 進化の総合
   a．平行進化
   b．ラマルキズムの擁護
   c．集団遺伝学
   d．新しいダーウィニズム
   e．ダーウィニズムの含意
 10.3 動物の行動
   a．精神と脳
   b．進化と動物行動学
   c．霊長類研究
   d．社会生物学

11. 生態学と環境主義
 11.1 変化する価値
   a．原野を征服すること
   b．環境主義の台頭
 11.2 生態学の時代
   a．植物生態学
   b．動物生態学
   c．海洋生態学
 11.3 現代生態学

a．個体群とシステム
   b．生態学と環境危機

参考文献解説
訳者あとがき

1

認 識 の 問 題

The Problem of Perception

　環境科学は近年深刻な関心事となってきている．現代の技術が，世界資源の大規模な開発を押しすすめ，結果として汚染や環境の荒廃を招いてきたことはよく知られている．科学がこの開発に加担してきたことは明らかであるが，同時に，我々にその危険性を警告しているのも（少なくとも一部の）科学者たちである．環境を扱う諸科学がどのように発達してきたかという歴史的研究を行うことによって，手づまりな現状に光が投じられるかもしれない．部分的であるにせよ，もし科学がこの現状の原因であると同時に解決の手段でもあるならば，世界を理解し開発しようとする我々の試みがどのようにして今日の形をとるようになってきたのかを知る必要がある．これらの諸科学は西洋文化の基底的価値観をどの程度反映しているのか？　実際のところ，自然の合理的な研究という観念が，純粋に西洋的な世界観にどの程度関与するものであるのか？　自然に関する科学的研究だからといって，資金を提供する人や実際研究を行う人の価値観を反映しないですむのだろうか？　それらの価値観は時の流れとともに変化してきたのだろうか？　そうであるならば，環境「科学」という概念はそれを保持する社会の本質に依存するのか？　これらはたしかに〈現代〉世界の重大な問題である．しかしその解明には，環境科学の発達について〈歴史的〉分析を進めることによって，迫ることができるかもしれない．

　「環境科学」という用語が，前世代の科学者には認識困難な現代的コンテクストを有しているという事実から，問うべき問題の範囲は明白である．20世紀の科学は高度に専門化してきており，学問分野相互の研究プログラムは，部外者には密接に関連した

主題を扱うように見えるときでさえ，しばしば異質である．環境（保護）主義者は，科学は研究が細分化したために自然の断片的なイメージを助長することになったと批判的である．しかし地球の諸問題をまるごと理解するのに役立つような研究領域はない．「環境科学」としての統一は諸科学の内側から作られるのではなく，人間の活動が環境にもたらす脅威に，人々が徐々に気づくことによってその統一が見えてくるものである．

このように，環境科学の歴史はいくぶん人為的なカテゴリーのように見えるかもしれない．たしかにそれは，20世紀においては相互にほとんど関係があるとも思えないような，かなり広範囲の諸研究を含まねばならない．環境は全体としてなにか研究に値するものだという認識が高まることによって，ある一群の科学を「環境科学」の名のもとにくくることができると気づくわけで，これは諸科学の外側のことである．環境主義の発展過程を調べてみても，そこから歴史的な見方が立ち現れてくるわけではない．なぜなら，過去をふりかえってみれば，およそ科学は自然を支配し開発するために，自然の解明をめざしてきたものだからである．生態学でさえ，[自然保護を意図して始まったわけではなく]自然の諸関係をよりよく制御することを目的として始まった科学である．

しかしながら，歴史は環境科学の概念上の統一に独自の形をもたらすかもしれない．研究レベルでのさまざまな細分化を引き起こすことになった科学の各分野の専門化は過去2世紀の間に確立されたものである．地質学は1800年頃まとまりをもった研究分野として誕生し，その約1世紀後に生態学が誕生した．都合のよいことに，初期の科学者たちは自然の研究を厳密なカテゴリーに分けたりしなかったので，現在では別個とされる主題同士のつながりを十分に評価することができた．独立した学問分野が現れ始めたときでさえ，個々の科学者はしばしばそれらのいくつかを同時に研究し，相互の生き生きとしたつながりを認めることができた．チャールズ・ダーウィン（1809-82）がなした初期研究の多くは，進化生物学ではなく地質学の分野であった．科学史には現代の環境主義者が要求する相互的な研究を促すいくつかのエピソードがある．

科学史の大半は，「ダーウィン革命」のような非常におもしろいエピソードに集中してきていて，それ以外の話題については，たとえそうしたエピソードに登場する中心的人物が夢中になっていた話題であったとしても，十分な関心をもって調査されないままである．歴史家は科学と宗教の間の「戦争」というイメージに魅せられ，両者の対立がきわめて明らかであるエピソードに注目してきた．我々は現在，こうした先入観が過去の解釈に悪影響を及ぼしてきたことを実感し始めている．環境主義の拡大によって歴史家は新たな刺激，すなわちこれまで無視された科学の諸領域に関心を向け

1. 認識の問題

ることによって，過去についての新しい見方を得た．そして科学のさまざまな領域を研究するに従い，環境を理解しようとする初期の努力の全体像が見えてくる．環境科学というまとまりのある学問分野を作ろうとする熱望によって，科学者がいっそう広い展望をもちうるなら，専門分化が著しくなって失われてしまった統一の感覚を，甦らせることになるだろう．しかしそれだけでなく，歴史家にも，再考すべき新たな課題が与えられたと見なせる．すなわち，あまりに専門的すぎて門外漢には興味が湧かず，一度は捨てられてしまった科学の諸領域を綴り合せるという課題だ．

　環境科学の歴史家が直面する問題を例示するもう1つの方法は，科学と変化する文化的価値との関係を明らかにすることである．科学自体の特質にほとんど関係しないで，西洋の自然観の歴史を書くこともできるかもしれない．その際，分析の単位は，ある世紀の人々が居住世界についてどのように考えたのかということになろう．そして，そのような歴史の描き方をする人は，博物学や後に「科学」と称されるようになる学問分野と同様，文学や視覚芸術に訴えるだろう．たしかに，科学的・非科学的という自然の見方の厳格な分離は，ここ2，3世紀の出来事なのである．しかし，本書で扱うのは，環境〈諸科学〉の誕生の経緯である．西洋文化がいかにして，またいかなる理由で，それぞれの科学分野の専門家と称する人々に，自然像の決定を委ねるようになったのかを知る必要がある．

　近代科学は西洋文化の自然観を反映しており，他文化における自然理解の方法とはおおいに異なっている．そこで，古代ギリシア・ローマの伝統とユダヤ＝キリスト教の伝統の特にどの面が後の環境科学となる研究領域を形成してきたのかを知らなくてはならない．そのためには，科学の領域外に踏み出して，科学的仮説が認識され明らかにされる社会的・文化的環境を確認しなければならない．それというのも社会的・文化的環境は時間とともに変化するので，科学理論の形成に役立つさまざまな自然の観念が出現することになった．したがって科学思想のすべての基底をなすような唯一統一的な西洋文化があったわけではない．宗教および哲学的・社会的背景の相違は，自然の解釈方法をめぐって議論の余地を残してきた．そのような議論は，科学内部ではもちろん，科学と他の知的領域の間，とりわけ我々の世界観に強い影響力をもつ知的領域との間で起こっている．総じて科学は今日いっそう大きな影響力をもつようになってきたが，創造説信奉者のような精力的な抵抗運動もなお健在である．

　現在では，自然の科学的見方と非科学的見方の間に相違があることを当然としている．自然の〈合理的な〉研究を担う諸分野の出現は，西洋思想の発達の重要な一面である．歴史家が問うべきことは，他文化の視点と比較したとき，合理性というこの要素こそ，資源開発的な西洋の自然観の特性であるのかどうかである．環境主義すなわ

ち「緑の」運動は，現代世界の問題を正確に指摘するために科学の利用を強調するものであり，その出現は，科学の合理性が両刃の剣であることを示唆する．合理的研究という原理は，環境開発的観点と環境保護論的観点のどちらにも使うことができる．「科学者」と称する人々が環境問題について開発と保護の両サイドで議論しているのを見ると，どうやら科学は事実に基づく価値中立的な研究以上のものであるに違いないと思えてくる．科学的手法がいかに合理的であろうとも，それはある特定の文化や社会で生きる人間によって生み出される仮説を検証するためのものである．このように環境科学の歴史は，科学の出現と文化の中の自然観との変遷の両方を視野に入れなければならない．

たとえ科学の出現に注意を傾けたとしても，環境科学のこうした特異な性質によって生じてくる諸問題がある．最も初期の科学の勝利は，数学の応用や物理学，化学のような領域における実験的な方法を通して得られた．それらに比べ，博物学や地質学は方法論的な厳密性の確保が困難な「よりソフトな」科学であると常に見なされてきた．「博物学」は，観察の意味づけをすることなく単なる事実収集に終始しており，それゆえ真の科学の特質を欠いていると言われることもある．このアプローチが生物学者や地質学者のより厳密な態度にとって代わったとき，初めて「環境の〈科学〉」と名づけるにふさわしい何かが誕生した．実際，博物学から生物学や地質学への移行は複雑な過程であり，進化論のような説明的な理論体系とはほとんど無縁の領域もある．昆虫の種の記載と分類を専門とする昆虫学者は，今なお，現代進化論に価値をほとんど見い出さないかもしれない．しかし，「単なる」分類といえどもそれ自体理論的な過程である．それゆえ，偉大な説明原理の創出に注目が集まりがちなのは当然としても，分類を主たる関心事とする人々の継続的努力を無視してはならない．

ここ数十年の間，地質学者と生物学者の理論は，いっそう数学的表現を用いるようになってきた．しかし環境科学は，独自の方法論を必要としているのであって，物理科学研究に用いられるカテゴリーによって分析されるべきではない．博物学者や地質学者の努力は，物理学者や化学者が単純には問うことができない質問に向けられる．たとえば岩の一片が提示されたとき，化学者はそれを分析して組成物質を決定しようとするだろう．ところが地質学者はそれがどのように形成され，またどのように地殻の特定の場所に存在するようになったのかを問うだろう．自然界を支える力は自然法則に支配されているが，地球とその生物は，そのような法則のもとで膨大な時を越えて作り出された構造の独特な集合体をなす．そしてこの集合体の系がどのように働いているのかを理解するためには，系の構造と系の変化を支配する歴史「法則」との両方を知る必要がある．それらの法則［自然法則］は，原則として物理学や化学の法則か

ら成るかもしれないが，単一の孤立系内においてそれらが作用する場合は，環境科学特有の歴史的性格が付与される．

近代科学の文化的枠組みの中で最も重要な発展の1つは，自然は歴史を有し現在の構造はその歴史的所産であると気づくようになったことである．環境はもろいという現代の我々の思い込みは，一部には，世界は時とともに移ろうものだという知識によっている．こうした経過を経て環境科学は，過去2世紀の間に少なくとも2つの主要な方向づけを受けることになった．最初のものは2番目の土台を成すものである．19世紀に出現した歴史的自然観は，神の被造物という伝統的な世界観を脅かすものであったので，議論の的となった．20世紀に環境破壊に対する認識をますます高める必要に迫られたのは，当然のことながら増大する技術力の結果である．しかし，もし先の歴史的観点がなければ，行き過ぎた発展という問題へのアプローチはまったく異なったであろう．我々は，進化論的観点をもつようになったため，種が環境によって形成され，その環境は絶え間なく変化していることを知っている．適応できない種は常に絶滅に瀕することも知っている．2, 3世代前の祖先とは異なり，自然的要因もしくは人為的要因によって世界を見る影もなく変化させてしまう将来の可能性に我々は直面させられている．

1.1 広がる地平線

環境の「科学」をどう定義するかという問題はひとまずおくとしよう．比較的最近になるまで，世界に関する合理的な探究が独自の知的カテゴリーとして切り離されて成立してきたとは誰も思わなかった．環境に関係する諸科学が18, 19世紀に登場し始めたときでさえ，それらの主題は物理学者や化学者の実験室規模の問題に比べると，明らかに，厳密な研究にはなりにくそうに思われた．伝統的に，環境を扱う諸科学は一般の人々による世界の認識ときわめて直接的に影響しあうように見えた．したがってこの世界が［神によってではなく］，いかにして自然過程によって成立したかを説明しようとすれば，どれほど熱心に科学的であろうとしても，哲学的・宗教的伝統によって人々の間にしっかり根を下ろした世界観を変化させないわけにはいかなかった．

a．文化と自然

世界を認識する方法がある面で人々の生育文化に左右されるということは，科学者には認めがたいことかもしれない．自然界の正確な描写に用いられるべき基本的カテゴリーは自明のようである．たとえば我々は系全体が魔術や霊的な力によってではなく，自然法則によって支配されていることを当然のことと考える．しかし我々が用い

るカテゴリーは西洋文化の科学的解釈に独特のものである．他の諸文化の自然認知の方法は，西洋とは大きく異なるため，世界を分類したり説明したりする彼らの言葉は，我々には無意味に思われてしまう．したがって，これら西洋以外の概念体系は原始的で前科学的であるとしてあまりにも簡単に片づけられている．しかし他の諸文化の人々は，西洋の自然分析のほうこそ，何か[たとえば環境に対する配慮]を見落としていると言うかもしれない．現代の環境主義者はいわゆる「未開人」たちのいっそう敬虔な自然観に，卓越したものを認めざるをえないときが多々ある．

土地固有の環境は，住人の自然認知の方法に強い影響を与えるだろう．奥深いジャングルに住む部族の語彙には，「地平線」という語がないかもしれない．一方，広々とした平原で生活する民族は思考方法の中に空間感覚を確立するだろう．エスキモーの言語には，よそ者にはほとんど識別不可能な雪や氷のさまざまな様態を区別する多くの単語がある．「原生自然」を意味する概念は，そこに何世代にもわたり生きてきた狩猟採集民には何ら意味をなさない．しかし農民にとって原生自然は脅威や挑戦を表し，一方現代の都市居住者にとっては人工的環境からの解放という希望を提供する．中世のヨーロッパ人は山を恐ろしい荒れ地と見なしており，ロマン主義の到来を待って，初めて山は美しい存在と見なされ始めた．同じ西洋文化の中でさえ，そのように価値判断が変わってきたという事実から，現代の自然認識がけっして自明で普遍的なカテゴリーに基づいているわけではないことを思い知らされる．

自然の制約は，今日取り払われつつあるとはいえ，世界を理解する我々の能力を左右する．多くの初期文明の外界把握能力は，それを探求する技術力に制約されていた．世界の大部分が神秘のベールに覆われたままであり，推理推測が入り込む余地が十分に残っていた．環境科学は世界を股に掛け探検するヨーロッパ諸国の国力増大の所産である．今や1つの地球村に住むことになったので，科学はなお，将来の見通しに大きな変化をもたらしうる探検の途上にあると言える．たとえば，大陸移動という現代的説明は，海底を研究する技術の発達を待ってようやく考案された（9章参照）．

海洋探検は，ヨーロッパ文明が地理学的知識の範囲を拡大した時代の趨勢を表している．しかし，周囲の世界に広い理解をもつどのような文化も，その知識を表現する方法を必要とし，地図の製作はそこに存在する特徴の中のどれを選択するかによって変わってくる．環境思想家のイー・フー・トゥアン（1930- ）はこんな報告をしている．エスキモーの同じ部族の男女に居住地の地図を描いてもらうと，おもしろいことに男女によって地図は非常に異なっていた．何を選んで描き込むかの優先順位が男女によって異なるからだという[1]．ロンドンの地下鉄のような輸送システムを表すのに用いられる略図は，都市の本当の配置との大雑把な対応関係であるが，「正確な」表象

1.1 広がる地平線

よりも目的に適(かな)っている．

地図は1つの文化の中心と周辺の関係を定義するのにも役立つ．中国の地図は常に中国を世界の中心に据え，中世ヨーロッパの地図は（英国で描かれたものでさえ）エルサレムを中心に置く．しかしそのような歪曲を安易に愚弄(ぐろう)してはならない．グリニッジの本初子午線の制定であっても，海洋貿易に基づく大英帝国の［自己中心的な］地図学の考え方を反映していたことを思い出すべきである．また，多くのアメリカ人は合衆国を「神の国」と考えるのを好む．

生息する動植物，さらに人間を含む世界の表象を作るのは地図に比べてさらに困難である．博物学者は常に有機的な環境を構成する動植物を記載・分類しようとしてきた．初期の分類体系は，多くの種が人類に有益であるという事実をしばしば反映していた．しかしヨーロッパ人は，世界中に進出するにつれて，あきれるほど多くの新種に直面し，これが伝統的体系にゆさぶりをかけることになり，現代の生物分類学（分類の科学）の創出に間接的につながった．合理的な体系によって物事を分類しようとする強い衝動は人間の精神に深く根づいているが，分類体系の基盤を作ろうとするときには重要な選択がなされる．分類おたくでない人々にとっては，その過程は切手収集くらい退屈なものに見えるかもしれない．しかし近代科学の中で，生物学的分類の諸原理をめぐる不一致ほど，人々を容易に喧嘩腰にさせる主題は他にない．たとえ今日，生物学者が種の類縁関係の程度によって分類されるべきだと合意していても，いかにしてその関係が成立するかに関しては根本的なところで一致をみていない．

分類は当然のこと物理的類似性だけに基づくべきであるとする体系の登場は，近代科学誕生への大きな一歩となる．他の諸文化，および西洋文化の前科学的な見解でさえ，分類の問題にとり組むのに，そこまで限定的な方法をとらなかった．哲学者・歴史家のミシェル・フーコー（1926-84）が言語と世界の表象との関係に最初に関心を抱いたのは，動物が次のようなカテゴリーに分けられている中国の百科事典の説明を読んだときであった[2]．

(a) 皇帝に属するもの，(b) 香油などで防腐保存処置を施されたもの，(c) 家畜，(d) ［丸焼き料理用の］ブタの乳児，(e) 人魚，(f) お話に出てくるもの，(g) 野良犬，(h) 本分類に含まれるもの，(i) 凶暴なもの，(j) 無数のもの，(k) ラクダの毛でつくった極細の筆で描かれたもの，(l) その他のもの，(m) 水差しを壊したばかりのもの，(n) 遠くからはハエのようにみえるもの

まるっきり任意としか見えないような体系を，他文化では自然なことと捉えることも

あると知って，フーコーは西洋の科学的伝統の中で分類への取り組みの変遷を研究することになった．

　フーコーが挙げた例はとりわけ奇怪なものであり，多くの場合において文化と分類の間の関係は「真の」要素と「虚の」要素と呼ぶものの間の微妙な相互作用を伴う．多くの動植物は食物や薬としての実用的な価値を有するので，ほとんどの非ヨーロッパ文化は現代の生物学者のカテゴリーにおおかた相当する方法で環境の中の種を識別する．しかしそのような文化は実用的な価値のない種も認識し，それらすべてに文化的象徴としての役割を認める神話的性質が賦与されている．人類学者は動植物の原始的分類とそれらを生み出した諸文化の間の複雑な相互関係を探求してきた．分類体系に含まれる諸要素はその体系を「自然な」ものと考える人々の精神的過程について多くを物語る．我々自身の西洋文化は動物が象徴的役割を果たした多様な伝統に頼ってきた．古代ギリシア人はライオンは大胆でキツネはずる賢いというように，多くの動物に人間的特質を与えた．中世の動物寓話集はこの伝統を引き継ぎ，描写は各々の種の紋章の意味を含めることを当然のこととした（2章参照）．近代科学はそのような擬人化をとり除いたことになっていたが，時に明らかになるように，博物学者が文化的背景から完全に逃れることは容易ではない．

　既成のカテゴリーに適合しにくく思われる動物にはしばしば特別な注意が払われた．人類学者メアリー・ダグラス（1921-　）は，『レビ記』によってユダヤ教徒に課せられた食餌制限は原始的な分類体系内の変則例に基づいているのではないかという[3)]．聖書の注釈者は，「浄」「不浄」という明らかに任意な動物区分にしばしば当惑させられてきたが，ダグラスによれば，次のように考えればその謎は解けると言う．古代ヘブライ人は聖性を完全性，すなわち神の計画への完全な適合性と結び付けて考えており，「浄」「不浄」の基準はそこにある．神は彼らにヒツジとヤギを与えたので，反芻を行う偶蹄動物は清浄だった．ところがブタは偶蹄だが反芻しない．律法主義に凝り固まった聖職者は変則を認めなかったので，ブタは体系に適合しない忌まわしいものとされた．そのような諸例は前科学時代にとどまらない．近代生物学の誕生は，人類を他の動物と一緒に分類することの是非をめぐる広範な議論と関係していた．宗教家は，人類を動物進化のまさにもう1つの所産として扱う決定こそ，近代科学の中心をなす唯物論的傾向の明白な証拠だと主張する．

　さまざまな文化が居住世界をいかに認識しているかを表すのに，宗教的・哲学的信念は伝統的に重要な役割を担ってきた．いわゆる「未開」文化では，自然は物理的システムであるとともに精神的システムでもあり，それゆえ世界は魔術を使ったり精霊を召喚することによって操作できると信じられている．そのような自然観のなごりは

現代西洋社会においてさえ見い出すことができる．ストーンヘンジ［先史時代の環状列石］のような遺跡に神秘的意味を帰す傾向は，まさしくそれである．狩猟採集を生業とする社会は，自然を人類が協調すべき複雑な全体系としがちであるが，それは現代の「緑の」運動が復活させたい観点でもある．農業共同体は自然に対して女性的属性をまとわせがちであるので，母なる大地はすべての生産力の源となる．フェミニストらの不満は，西洋科学が基本的に男性的な営みであり，自然を意のままに探求し征服できる受動的な女性的存在として視覚化していることである．他の批評家は，機械としての自然像も制御や支配という態度を促すものであると指摘する．これらはいいところを突いてはいる．しかし競合する自然像の起源は西洋思想の基盤深くにある．

b．科学とキリスト教の伝統

　現代科学は，自然をもっぱら唯物論的に解釈しようとするが，科学的世界観の誕生そのものがユダヤ＝キリスト教的伝統の産物であったという議論も可能である．古代ヘブライ人は牛飼いであったし，旧約聖書の神は群を統制したり世話したりする羊飼いをモデルとしている．創世記の創世物語では，神は自身とは別に宇宙を創造され，神は自然の中には住まわれない．科学史家の中には，機械論的見地の中心にあるのは神と宇宙との関係を示すこのモデルであると信じている者もいる．神によって建造され，神が課した法則に従って作用するものとして自然を視覚化する傾向はそこに由来した．世界は，精神的用語で理解される神秘的な場所ではなく，神によって与えられた人間の理性に照らしてその働きが理解されうる機械になった．現代の科学観は，本質的に宗教に敵対するものでは決してなく，神と自然の関係の特別な見方から生じたのかもしれない．たとえもし探求すべきこの世界が神の創造によるものであるということを，科学が無視したとしても，自然は厳格に作用する法則によって理解されるという信念がユダヤ＝キリスト教に由来するものであることは否定しがたい．

　生態学的成り行きにかまわず自然開発を進める西洋の熱望の根幹には，地上の支配は人間に任せたという聖書の約束があるのだろうか？　そのような無慈悲な態度は，さほど機械論的な見解をもたない文化にはひどく嫌われるだろう．他方，聖書は，被造物を世話する管理人の地位に我々を位置づけるようにも解釈できる．当然ながら，管理人は委託財産を破壊しないことになっている．中世のヨーロッパ人は環境破壊に手を染めていなかった．しかし工業文明の拡大につれて西洋文化のキリスト教的基盤への関心は薄らいでしまった．思想家の中には，純粋に唯物論的な自然観を強調して，近代産業に特徴的である環境に無関心な態度を導いてきたのはほかならぬ科学であると主張する者もいる．しかし，もし科学がユダヤ＝キリスト教文化の不肖の息子であるなら，それこそ現代の科学観の根元をよくよく注意してみる必要がある．

最初期の科学理論の実際的構造は，聖書よりもむしろギリシア思想の遺産によって決定された．博物学の領域で特別に影響力をもっていたのは，イデアの世界の存在を仮定し，自然界は単にその不完全な複製であるとした哲学者プラトン（紀元前429-前347）の思想であった．イデアの世界は神の精神に存在する創造の計画に相当すると想定することによって，このプラトンの哲学を聖書の創世物語に適用するのは比較的容易であった．「本質主義」という哲学は種の個体群をなす個別の動物を，種の真の本質をなす理念的・原型的形相の単なる不完全な複製とみる．近代になってさえ，いまだに博物学者や地質学者の多くは，自身を神によって創造された世界を描写したり説明しようとする者と考える．生物学的分類の近代的体系を作りあげた18世紀のスウェーデンの博物学者リンネ（1707-78）は，彼の分類体系が神の創造の計画を正確に表すことを確信していた（5章参照）．彼が種の固定性に執着したのは，聖書の影響ばかりでなくプラトンの世界観に由来する本質主義の反映でもある．

　リンネは，綿密に保たれた「自然の均衡」（その中ですべての種は独自の役割をもつ）を神が確立したという前提に立って，生態学の先駆的な考えも発展させた．17, 18世紀の博物学者の多くは，種の絶滅はありえないと考えた．というのは，絶滅を肯定すれば，神の創造に欠陥を認めることになるからだ．この考え方は古生物学や進化論という近代科学の登場とともに衰退した．博物学者の中には，あえてこう尋ねる者もいた．分類体系は自然自体に存在する真の様式を反映するのではなく，単に秩序に対する人間の情熱の産物であるのかと．古生物学者は，絶滅の事実を確立することによって，自然は種の運命に無関心であり，個体にはなおさらであるという可能性を突きつけた．現代のダーウィニズムは，自然が存在の連鎖のような合理的に秩序づけられた生物連続体を成すわけではないことを示している．結局，科学は，基本的に静的な創造観に立つプラトンの本質主義の伝統から自らを解き放ってきた．それと同時に，19世紀の多くの進化論者が発展的な自然観のうちに，プラトン的な秩序や構造という要素を保持しようとしたことを，心に留めておかねばならない．依然として彼らは進化を道徳的に意義深い目的の実現を目指す合目的的過程としてとらえていた．

　地質学や進化論の誕生は，物質世界に関してヨーロッパ人の時間尺度の認識が大きく変化したことによっている．1650年に大司教ジェームズ・アッシャー（1581-1656）は創世の日付を正確に紀元前4004年とした．地球の歴史をそのように短いものと見る限り，神による創造が今日の世界の成立を説明する唯一の方法のように思われた．しかし，アッシャーの推定が公式に発表される以前にも，学者の中には人間の起源に関する聖書の物語に疑問をもち始める者もいた．岩に閉じ込められた化石が何百万年でないにしても，人類の創造に先立つ何千年もの地球の歴史を示しているのではないか

と博物学者は思い始めた．多くの地質学者は地球の発達が神の計画によって導かれなければならないと最初は考えていたが，それにもかかわらず聖書の創世の見解が崩壊してみると，いっそう広い枠組みが確立され，その枠組みの中で自然の進化理論が明確にされることになった．

地球とその生物の発達の長大な期間を想定する諸科学が，伝統的に聖書の創世物語によって縛られた文化の内から出現したのは逆説的に思われるかもしれない．他の宗教，とりわけヒンズー教は，創世は数百万年以上も遡ることを当然のことと考えるので，現代科学の観点から見た宇宙の歴史観を打ち立てるのにいっそう自然な基盤に思われる．しかし東洋文化の伝統的な歴史観は，もう1つ重要な点でキリスト教圏のものとは異なる概念体系に基づいてきた．たとえ創世記に暗示される期間に制限があろうとも，聖書の歴史概念は，人類の精神的発達に〈方向性〉が組み込まれていることを明確な前提としている．創世は実際あったしすべての物質には終わりがあるだろう．この全体系が人間の罪と贖罪の壮大なドラマの背景幕をなしてきた．他のほとんどの文化は，長大な期間に及ぶ宇宙を受け入れるものでさえ，すべてが繰り返し再創造される歴史の循環モデルを好んできた．したがって不可逆的な変化は肝をつぶすような見通しとみられた．循環モデルは西洋思想に実際現れるが，発展的自然観の提唱者に彼らの時間尺度を延ばさせる刺激としてのみ現れたのである．ここで再び明らかになることは，西洋文化のユダヤ＝キリスト教の基盤は，近代科学に世界解釈の枠組みを設ける役割を果たしてきたことである．

1.2 科学の本質

現代の科学は西洋文化の所産であるし，その中での変革勢力でもある．科学的世界観の起源がどうであれ，実際の研究過程では聖書に由来する静的世界像から遠ざかってきた．科学者は，事実に基づいて世界を探究する客観的方法の実践者として自覚している．彼らは，研究に影響するかもしれないすべての外的要因を否定することを誇りにしている．科学的方法は，哲学的・宗教的信念のような主観的要素を知識の枠組みに決して組み入れないことを保証する．しかし，科学が人間の信念や感情の世界からそこまで完全に解放されえたということを真に受け容れられるだろうか？　我々の世界認識は，ほとんど不可避に文化的要因によって左右されるし，唯物論の台頭それ自体がまさしくそのような要因として挙げられる．今日「環境科学」と呼ばれる学問の創設・発展は，次のような一連の問いかけを呼び覚ます．すなわち，我々は科学をどう定義すべきか，および科学研究による世界認識についてどう理解すべきかという問いである．

a. 科学的方法

「科学哲学」については膨大な文献がある．それは，近代知識の客観的な枠組みの確立過程を全面的に解明しようとする学問である．しかし歴史の示すところによれば，科学的方法に関する観念は長年にわたり大きく変化してきた．科学者は純粋な観察者であると主張するのがひところ流行った．「帰納法」は，観察される規則（自然法則）がどんな主観にも汚されていないことを保証するために，先入観なしに事実を集めることを科学者に要求した．現代の科学哲学者はそのような事実収集行為は不可能だと認識している．というのは自然は非常に複雑なのでどの事実が調査の特別な線と関連するのかを知るには，ある種の手引きが必要だからである．科学者は，発見したいことを予期させる仮説を立てることによって前進する．言い換えれば科学者は，ある状況のもとで起こるだろうと期待していることについて予言し，そのときだけその予言を検証するために観察や実験にとりかかる．これが「仮説-演繹法」で，科学は現象の仮説モデルから演繹した結果を検証して前進する．

この方法論によれば，科学の客観性は，仮説をあらゆる観点から厳格な検証に進んでかけることにある．そのような仮説から引き出される予想が観察や実験によって確認できないならば，その仮説は却下され，新たなモデルが模索される．カール・ポパー卿 (1902-94) は，科学の主要な特性は仮説が「反証可能である」こと，すなわち仮説が直接の観察的検証によって論駁可能な方法で立てられていることだと主張してきた．占星術のような擬似科学は，常に反証を免れうるような故意に漠然とした理論である．真の科学者はよりよいものにつながるよう仮説の論駁を歓迎して，積極的に自身の考えの弱点をさらけ出そうと努めるべきだとポパーは信じている[4]．

科学的方法の本質を定義しようとする哲学者の努力は，物理学こそ科学的学問分野の理想的モデルだとすることによって大まかに条件づけられてきた．彼らの努力は生物学や環境科学に適用されるときはそれほど満足いくものにはならなかった．扱う対象の性質によって，環境科学者は物理学者や化学者とは異なる種類の質問を課せられる．物理・化学者は，数学的用語で比較的容易に描かれる反復現象を扱う．仮説的な自然法則を立て，その仮説の当否を直接明らかにするよう意図された実験で検証する．しかし博物学者や地質学者の主題は普遍的な現象ではなく個別の構造の研究を必要とするということから立場が異なるのである．環境を構成するものを記述・分類することや，これらが自然の過程によっていかに作られたかを説明することは，物理法則を含む説明的な理論体系の構築と同時に，物理学者が考慮する必要のない要因も含んでいる．

科学哲学者は，物理科学のために作られた方法が，生物学や地質学のような領域に

はふさわしくないかもしれないことに徐々に気づき始めている．もし仮にこれらの領域を「科学」と呼ぶならば，科学は「よりソフトな」領域を物理学や化学に単純に還元することによっては統合されえない多面的活動であることを認めなければならない．「ソフトな」科学に必要な方法論は議論の余地大だとしても，それはそれで仕方がない．創造説論者のような科学の敵対者だけは，不当にも物理学を基準にして引き比べ，地質学や進化生物学のような分野が科学ではありえないと主張することに既得権を見い出している．たとえ物理学者とまったく同じ厳格な方法で仮説を検証できないとしても，観察事実を説明できないことが明白な仮説を除去していって，環境とその変化に関する合理的な研究に従事することは可能であるに違いない．

最近まで，地質学者や進化生物学者は考えを数学的用語で定式化することができず，物理・化学に比べていっそう広範な彼らの仮説を実験によって検証することができなかった．物理学者は，地質学を劣等な科学として見下し，異論のある問題については地質学者は物理学者に決定を委ねるべきだと考えたときもあった．現在ではこの２つの分野はより友好的な方法でうまくやっている．しかしいまなおカール・ポパーのような著名な科学哲学者は，進化論――およびポパーが暗に言及しているのは，現在の構造を説明するために歴史的モデルを構築する他の諸分野すべて――を非科学的であるとして退けている．彼は，それらは反復事象を扱わないがゆえに仮説を適切に検証できず，したがって非科学的だという．実をいえば，ポパーはその後この告発をとり下げたが，彼が最初にとった態度は，物理学を科学の理想とする人にとって，物理学モデルが他の領域では不適切であることを正しく認識することがいかに困難であるかを如実に示している[5]．地球の現状を，説明すべき何かというよりは，描写すべき何ものかとするなら，現存する構造が形成された過程として時間的変化を仮定しなければならない．このように，反復事象ではなく１回限り生起する連続事象を描き出すためには歴史的モデルの構築に頼らざるをえない．

地質学や進化生物学のような科学の発達の大きな特徴は，歴史的モデルの中に含めるのを〈自然な〉力だけにするという決定をしたことであった．しかしこれは，特定の構造や環境の中で，それらの力が作用しているのを見る必要性を減ずるものではない．地球とその生物は自然法則のみに支配されているかもしれないが，我々の惑星は他のどのような惑星とも異なり，特異な歴史的過程の結果として形成されたことも事実である．

同時に，科学を歴史的次元をもつ，もたないであまりにも厳格に区切ろうとすることは，人為的であることを認めねばならない．生命科学は，有機体の内部機能を研究する解剖学や生理学のような領域とともに，その有機体が空間や時間の変化とともに

どのように相互作用するかを研究する生態学や進化論のような領域を併せもつ．生物学の医学的領域と「博物学」と呼ばれる領域との間には，常にある程度の区別もあったし常に相互作用もあった．たとえば，医者と博物学者はともに植物採取に関心があったし，植物学者は比較的現代まで日常的に植物標本の医学的効用に注目した．現代のダーウィニズムは，自然の中で進行している過程を説明するために遺伝学という「実験室」の科学に頼っている．このように，本書は生物学史に関する手引書とともに読まねばならない部分もある[6]．

b．社会的活動としての科学

科学に歴史的次元が登場することによって聖書の創世の説明に異議が申し立てられ，その過程は西洋思想の発達に癒しがたい傷を残すことになった．結果として，こうした科学が文化の他領域に何らかの含意をもつことは当然と見なされる．だれしも創世記が信じられなくなることによってある程度は影響を受け，科学者とて例外ではなかった．しかし科学と宗教を両者の「戦争(ウォー)」という言葉で考えるのは誤りである．なぜなら多くの科学者は信仰を失ったわけではなかったのだから．地質学や進化生物学のような新たな分野の創設をめぐって，科学内部で展開する果てしない論争は，研究のより広範囲な含意によって科学者自身が影響されていたことを示唆している．

科学と文化の間の相互作用は，地質学や進化論の領域でとりわけ明らかである．歴史家は，ポパーのいう真に客観的な科学者像があまりにも理想主義的ではないかと考えている．科学者は，他人から見ると決定的に論駁されているときでさえ，しばしば自身の理論に執着する．競合する理論を支持するグループが科学者共同体の支配をめぐり対立するとき，大いなる議論がもち上がる．科学はかくある〈べき〉という，理論に偏したイメージを我々が克服しようとするならば，知識の探求の人間的次元を考慮に入れなければならない．仮説-演繹法でさえ科学者が自然研究に予断をさしはさむことを許すので，科学の外的要因は仮説を立てる際にインスピレーションとして役立つかもしれないという期待をもたせる．理論は価値中立のモデル以上の何かとして理解されねばならない．つまり理論は哲学的先入観あるいは宗教的な先入観でさえ組み込むもので，ある程度の思い入れを要するものである．ポパーの分析ではそんなものが入り込む余地はないのであるが．

科学哲学論争でポパーに代わる次なる論客はトーマス・クーン（1922-96）である．科学は一連の概念革命を経て進行するというのが彼の論点である[7]．クーンによれば，ほとんどの科学研究は，ある「パラダイム」によって明示される概念枠の中で行われる「通常科学」であり，パラダイムとは意味をなす質問の種類や容認しうる解答の種類を定義する基礎理論である．新たにその専門についた人間はそのパラダイムの論理

を受け入れるための教育によって洗脳され，これに従わない人は変人として退けられる．実験が理論体系に合わない変則例を明らかにするとき，まさにパラダイムは重大な問いに直面し始める．クーンの主張では，まず初めに，科学者のほとんどが古いパラダイムに忠実であり，変則例を反証として受け入れるより，むしろそのパラダイム内で処理して何事もなかったようにふるまうという．しかし結局のところ，危機的状態になって，若い科学者たちが別の概念体系を探し始める．古い理論体系に対立する変則例を扱うことができる有望な代案が見つかったとき，それは，すぐに新たなパラダイムの地位を得，その構造をもって次の数世代の通常科学として君臨する．

変化は突然の革命をなすというクーンの主張に多くの歴史家は懐疑的であるが，環境科学の発達には概念的断絶がある．進化論の到来は，『種の起源』によって誘発された「ダーウィン革命」と関連しているが，この概念革新はかつて想定されたほど突然であったかどうかは不明である．進化論の出現と関連して概念体系が変化することも十分認めつつ，現代の歴史研究は長い期間かかって連続的に生起するいっそう複雑な事象を強調する．クーン自身，革命が完結するのには何十年もかかるかもしれないし，時には単一の変化と認知されたことがいくつかの個別の段階によって構成されているかもしれないということを認めている．

クーンが強調するのは，初期の科学者が自然を分析するために用いた概念体系は，今日当然とされるものとはまったく異なるということだ．我々は過去を概観できるという立場から，重要な転機につながった発展だけを拾い上げることができるけれど，現代の考え方で過去を分析してみても無意味であると歴史家は認識している．科学者は科学的知識の増大を合理的な過程と考えるので，科学の歴史を発見の蓄積的歴史と考えがちである．その結果，現在の知識の状態につながるように見える足跡のみに集中しようとして，過去の歪められた解釈を構築しがちである．

科学史家はしばしばこうした説明を「ホイッグ史観」(政治史から借用された用語で，望ましい方向へつながるように見える過去の事象のみを強調する歴史観) として打ち捨てる．ホイッグ党は18世紀から19世紀初頭の英国における，新興商工業階級の利益を代表する政党 (後の自由党) であり，マコーレー卿 (1800-59) に代表されるいくつかの歴史家たちは，英国の進歩は常にホイッグ党の価値観を共有する人々によってもたらされてきたという過去の解釈を作りあげた．そのため「ホイッグ史観」とは現在重要な観念についてその進歩的役割を強調するために捏造された歴史観を意味する．

「ホイッグ史観」は科学史に応用されると，あらゆる主要な出来事を現代の知識へと向かう歩みと解釈する科学の発展史観を意味する．発見の偉大な英雄であるニュート

ン(1643-1727)，ダーウィンなどが提案した理論は，合理的思考の持主ならだれでも，それらが旧概念より優れているとたちどころにわかるものであったというのだ．新しい解釈に反対したり，あるいは後に見込みがないことが判明する別の理論を提案した人々は，科学の発達を妨げようとする「悪者」である．しかし保守的な思想家がホイッグ党を悪者に仕立てて英国史の1つの見方を作ることができるように，過去の偉大な議論に参加した科学者たちを，それほど容易に英雄と悪者とに分けることはできない．（時に過度に単純化された方法で）現代のカテゴリーを過去に課すことによって，現行の自然の解釈が作られた複雑な過程を無視したまま，科学の進歩という人為的なモデルを作る．「発見の英雄」について語られた紋切り型の物語は科学を蓄積過程とする見方を高揚するために，そして新理論は科学者共同体の中での激しい議論の後に初めて受け入れられることも多いという事実を隠すために創られた神話である．

　本格的な歴史研究は偉大な科学者を脱神話化する傾向にある．過去の「発見」は，実際に決定的なものでさえ，現代科学の理論的枠組みに符合しない方法で最初は解釈されたと認識せざるをえなくなってきている．重要な前進は，今日なら失笑を買いそうな考えと混ざり合い，一方，「前向きの」理論に反対する人々は，その時代の基準に照らし，まったくもっともらしい議論をしばしば行うことができた．どのような偉大な科学論争においても実際に進行していることを理解するためには，歴史家はその時代に受け入れられた概念体系を評価するように努力しなければならない．たとえその体系が現代の基準では突飛に見えるときでさえもである．そうしたときのみ我々は初期の科学者が研究について何を考えたかを理解し，また彼らがなぜ自分たちの発見をそんなふうに解釈するのかを理解することができるだろう．新しい科学史によって，我々は偉大な科学者の業績を過小評価するどころではなく，彼らが理論を受け入れさせるために克服せねばならなかった障害より明確に理解することができる．

　ここから帰結する1つの認識は，今日の用語で過去の偉大な発見を再解釈する現代の科学者ならば，まず受け入れようとはしないような理由で，すべてとは言わないまでも，これらの発見が受け入れられたことである．正しい理論が間違った理由で受け入れられたときもあるし，間違った理論が当時のパラダイムによって完全に意味をなしたために受け入れられたときもある．「良い」理論の優位性が即座に認識されたと想定してはならない．なぜなら，それらの理論は元の形では，重要な核心が認識される前にとり除かれねばならない夾雑物を往々にして含んでいたからである．また，今日から見ると悪い選択をしたと思われる科学者を非難すべきでもない．なぜなら，彼らは当時にあっては，ほとんどだれも逃れられなかったであろう先入観によって判断したからである．新しい理論体系がどのように考案され，科学者の思考方法にどのよう

に組み入れられるかを現実的に理解するためには，当初の考えが我々の思考方法の単に未熟な見解であったと自惚れて，過去を過度に単純化せぬよう心がけねばならない．

[科学史研究に対して]クーンの学説によってもたらされた重要な糸口は，科学者共同体が担う役割を強調したことである．あるパラダイムに従う者は，受け継がれてきた概念体系に専門家としての忠誠心をもっているし，科学革命の遂行は，財源，出版の手だて，教育施設などを牛耳る共同体内に，新たなエリートを養成することにかかっている．近年，科学社会学者は専門化の役割および革新過程で科学者共同体が果たす機能を非常に強調し始めた．いくつかの例では，革命は顕在化せぬまま蕾のうちに摘み取られがちだったようにみえる．なぜなら新しい考えの支持者は科学に関係する政治的アプローチを十分に行うことができなかったからである．時には同じ理論でありながら国によって成功の度合いが異なることがあった．それは，各国の共同体がそれぞれ独自の文化的・専門的関心を有しているからである．

共同体の機能は，新しい理論の出現がまったく新しい学問分野の創設を要求する場合にはなおさら重要である．たとえば地質学であるが，もともとそのような科学はなく，地球自体の研究は他の多くの学問分野に分散されていた．地質学は18世紀末から19世紀初頭にかけて1つの明確な科学として登場したが，その創設に寄与した各国においてそれぞれいくぶん異なる方法で組織された．もっと最近では，地球物理学の出現は19世紀の地質学とは意義深い断絶を示している．地球の構造の新しい概念モデルを推進することと関連する断絶である．

クーンの学説で説かれるパラダイムは，世界観に1つの根本的な構造を押しつける理論である．パラダイムは研究者が帰属する学派を明確にし，ひいては帰属学派への専門的忠誠を表す．したがって，どのパラダイムに忠誠を誓うかが科学者の経歴全体を左右するかもしれないのである．また，パラダイムは自然を非常に深いレベルでモデル化するので，哲学的および時には宗教的関与さえ表す構成要因を含む．創世記の創世物語を地質学的・生物学的進化論という近代の理論で置き換えることは，哲学的・宗教的な新たな方向づけに関わる「革命」（いかに長く曲がりくねっていようが）の好例である．しかし，科学と宗教の「戦争（ウォー）」という隠喩はひどく誤解を招きやすい．初期の科学者の多くは深い宗教的確信をもっていたのであって，やむをえず偽りの理論を受け入れたと想定するのは誤りであろう．いくつかの例では，「保守的な」科学者が重要な貢献をし，一方，いっそう急進的な思想家は行き過ぎのあまり全体としては受け入れられないような概念を提案したことが判明している．

科学史家はなぜ初期の思想家が（現代の基準で定義されるとき）〈誤った〉選択をしたのかを説明するのに，非科学的要因だけを引き合いに出すことにますます気が進ま

なくなっている．後に「正しい」理論と判明することを促した人々は，今日ではもはや受け入れられない理由のためにしばしばそうしたのである．後の概念的発達によって押しつけられた再解釈が意味するところは，成功した理論でさえその原型は現代の科学者には受け入れられないか，あるいは認識さえできないであろうということだ．理論は，多様な競合する仮説が論争を通じて前面に出てくるものであり，その一定期間の論争を経て，初めて科学的思考を支配するようになるのである．しかし我々はそのような論争においてどちら側も現代の理解によって確認される全体的な真実には近づけなかったことを今や認めねばならない．このため最終的に成功する理論の支持者でさえ少なくともいくつかの非科学的な要因によって動機づけられたことを認めることが可能になる．どちらの仮説が究極的に受け入れられるかを決定する経験的研究の役割が何であろうとも，新しい概念を進める科学者は，通常，宇宙の本質や目的について，より広い信念によって鼓舞された想像力を有していた．そのより広い信念が，実際にどの理論が〈受け入れられる〉かを決定する際に経験的証拠とともに一役を担うかどうかは，激しい論争の種である．

c．科学とイデオロギー

　この論争は，科学理論はそれを表明する集団の社会的・政治的枠組みを反映するかどうかという問題をめぐってとりわけ活発である．「知識社会学」の提唱者が長年主張し続けているのは，どのような共同体であっても知識として受け入れられるものは，その共同体の支配者層の関心を反映するということだ．これは宗教的「知識」の場合には十分に明白である．神あるいは神々の命令はそれを解釈する聖職者の価値観をしばしば裏書きする．しかしここ数十年の間に社会学者が認識し始めたことは，客観的で科学的と想定される「知識」の中の理論的要素にさえも社会的価値が反映されうるということだ．

　もし新しい理論が宗教的・哲学的信念によって鼓舞されるならば，以下のようなことが言えるかもしれない．すなわち，これらの信念がイデオロギー的要素を有するという事実は，科学自体が社会の特定の利益を追求する集団を支援する世界のモデルを推進しつつあるかもしれないということである．仮説-演繹法モデルには新しい仮説を作るときに不合理な要因が介入する余地がある．しかしそれは，仮説が経験的検証に耐えうる限り受け入れられることを意味するのである．クーンのパラダイム概念は，この不合理な要素を科学者共同体全体に拡張したもので，ある理論を受け入れるということは，その人がそれに付随するすべての含意とともに，ある特定の世界観に身を任せたことを意味した．科学社会学はこれに立脚し，価値中立的な知識はありえないと主張する．すべての理論はある特定の社会的価値を合法化するように意図された自

然のモデルを表している．

　科学者自身は彼らの信じる客観性へのこうした攻撃をはっきりと拒絶する．新しい理論は，インスピレーションの源泉が何であれ，自然の実際の働きを理解するさらに優れた方法を提供するからこそ，成功するのであると彼らは主張する．また彼ら科学者からすると，社会学者は相対主義知識論に与(くみ)しすぎであるという．相対主義に立てば，理論が受け入れられるのはひとえにイデオロギー的理由によるのだから，1つの理論は他のどれとも同じくらい良いとされる．しかし，これはナンセンスだと科学者はいう．なぜなら，もし科学理論がさらに優れた予言力を提供しないのであれば，科学が自然界の支配を我々に与えることもなかったであろうから．一言っておかねばならないのは，なぜ科学が自然のいっそう優れた支配を与え続けるのかについて社会学者は説明困難だとしてきたことである．完全に知識相対論を認める科学史家はほとんどいない．自然のモデル化に若干でも改善がもたらされない限り，理論は成功しないだろうということに彼らは同意するが，しかしまた彼らはすべてが純粋に経験的結果だけにかかっている完全に価値中立なモデルとして理論を見ることも困難であると承知している．

　環境科学の発達は，外界に関する「知識」と見なすものに社会的価値が実際影響を及ぼすというおそらく最も明らかな証拠を提供する．これにはしかるべき理由がいくつかある．生物学や地質学を「ソフトな」科学として片づけてしまうには気が進まないかもしれないが，それらは世界の起源や目的に関する我々の信念を明確にする広い問題を扱うということを考えれば，文化的，そしてそれゆえ社会的でもある力とはるかに容易に相互作用しうるのだ．この種の相互作用が起こるにはいくつかのレベルがある．世界の起源や発達に関する科学的な考えは伝統的な宗教的説明から現れた．もし宗教的信念が社会的関心にある程度左右されるならば，それに代わる科学も同じ影響をまったく免れることはとうていありえないだろう．ダーウィンの「適者生存」の理論がヴィクトリア時代の資本主義の競争の精神を反映しているという主張は，政治的源泉からインスピレーションを引き出すように思われる近代理論の典型例である（7，8章参照）．

　実際的なレベルでも科学は我々が環境を扱いやすくするのに1つの役割を果たしている．そのため工業的・商業的利益の枠組みに関わらざるをえなくなった．地質学は創世記の創世物語に異議を申し立て，同時に地球の鉱物資源を開発するのに必要な情報を採掘産業に提供もした．社会との相互作用をもつこれら2つのレベルはあまりにもかけ離れているので，別個にとり扱われうると想像するのは容易であろう．しかし実際，物事をこのように区分したのは誤りであっただろう．地球の天然資源を開発し

たいという欲望による動機づけがなければ，地球とその生物の起源に関する近代理論を可能にした地質学や古生物学の知識が飛躍的に増大することはなかったであろう．そして創世記の内容に真正面から異論を唱えるこれら新しい科学に，台頭著しい商業階層ならびに専門階層の人々は飛びつき，社会的進歩は自然の進化の続編にすぎないと論じた．これが「社会ダーウィニズム」として知られる運動である．もし科学の中にイデオロギーの要素があるならば，その要素は1枚の縫い目のない織物を作りあげており，そこにおいては実際的関心ともっと一般的な社会的関心が結び付いて，ある特定の集団がどの種の世界観を受け入れられるものと見なすかを明確にする．

環境科学におけるイデオロギー的要素に関する現代の議論は，自然界の過度の開発や汚染に対する現行の先入観に基礎づけられていそうである．科学者の多くは，専門技術を産業に利用させて生計を立てており，環境のリスク評価を雇用者の関心と一致させない科学者はまれである．「緑の」運動は産業に従事する科学者の偏った研究をしばしば非難し，運動自体の関心とより調和する別の科学を作ろうと奮闘している．「緑の運動」はこれが唯一純粋な科学であると主張するかもしれない．しかし，それは産業から報酬を受けた科学より必然的に純粋であると推定するには慎重であらねばならない．なぜなら，環境を意識する科学者でさえ，護るべき政治的利害関係を有しているからである．科学は価値を反映しているとひとたび認めると，ありとあらゆる人々の科学を分析に含めねばならない．

現代の環境理論の起源を探求するとき，思想にしばしば貼り付けられる過度に単純化されたレッテルに用心しなければならない．進化論は「唯物論的」との烙印が押されることも多く，現代の開発的態度の源と考えられている．しかし，最近のある研究は，現代の生態学的意識の出現を19世紀進化主義における反唯物論的傾向にまで遡ることができることを示唆している[8]．またその同じ研究は，生態学主義（エコロジズム）の強力な要素がドイツのナチスの思想に見られる点に注目している．［ただし］ナチスの思想のようなその種の知的祖型は，無慈悲な開発に反対する現代の人々にほとんど歓迎されることのないものである．かくのごとく，今日の自然観が形成されるに至った哲学的・イデオロギー的要因がけっして単純でないことを認める心構えが必要である．ほとんどの偉大な思想は本来的に「良い」あるいは「悪い」のではない．それらは，良い意図，あるいは悪い意図をもった人々によって利用されることによって，このようなレッテルを得るのである．

どのような時代にも科学的な見方を決定する単一の首尾一貫した哲学やイデオロギーはない．我々は現代の世界の中のイデオロギー的緊張に非常によく気づいている．過去の社会も我々の社会と同じくらい複雑だったのである．現代の科学史家は，科学

者共同体を構成する多様な集団の社会的利害が共同体のすべての発達段階で衝突していることに鋭く気づいている．彼らは，単一の「時代精神」を探す代わりに，科学者共同体の中の比較的小さい集団が競争相手との論争に携わるときの特定のイデオロギーの背景を研究する．科学者共同体の中の社会的相違に焦点を定めることによって，我々は理論の選択が社会環境に少なくとも部分的には左右されるという事例のいっそうよい証拠を得る．

　イデオロギーは，第一世代の社会学者が仮定したような粗雑な方法で科学的思考の方向を決定するわけではない．現在，理論の選択は多数の個人的，社会的，専門的要因によっていると見られる．それらの要因は取り上げるべき証拠を定め，自然理解のための個々の科学者の努力を方向づける．科学は世界の純粋に客観的な研究ではないが，科学的知識を科学者の想像の単なる虚構，すなわちある特定のイデオロギーを補強するように企図され社会的に構築された意見として打ち捨てることはできない．科学的発見は多数の文化的要因によって鼓舞された科学者の創造的思考と外界を観察・解釈する彼らの努力との間を媒介する過程である．正確には，科学の発達に影響を与えようとする非常に多くの異なる関心があるので，議論の過程でいっそう明らかに不適切な示唆を削除することが可能になる．成功した理論を確固たる事実として取り扱うことはできない．それらの成功がある程度科学者共同体の中で作用する社会的過程に依存していることは十分にありうる．しかし，それぞれの仮説の提唱者は参入者すべてに対して自身の解釈を擁護しなければならないし，これによって自然を解釈するモデルが確実に洗練されていくことが保証される．

　現代世界の非常に現実的な問題に直面するとき，環境科学の歴史は貴重な教訓をもたらすかもしれない．環境の汚染や他の脅威を制御するために必要な情報を科学に期待するとき，科学史的研究から得る教訓を心に留めなければならない．我々は他の学問分野から引き出した基準によって環境科学を判断すべきでないことを知っている．科学は，まったく利害関係をもたない知識の探求ではない．なぜなら，合理的説明の追求はいつも科学自体の外側にある力によってもたらされるインスピレーションから始まるからである．我々は科学者の職業上の関心などが，新しい概念に対しその科学者がどのように反応するかをある程度決定することを知っている．科学は現代社会における知識の主要な源泉となるよう確固とした歩みを続けてきている．だからこそ客観的とされる科学の基盤にはイデオロギー的偏向があることに気づくことはなおさら重要なことである．現代の科学技術の驚くべき高度化によって，技術はそれを用いる人々の関心と結び付いたさまざまな目的のために利用されうることを見失ってはならない．科学自体について知れば知るほど，現代の問題にどのように対処すべきかに関

して科学がもたらす助言をますます評価することができるだろう．

■注
1) Yi-Fu Tuan, *Space and Place: The Perspective of Experience* (London: Edward Arnold, 1977), p. 13. 『空間の経験』山本浩訳　筑摩書房(1988)．
2) Michel Foucault, *The Order of Things: The Archaeology of the Human Sciences* (New York: Pantheon, 1970), p. xv. 『言葉と物』渡辺一民・佐々木明訳　新潮社(1994, 1974)．
3) Mary Douglas, *Purity and Danger: An Analysis of Concepts of Pollution and Taboo* (London: Routledge and Kegan Paul, 1966), chap. 3.『汚穢と禁忌』塚本利明訳　思潮社(1985)．
4) Karl Popper, *The Logic of Scientific Discovery* (London: Hutchinson, 1959). 『科学的発見の論理』大内義一・森博訳　恒星社厚生閣(1971)．
5) ポパーの最初の進化論批判については次を参照．'Darwinism as a Metaphysical Research Programme', in *The Philosophy of Karl Popper*, ed. Paul A. Schilpp (La Salle, Ill.: Open Court, 1974, 2 vols), vol. 1, pp. 133-43. これに対する応答については次を参照．Michael Ruse, *Darwinism Defended: A Guide to the Evolution Controversies* (Reading, Mass.: Addison-Wesley, 1982).
6) Robert C. Olby, *A History of Biology* (London: Fontana Press; and New York: W.W. Norton, 1993).
7) Thomas S. Kuhn, *The Structure of Scientific Revolutions* (Chicago: University of Chicago Press, 1962). 『科学革命の構造』中山茂訳　みすず書房(1971)．
8) Anna Bramwell, *Ecology in the Twentieth Century: A History* (New Haven, Conn.: Yale University Press, 1989). 『エコロジー』金子務監訳　森脇靖子・大槻有紀子訳　河出書房新社(1992)．

2

古代と中世の世界

The Ancient and Medieval Worlds

　狩人，牧夫，農夫は常にまわりの世界について，豊富な実践的知識を保持してきている．しかし特定の環境や生活様式は1つの社会の「世界観」を形成しうるので，動植物に関する知識は自然に関する哲学へととり込まれ，もっぱらシャーマンや聖職者の所有するところとなる．古代文明は，自然の力と超自然の力との関係を定義する正規の宗教を発達させた．エジプトでは，ナイル川の定期的な氾濫(はんらん)は人間生活の継続を保証するよう意図した神の恩寵と考えられた．西洋の伝統では，通例，ギリシアを知的基盤の源泉と見なす．ギリシア文明はキリスト教との統合を経て，中世ヨーロッパのインスピレーションの源であり続けた．世界を合理的に理解しようとする最初の試みはギリシアの遺産の中にある．ギリシアの地理学者のいく人かは，ナイル川の氾濫を神の恩寵(おんちょう)ではなく水源となるアフリカ奥地の季節的な雨のためであると理解した．超自然的な説明を自然な説明に置き換えようとするこのような試みが，近代科学の伝統の基底をなしている．

　ギリシア思想が近代哲学および近代科学の基盤を表すというこの確信に基づいて，この源泉を明快に理解しようとする多大な努力が払われてきた．科学史家は，当惑するばかりに多くの競合する解釈を経て自身の方法を選択せねばならない．それらの解釈は，現存するテクストの考究を通してプラトン，アリストテレス（紀元前384-前322），そのほか多くの人々の哲学を再構築しようとする研究者によってもたらされる．しかし今日でさえ，多くの再解釈がもたらされる可能性がある．研究者は，テクスト解釈の真の意味をめぐって意見が割れる．実際，テクスト自体がしばしば断片的であ

ったり首尾一貫していなかったりするので、なおさら多くの解釈が生まれる．思想の歴史を扱う人々は、ある特定の思想家の後継者が、師の言説をどのように〈考えた〉かということにいっそう関心があるかもしれない．たとえ現代の研究者が、後継者による師の解釈に誤解があることを確信していたとしてもである．誤解はそれ自体、思想が発達していく過程の一部であり、それが元のテクストよりも重大な影響力をもつことが判明するかもしれないのである．

　西洋思想の発達に関する定説では、古代ギリシアはまばゆいばかりの出発点であると見られている．ただしその影響は、ローマ人の実用一点張りの態度やキリスト教会の教条主義(ドグマティズム)によって千年以上にわたり立ち枯れることになる．そして素朴な迷信が優先され古代の知識が打ち捨てられた中世は、「暗黒時代」として表されるのを常とし、近代科学の基盤は、ルネサンスの学問復興があって初めて再構築されたとされる．このような中世の否定的なイメージは、18世紀に出現した合理主義的態度の産物であり、今なお多くの科学者に影響を与えている．宗教と科学は反目する間柄に違いないという考えはかなり蔓延しているので、宗教が支配的である時代には科学が繁栄するはずがないと科学者は考えがちである．

　そのような態度からすれば、科学や合理的思考一般に共感をもつ人はだれでも、自由問答というギリシアの精神がキリスト教の教条主義に圧倒されていた時代を見下しがちであろう．しかし現代の歴史家は、このアプローチは中世を正当に扱っていないと確信するようになった．ローマの滅亡によってどのような問題が起こったにせよ、中世ヨーロッパはかなりの技術的・社会的革新の舞台であった．たしかに現代の思考様式とはまったくかけ離れた要素を含んでいたにせよ、中世の自然観が宗教的迷信によって強く決定づけられることはなかった．[中世の]学者たちは自然界を強く意識し、ギリシアの遺産を拠(よりどころ)にして、自分のまわりで進行していることを理解するよう努めた．

　何が重要であるのかを判断する際、否応なく現代知識の水準が介入してくるので、古代・中世の科学を評価することはなおさら困難である．科学者は正確な観察に感銘を受けるので、著作にこの観察能力が示されている比較的初期の著述家を選んで称賛する傾向にある．科学者は、どの理論が「正しい」と判明したかについて非常に明白な考えも有しているし、近代の知識を期待させそうな古代の著作を強調しがちでもある．あまりにも頻繁にこれは近代理論の「先駆者」探しになり下がってしまう．これは、少なくとも幾人かの古代の思想家が、今日明らかに見える真実を垣間見ていたに違いないという推定に依拠した人物探しなのである．このやり方は、たとえばアリストテレスを〈真の〉進化論者だったと示すために、文脈抜きで取り出された、あるい

は誤解された一節へと導くこともありうる．それはまるで，現代の分析カテゴリーによって定義されたプロクルーステース［捕えた旅人を鉄の寝床に就け，長い足は切り短い足は引き延ばした強盗］の寝床に合うように，古代の思想を切ったり伸ばしたりするようなものだ．

このやり方は，生物学や地質学のような現代の学問分野の起源を探し始めるとき，なおさら危険になる．「生物学」や「地質学」のような用語は，19世紀になって初めて用いられるようになった．そしてそれらの導入は，近代科学の学問分野の専門化が確立されていく過程の一部であった．したがって「古代ギリシア地質学」を探すことは，実際には非常に異なった枠組みに埋め込まれた観念や観察から人為的に概念構成を行うことになる．古代や中世の博物学者の中には，地殻の観察を報告した者がいたかもしれないが，彼らはこの分野を唯一の研究対象とするような学問分野の出現を予想することはできなかった．自然環境の研究に従事したのは，探検によって開かれた多様な地域に関心をもつ地理学者や，地球に生息する多様な生物を理解しようとする博物学者，さらにいくぶんかは，環境が健康に及ぼす影響に関心をもつ医師たちであった．このような背景をもつ思想家は，地球，人間，神の関係をめぐってなされた広範な議論の影響を受けた．

ギリシア思想における合理的要素は，それ以前の神話や民間信仰の影響を完全に払拭することはできなかった．最初期のギリシアの思想家が提案した宇宙論は，自然的原因に基づいてはいるけれど伝統的な創世神話から引き出したテーマに基づいて作られていた．医学教師は，（必ずしも成功とは言えなかったが）悪いものから善いものを選り分けようとして，膨大な実践的知識や，すでに利用可能な民間療法を頼りにした．博物学も同様の問題に直面した．動物界をいっそう合理的に理解しようとするアリストテレスの先駆的な研究は，それにもかかわらず伝統的な人間中心主義を反映していた．そして他のすべての生物を理解する際に人間をモデルとすることは当然とされた．

歴史への1つのアプローチは，古代思想の構成要素を，近代科学の発展に寄与したかしなかったかについて色分けしようとするものである．たとえば進化論者エルンスト・マイアー（1904- ）は，生物学の全歴史をプラトンの本質主義哲学に対する格闘とみる[1]．本質主義哲学は，観察される動植物を，理念型あるいは原型の単なる不完全な複製と見なす．それらは観念の世界で定義され維持された．ダーウィン進化論の成立にはこの本質主義的な自然観を破壊する必要があったとするマイアーの主張はまったく正しい．しかし，科学史すべてを善い思想と悪い思想との対立に還元することは過去を現代の基準で裁定することである．このことは現代の観念の重要性を強調したい科学者にとって価値あることであるが，初期の博物学者の動機を理解しようとする

歴史家にとっては危険なことである．

多くの科学史家は，過去の観念が現在から見ると誤りであることが判明しているときでさえ，その観念にさらに共感的な見解をとるべきだと主張するだろう．科学者が現代の知識につながる重要な歩みを強調する手段として歴史を用いる際には，歴史家は初期の科学者が構築した文脈を理解するために，後知恵的判断を疑ってみる必要がある．今日とは思考様式がまったく異なる人々が，現実に即した適切なモデルを構築するためにやはり先入観を用いる可能性があったことを認識しなければならない．もしそれらのモデルが後に〈不〉適切になったならば，古い仮説が新事実の発見によって簡単に反証されたとするような罠にかかることなく，いかにして別の思考様式が導入されたかをみようとしなければならない．

2.1 ギリシアとローマ

地中海地域の古代世界は筋の通った統一的な文化を構成してはいなかったし，ギリシア思想の起源からローマ人の勢力拡大の時代へと固定的だったわけでもない．新しい観念や新しい価値観が導入され，時間の経過とともに入れ代わり立ち代わり哲学が繁栄したり衰退したりした．偉大なギリシア文明の時代は，紀元前5世紀に始まった．そのときまでに（政治的に独立した）ギリシアの各都市は，地中海沿岸付近で幅広く交易を始めて植民地を築いた．それらは後に独立して富裕な都市へと発展した．これは，古代哲学の歴史では，前ソクラテス時代，すなわちプラトンの師であるソクラテス（紀元前469-前399）の活躍に至るまでの時代として知られる．紀元前4世紀はギリシアの最も輝かしい時代であった．各都市は団結してペルシア帝国を撃退し，古代で最も大きな影響力をもった2人の思想家，プラトンとアリストテレスを育む一大文化を築いた．アリストテレスはアレクサンドロス大王（紀元前356-前323）の家庭教師であった．大王の父は武力によってギリシアを統一し，大王自身はその武力を用いてペルシア帝国を征服したのである．

ヘレニズム時代には，ギリシア文化は地中海，アジアまで広まり，東洋からの異質な文化の影響に遭遇した．アレクサンドロス帝国は彼の死後紀元前323年に崩壊し，ばらばらになった地方はその後2世紀を経て拡大するローマ勢力に吸収された．紀元前1世紀にはギリシア自体ローマの属州になった．キリストの時代までに，ローマ帝国は地中海地域までを含めて確立し，そのままの形で紀元後5世紀の崩壊まで保持されることとなった．ローマ人は古代世界に安定を与え，ギリシア人によって確立された知的な伝統を受け継いだ．そしてキリスト教の出現は新たな精神的・知的な時代への道を拓いた．西ローマ帝国の勢力が崩壊したあとでさえ，コンスタンティノープル

(現イスタンブール)を拠点とする東ローマ帝国[ビザンチン帝国]は1千年の間存続した．しかし，帝国の影響力は後期になると台頭するイスラム勢力によって縮小した．

この発達する文化の科学思想を解釈することは，残存している記録が混乱していたり，時に断片的であったりするので，困難である．思想家の多くは，第三者の伝聞記録から知られるのみであり，その第三者が，当の思想家の見解に反対の立場をとる場合も結構あったかもしれない．膨大な文献が利用できる場合でさえ，現存している著作のまさに本質や何が本物であるかをめぐる混乱によって問題は生じる．ソクラテスと他の話者が異なる見解を述べる対話をプラトンは記した．これらの見解のどちらをプラトン自身が共有するのかという決定は読者に任されている．イデアは神話の形式で言及されるが，ここでもまた読者はどれくらい額面どおり扱ってよいのかについて判断を任されている．多くの著作がアリストテレスのものであるとされていたが，現在では偽作であることが判明している．プラトンとアリストテレスの著作と認められたものの中でさえ，強調点は大きく変化しているので，研究者は作品の成立年代の前後関係を決定せざるをえない．こうした諸問題の錯綜によって，今日でさえ歴史家は，これらの思想家の発言の真意をめぐって新解釈を提案し続けているのも驚くに当らない．

このような事実や意見の混乱から，古代に成立した自然に関するさまざまな哲学の概要を抜き出さなければならない．ギリシアの自然哲学は，世界がいかにして今日の姿になったのかを合理的に説明しようとする伝統から現れ，ここに，後にヨーロッパ思想の多くの発展の礎（いしずえ）となる基本的な思想が最終的に確立された．四元素説（土，空気，火，水）は，人体の構成物質と類似した見解とともに定式化された．地球は，天球構造をなす宇宙の中心に位置する球体であり，天球には太陽，月，惑星がはめ込まれ，透明なエーテル中を円運動しているとされた．

ギリシアの思想家の中には，「宇宙生成論」すなわち物質的な宇宙全体の発達を説明する仮説を提案する者もいた．これらの思想は地質学的・生物学的進化論のような近代理論の動機（および時にはその中身）を予想しているように思われる．しかし合理的解釈を追求しようとする努力にもかかわらず，ギリシアの宇宙生成論者はやはりその着想をいくらかは伝統的な創世神話から得ていた．思想家の多くは変化について進化論的見解より，循環的見解を好んだが，アリストテレスは宇宙を永久不変と考えた．宇宙（コスモス）は秩序ある様式によって構築され，人間の生命[ミクロコスモス]はその広い外界[マクロコスモス]と同様の様式の中で機能するという広く行き渡った1つの信念があった．これは神の創世というキリスト教の考え方と一致していた．ギリシアの学者の中には，この人間中心的な見解に対して革命的な代案を示唆する者も若干いた．たと

えば天文学者のアリスタルコス（紀元前3世紀）は地球が全宇宙の中心とは思えないと述べ，エピクロス（紀元前341頃-前270頃）やルクレティウス（紀元前94頃-前55頃）のような原子論者は自然の秩序が神によって構築されたという主張に異議を唱えた．

a．競合する宇宙論

　ギリシア哲学は，ミレトスのタレス（紀元前640-前546頃）を始祖とするイオニア学派で幕を開けた．ミレトスは小アジア沿岸におけるギリシアの交易の中心であり，西洋哲学の起源を印す批判的思考の活性化は，交易に基づく社会の自由で実利的な雰囲気によって刺激を受けたのかもしれない．しかしイオニアの哲学者は古代の創世神話に起源をもつ問題に関心があった．彼らは合理的思考を宇宙の起源およびその根底をなす本質的問題に応用することを望んだのである．自然によって示される一見絶え間ない変化の根底に，基本的統合はあったのだろうか？　もしそうならば，変化として認識される表面的な再配置は何によって起こるのだろうか？

　タレスは，水は万物を構成する基本的要素であると唱えた．彼は大地は水に浮かんでいると信じ，また大地を揺らす波の結果として地震を説明した．ギリシア神話の海神ポセイドンは，地震の神でもあった．このようにタレスの説明は過去の信念の合理化であった．彼の弟子アナクシマンドロス（紀元前610頃-前547頃）は落雷は風によって，稲妻は離れていく雲によって起こると示唆した．彼は，万物の起源は基本要素「無限定なもの」であると主張し，宇宙の起源を説明する理論を提案した．彼は，宇宙が無限定なものから分離した1つの種子として始まって，現在の状態になったと考えた．生物は，太陽が湿気に作用するときに発生したとし，また人間は何か初期の動物の型に由来していたという．これは，親がなく生まれれば幼児は生き延びられなかったであろうから当然の推測であった．詩人クセノパネス（紀元前570-前475頃）は，表面全体がかつて泥海のようであった証拠として化石を挙げて，大地は水から生じたと主張した．アナクシマンドロスが大地全体は最終的にすっかり乾くだろうと考えていたのに対し，クセノパネスは大地は最終的には再び水の中に溶けるだろうという循環的世界観を採った．

　哲学者パルメニデス（紀元前515頃-前450頃）は，感性ではなく知性こそが自然の根本原則の解明に用いられるべきであると主張した．彼は，単一の基底的物質の存在を前提としていたので，感覚によって明らかにされる変化はすべて架空のものだろうと主張した．これを避けるために，エンペドクレス（紀元前500-前430頃）は，2つ以上の元素を想定して，変化は通常の物体を構成する諸元素の配置転換によって可能になるという考えを発達させ，土，空気，火，水の四元素を常識的な経験から引き出

し定義した．この見解はアリストテレスにとり上げられ（彼は天上界に第5元素エーテルを追加した），近代化学が出現するまでヨーロッパの基本的な物質観の基盤となった．

エンペドクレスは，世界が現在の状態になった過程にも関心があった．彼は，愛と争いの2つの相反する力を仮定したが，全体として世界の変化の歴史的循環を描写した．物事の現在の秩序は争いによって支配されている．初め大地は生殖力をもっていて，生物を産み出すことができた．これらは，本質的にはでたらめに作られた．すなわち個別の器官（腕，脚など）はさまよったあげく，多様な方法で結合し，動物を生じた．これらのほとんどはひどい奇形で，子を残せなかった．それらはまもなく死に，もっと幸運な結合だけが現代の種の始祖となった．エンペドクレスのこの考えは自然選択による進化論を予期させるものとして認められてきている．しかし，彼は現在進行中の過程ではなく太古の大地で起こった生物創造の話としていたので，実際には重大な相違がある．彼が強調した試行錯誤による発達は，宇宙が超自然的な力によって合理的にデザインされたものとする見解に匹敵するものである．しかしエンペドクレスはクセノパネスのような循環的見解をとっていて，現在の世界は，愛に支配される創世の新たな変動が始まる前に崩壊するだろうと考えた．

宇宙を完成し完了したシステムとはしないこの見解は，原子論者，とりわけデモクリトス（紀元前470–前370頃）によってさらに発展させられた．ギリシアの原子論を現代の原子理論の先駆とみるのではなく，世界は賢明で慈悲深い神々によって計画されたという通念を揺さぶるものとして原子論の目的を認識すべきである．この世界観によれば，宇宙は分割できない物質分子（原子）が純粋に物理的な力の影響を受けて動くような空虚（空の空間）から成り立っている．原子は結合して，一時的に安定構造となるが，これらはいつか必ず解体する．なぜならどんな特定の形式においても安定性を保証する指導原理はないからである．デモクリトスは，地球は創造と破壊の普遍的循環によって産み出される多くの世界の中の1つにすぎないと想定し，それぞれの世界はかけがえのないものであることを十分承知していた．したがって地球もつまるところ古びて死ぬ．自然は機械的な力によって必然的に推移しているが，指導原理となる力は存在しないので，根底にある原因を認知できない観察者にとっては，結果として生じた組み合わせはまったくの偶然であるように見える．

原子論は，エピクロスの手を経て，無神論哲学の基礎となった．これは伝統的な世界観に1つの重要な対案をもたらすものであった．エピクロス派のアプローチは，ローマの詩人ルクレティウスによる『ものの本性について（宇宙の本質について）』に編入されることを通して最も効果的に生き残った．古代のすべての詩人のように，ルク

レティウスは自然をこよなく愛し，田舎の生活に関心をもった．しかし彼は，大地を人々のために計画された体系とはしなかった．大部分の土地は耕作に適していない一方，最適な場所でさえ穀物を育てるには多くの労力を要する．多くの動物は，人類にとって脅威である．ルクレティウスは，エピクロスに倣って大地を自然発生による最も初期の動物を産む母として描いた．比較的小さい動物は今日なおこの方法で生まれるということを彼は当然のことと見なしたが，過去においては比較的大きい動物でさえ直接大地から生まれたはずであると考えた[2]．

　　今日でさえ，多数の動物は恵みの雨と太陽からの暖かさとで，土からつくられる．だから，たとえもし地球とエーテルが若かったときにいっそう大きいものが形成し発達しても驚くべきことではない……土壌にはあり余る熱と湿気があった．だから，適切な場所があるときはいつでも，どっかりと大地に根をおろして子宮が成長した．機が熟すると，今度は湿気を嫌い空気を求めて奮闘することによって胎児は成熟し，子宮はぱっくりと開いた．

しかしエンペドクレスの理論では，これは実験的過程として見られている．すなわち初期に産み出されたものの多くは怪物であり，生き残ることはできなかった．強くて迅速なもののみが，現在の種の起源をなすものに次々となっていった．

　　その頃，大地は試しに，体格も顔つきも奇怪な多くの動物を産み出した．それらは，ふたなり，すなわちまだ男女に切り離されていない両性の中間のもの，手や足のない生物，口がなく口のきけない野獣，目がなく目の見えないもの，手足が胴に付着したために無力になってしまったものなどだったので，何かをしたり，どこかへ行ったり，危害を避けたり，必要な物をとったりすることができなかった．そうした怪物のような不格好な誕生が創出されたが，結局はすべて無駄であった．自然は彼らが増加することを妨げた．

もっとも初期の人間も同様に形成され，(黄金時代の伝統とは反対に)元来は野原の獣のように木の実や果実を採集しながら生活していた．しかしこれも単純な進化体系ではない．なぜならエピクロス学派の人々は，大地は生まれて年をとり，やがて死ぬと確信していたからである．ルクレティウスは地表が腐食しやすいことを示すために気象と浸食の証拠に訴えた．

　これに匹敵する生命哲学は，医師ヒッポクラテス（紀元前460頃-前375頃）の医学

2.1 ギリシアとローマ

書の中で展開された．これは，身体機能に関する本質的に唯物論的観点を表す．それは「神聖病」(癲癇(てんかん))をちょうどもう1つの身体の機能不全として扱う決定に例証される．ヒッポクラテスやその弟子は四元素の概念に基づいて，四体「液」，すなわち黒胆汁，黄胆汁，血液，粘液を仮定した．四体液が均衡している自然の状態のときは，身体は健康である．医師の仕事は，損なわれた均衡を自然がとり戻すのを助けることであった．この医学哲学は環境研究に対する含意を有していた．というのは，テクスト『空気，水，場所』は健康がいかに周囲の条件に影響されうるかを示しているからである．異なる場所で異なる医学的問題があり，さまざまな地域の住人はそれぞれの生育環境に幾世代もさらされた蓄積的結果である肉体的形質を獲得してきた．

ヒッポクラテスの伝統は，身体の機能に関して本質的に唯物論的観点をとったが，均衡のとれた自然の状態や健康へ身体を回復させる力を当然のことと考えた．自然の体系は原子の任意の集合体ではなく，調和的に計画され，自己保持および自己修正する実体であると推定された．医師にも十分に納得できるこの見解は，自然は合理的な型に従って設計された合目的的な体系であると想定する哲学といっそう矛盾がなかった．世界は神々によって設計されたという信念はエジプト文明およびメソポタミア文明まで遡る．前ソクラテス学派の哲学者の唯物論的傾向は，この本質的に宗教的な世界観の支配を決して打ち破ることができなかった．哲学者アナクサゴラス(紀元前500頃-前428頃)は天文学的規則性を用いて，宇宙構造は精神，すなわち設計する知性によって確立されたと主張した．同様の主題は，アポロニアのディオゲネス(紀元前410頃-前323頃)によって紀元前5世紀後半に発達させられ，地上界の構造を含むよう議論は拡張された．現代の研究者が古代アポロニアのどちら(1つはクレタ島，もう1つは黒海沿岸)がディオゲネスの生誕地であったのかを確認することさえできないことは，まさに古代の多くの著述家をめぐる不確定性の一例である．

自然は全能の知性によって設計されたに違いないという見解は，ソクラテスの弟子，クセノポン(紀元前430頃-前354頃)の『ソクラテスの思い出』の中に明確に表明されている．彼の主張は，自然神学を説明する19世紀前後のキリスト教徒の議論を予感させる(5，7章参照)．大地は人間，気候，そして養われる動植物の維持を意図した物理体系として見られる．それは我々の日常生活に恩恵を与えるように注意深くデザインされているという．その元来の形式では，この議論は自然界の美と有益性を強調し，それらの特質を人類の幸福を見守る知的で超自然的な創造者によるデザインによってのみ説明できると解釈する．生物の美と複雑な構造は超自然的なデザインによってのみ説明しうるという基本的な推測は，ギリシア人からキリスト教世界までほとんど変化することなく伝わった．

この目的論的自然観（目的論とは，事象が果たすことになる目的によって行われる説明）は，ストア派の哲学の特徴となった．この学派の祖ゼノン（紀元前335-前263）は自然をこの世界に秩序と目的を生じさせる職人のような力としてとらえた．パナイティオス（紀元前185頃-前110頃）および後のポセイドニオス（紀元前135頃-前51頃）は両者とも，地理学的知識を用いてそのデザイン論を拡大し，人間は自然の一部であるという観点や人間の生活と環境との関係を探求した．あらゆる自然の関係の調和は神の起源を示し，人間の精神は自然の中に組み込まれた神のデザインを理解し模倣することができる．たとえば船の舵の発明は，魚の尾鰭の観察に基づいている．ここに，我々のために神々によって設計された美しく複雑な体系として自然界を感じる．そしてその体系は，我々がそこに存在し，我々のために用意されてきたものの複雑性を理解する能力によって威厳を付与される．

この主題はローマの雄弁家キケロ（紀元前106-前43）によって書かれた『神々の本性について』第2巻の中でとり上げられた．彼がこの本を執筆したのは，ユリウス・カエサル（紀元前101頃-前44）暗殺に続く内乱において，誤った側に付いたがために，彼も刺客の手にかかることになる直前のことである．キケロのその著作は対話の様式をとり，そこに登場するストア派バルブス（Balbus）が，自然は偶然の存在の集合体ではありえないという主題を展開している．バルブスは工作者として人間と神の技量の比較を強調する．当然神の技能の方が優れているが，我々は機械の合目的性との類推で宇宙の目的を理解できる．家畜化しうる動物は明らかに人間の利用のためにデザインされており，たとえば雄牛の強い首はくびきに向いている．このように人間による自然の制御は，干渉ではなく，神の計画の一部と思われるようになる．野生動物も，その習性に適するあらゆる肉体的構造が与えられてきた．たとえば爪と歯をもつ捕食者のように各々の種は生活様式に注意深く適合させられている．大地自体が生命を保持するように設計され，雨は水分を供給し風は元気を回復させる．全体系が人間のために設計されており，利用できない生物でさえ，我々のみが理解しうる体系の一部である．

ローマのもう1人の著述家セネカ（紀元前5頃-後65）は，川は航行用に設計され，鉱脈は我々の利用のために大地の中に注意深く位置づけられてきたと主張した．ストア派の観点は，大プリニウス（23-79）によって編纂された百科事典的な『博物誌』にも見られる．ストア哲学は，人類に自然の支配権が与えられたという旧約聖書の，とりわけ人間中心的な解釈を強化しているので，大地が人間のために作られたとするキリスト教の教えの源泉であったかもしれない．

b. プラトンとアリストテレス

　古代アテナイ文明時代の 2 人の偉大な思想家によって確立された知的伝統は，やがてキリスト教時代にも受け継がれて，近代科学の基盤を成すことになった．ソクラテスの弟子プラトンは，アテネ郊外のオリーブ林の中にアカデメイアとして知られる学校を創設した．アリストテレスはプラトンの弟子として出発したが，若いアレクサンドロス大王の家庭教師としてしばらく仕えた後にプラトンと訣別して，自身の哲学を確立しリュケイオンという学校を設立した．彼らは異なる方法で目的論的自然観を拡張し，別個の哲学的伝統として確立される新たな概念基盤をもたらした．2 人のうち，博物誌や生物の本質を説明することに深い関心をもったのはアリストテレスであった．

　プラトンの全体的な哲学は，自然の科学的探求に敵対するものとしばしば考えられてきた．彼は，哲学全体の目的は，感覚によって明らかにされている物質界を超越して，精神を純粋なイデアの世界に到達させることであると考えた．真の知識は，イデア間の必然的つながりを認識することからなり，物質の研究から引き出すことはできないものであった．感覚によって我々に明らかにされている事物は，永遠のイデアの単に劣った複製である．科学者はたしかに自然の抽象的モデルを作らねばならない．たとえば，天文学者が惑星の運動を説明するために数学的理論を構築するように．しかしその理論は観察された運動に照らして検証されねばならない．そしてプラトンは感覚の世界に対するこの譲歩でさえ不必要であると示唆することも時にはあった．プラトンは博物誌に関してはほとんど言及しなかったが，イデアの世界という概念がいかにして種の本質主義的見解の基盤となりうるかは容易にわかる．もし実在する動植物が，超自然界に存在するイデア (ideal forms) の単なる不完全な複製であるならば，種の本質はその理念型（ideal pattern）によって定義され，その固定性はイデアの安定性によって保証される．というのは，物質界の個体間の変化はそれらが形づくられた際の超自然的型（supernatural pattern）に決して影響を及ぼさないからである．

　プラトン哲学の究極の目的は，感覚世界をイデアの世界に従属させることであった．ある意味で，イデアの世界は，常識的な物質界の抽象的で洗練された版（ヴァージョン）と見なされた．しかしプラトンはイデアの基盤が絶対的・究極的善にあることも示唆しており，それは後にキリスト教の神と結び付けられることになった．実際プラトンの神は，キリスト教の神とは異なる特質をもってはいたが，物質界の起源を説明するためにプラトン自身が宇宙生成論を提案したという事実によって，そのつながりはなるほどと頷けるのである．

　彼は『ティマイオス』の中で，いわゆる創世「神話」の説明をしているが，それは

イデアの世界と物質の世界とに関する彼自身の見解の表明でもあると思われる．創造の力は，扱いにくい物質界に秩序を課すデミウルゴス（工作者）である．デミウルゴスは物質を創造することもなければ，物質の本質に固有の限界から逃れることもできなかった．イデアの世界に存在する形相に物理的表現を与える物質の実体のみを用いることができた．このように物質的自然は，プラトンにとって妥協の産物である．しかしプラトンは，それは最善にして可能な妥協であると主張する．物理的世界は，実際は神の精神の表明である．特にプラトンは，デミウルゴスが精神面で理解できるどのようなイデアに対する存在をも拒絶できなかったことを暗示している．すべての可能な形相は現実の存在をもたねばならない．自然界には断絶はありえず，すなわちその形相がイデアの世界にのみ存在するという失われた種はありえない．「充満の原理」は後の自然思想に深刻な影響を与えるようになった．

　『ティマイオス』は創世を扱うが，プラトンのアプローチはソクラテス以前の哲学者によって提案された宇宙生成論とは一線を画していた．その物語は，世界の形成に関する〈歴史的〉説明と呼ぶには憚られるほどに理念化されてきた．プラトンにとって重大なことは，イデアの世界と物質の世界との関係であり，創世が起こった実際の順序はまったく重要ではない．『ティマイオス』は，時間的変化の哲学を進める限りにおいては，世界が大災害によって周期的に破壊される循環的概念に基づいている．

　アトランティス（大西洋に存在していたと想定される伝説上の大陸）の破壊を扱ったプラトンの物語は，この循環的アプローチの一部をなす．その物語はエジプトの神官たちが旅人ソロンに語ったものであるが，アトランティスの高度な文明によってもたらされた軍事的脅威を破壊するためにいかにギリシア人がアトランティスに攻め入ったかを示している[3]．

　　　しかし後に，異常な大地震と大洪水が度重なって起こった時，苛酷な日がやって来て，その一昼夜の間に，あなた方の国の戦士はすべて，一挙にして大地に呑み込まれ，またアトランティス島も同じようにして，海中に没して姿を消してしまったのであった．そのために今もあの外洋は，渡航もできず探検もできないものになってしまっているのだ．というのは，島が陥没してできた泥土が，海面のごく間近なところまで来ていて，航海の妨げになっているからである．

プラトン哲学の主題からすると非常に付随的な話ではあるが，この大災害の物語は，定期的大変動が確かに存在したらしいと一般の人々が思い込むのに大いに寄与し，後の地球に関する科学に全面的な影響を及ぼした．こうした大変動の神話はギリシア人

が，ヘラクレスの柱［ジブラルタル海峡をはさんでそびえる2つの岩山］を越えて大西洋へと旅行することに躊躇せざるをえなかったことも正当化した．

アリストテレスがプラトンと訣別したのは，少なくとも部分的には，もっと物質界の知識に配慮した哲学を発達させたかったからである．博物学は，彼の研究プログラムにおいて重要な役割を果たした．一時流行した推測によると，アリストテレスは生物の研究を通じて自然過程を説明する本質的に目的論的なアプローチを発達させたのであるという．今日研究者は，彼の博物学に関する著作は晩年に書かれたと信じている．その著作は彼の知識の哲学を実践的に機能させようとする労作であった．この理由から，我々は現代の基準で彼の博物学を判断せぬように注意しなければならない．

アリストテレスは，世界は永久不変だと考えていたので，宇宙生成論を示さなかった．しかし，彼は宇宙構造に関する明確な見解を有しており，彼の考えは15世紀に至るまで広く受け入れられていた．彼は，地上界（月下界）と天上界の絶対的な差異を強調した．地球は球形で宇宙の中心にあり，太陽，月，惑星が透明なエーテルから成る複数の同心天球にはめ込まれその周りを回っていた．この5番目の元素エーテルは地上の四元素とはまったく異なっていた．すなわち，それは自然に円運動を成し，一方，土，空気，火，水は世界の中心に関連して層を形成して配置する自然な傾向があった．アリストテレスは，地球は，そこに届く太陽熱の量によって厳格に定義されるクリマすなわち帯に分けられるという見解をとった．生命は温帯のみで維持することが可能である．赤道帯は暑すぎ，一方，極地帯は寒すぎて，生命を維持することができない．南の温帯地域は北の温帯地帯から永久に孤立しており，多くの人々がそこには何も住んでいないと信じていた．

地球の基本的構造は永久に固定しているが，アリストテレスは地球の表面的特徴をたえず変化させる自然の過程があることを理解していた．彼の『気象論』は，これらの過程を詳細に描写する．彼は，地震や火山は地下洞を循環する風のせいで起こるという通説に従った（風神アイオロス（Aeolus）は，火山性の浮島アイオリスの地下に住んでいた）．彼は，山々で空気中の湿気が凝縮して降雨となったときに川が生じることを知っており，エジプトの沃土はナイル川によって運ばれた堆積物からなることを理解していた．化石は地球のある部分がかつて水に覆われていたという証拠を示したが，乾燥する一般的過程はなかった．というのは，新しい土地が別の場所に作られつつあったからである．この現象，およびなぜある地域の肥沃性が時とともに変化するのかも説明するために，アリストテレスは降雨の循環型を，長期間雨が通常より多く降り続く「大きな冬」とともに仮定した[4]．

小さな部分にしか注目しない人々は，こうした諸様態の原因は，宇宙全体が生成しつつあるという理由で，変化の全体過程にあると考えるのだ．その結果彼らは，海はしだいに乾いていって小さくなる，なぜなら，いまは昔よりも多くの場所がそのような変化をうけていることは明らかに知られているからだと主張する．しかし彼らの見解の或るものは真であるが，或るものは真でない．なぜなら，以前湿っていていま乾いている土地はたくさんあるが，やはりその逆のものもたくさんあるからである．彼らは調査してみれば，かつて海に掩われていた場所を多くの地方で見つけることができるではないか．けれどもこのことの原因を宇宙の生成に帰して考えてはならない．なぜなら，彼らの知るかぎりのわずかのあいだのわずかの変化からして宇宙全体が運動変化すると推論することは，笑止千万なのだから．いや大地の容積と大きさは，天全体にくらべればまったく無いにひとしいのである．われわれはむしろ，これらすべてのことの原因は，ちょうど毎年の季節のなかに冬があるように，或る大きな周期のなかに大きな冬と雨の過剰が定められた時の後に起こることにある，と考えなければならない．

アリストテレスにとっては宇宙自体は自然の過程によって形成されえなかったが，彼は構造，とりわけ生物の構造が形成される他のすべての変化を何とかして説明したかった．彼は可能態と現実態を区別した．種子は木ではないが，木になる可能性をもっている．そして，生命が再生する傾向は，質料に形相を課す有機化する力を自然がもつことを示している．ある種の形相は，イデアの世界に存在する超自然型によって保証されない．質料は無形の状態では存在できないので，種は続く．存在している種の形相は再生過程を経て自然に永続する．

アリストテレスは，4つの原因によって構造上の変化すべてを理解した——形相因（生成される構造），質料因（形相が課される質料），始動因［本質因］（質料に働きかける実際の力），目的因（新構造が生成される目的）．目的論（目的による説明）は彼の哲学の本質であったが，目的がいかに果たされるかを決める自然の制約を彼は軽視しなかった．当然，彼は生物学的研究の多くを再生過程にささげ，発生学の広範な研究を行った．その場合，目的因は種の永続である一方，形相因は複製が作られる親の身体構造である．

しかしながら，本書における関心事は，科学的な博物学の確立における彼の先駆的役割である．アリストテレスの『動物誌』は広範な種に関する膨大な情報を含んでおり，それらのほとんどは彼自身の観察や解剖を通して得られたものである．500を越える種が記載され，その中には120の魚類，60の昆虫が含まれる．海洋動物の研究のほ

とんどは，彼が2年間(紀元前344-342)過ごしたレスボス島のピュラー海礁でなされた．現代の生物学者はアリストテレスの観察者としての技量に感銘を受ける．というのは，彼は19世紀になってようやく確認される発見をいくつかしたからである．彼は，ツノザメ科のあるサメの母親の中にある胎盤状構造物に子供が付着していることを観察していた．この主張は，1842年にヨハネス・ミュラー(1801-58)によって確認されるまで，何世代にもわたる博物学者たちによって馬鹿げたこととして拒絶されてきた．頭足動物(イカ，タコ等)の交尾に関するアリストテレスの説明も，ずっと後まで，確証がとれないままであった[5]．

> 或る人々のいうところでは，[頭足動物の]雄には巻腕の一つに陰茎状の部分があり，それには2つの大きな吸盤が付いているという．さらに人々がいうには，その器官は腱状を呈し，巻腕に付着して，全長はその中央部に及んでいるが，これを雌の「鼻」［漏斗］の中にさしこむのである．

この場合，アリストテレスは自身で観察しなかった．彼はおそらく土地の漁師から収集した情報を報告している．

しかし，この研究すべての目的は何だったのだろうか？ アリストテレスは生物分類学の創始者と見なされている．彼の観察は，すべての種が類縁関係の程度によって分類され，博物学者が包括的体系を構築しうるような特質を明らかにしようと意図されていたようだ．彼は属に分類される種について記しており，彼のこの目的が集団内の階層構造的分類を構築することであることは想像に難くない．しかしデヴィッド・バルムのような現代の研究者は，アリストテレスの著作の中には包括的分類がないことを示してきている．同じ種が異なる属の中に記載されることが時々あり，このためアリストテレスは成員間の対比に基づいて細分化しうる集団を定義する〈属〉という用語を用いているのだという．このアプローチをとったのは，彼の意図が分類することではなく，生物のどの特徴がいっそう基本的であるかを発見することだったからである．

アリストテレスは，いくつかの特徴がいっそう基本的な特徴の必然的結果として存在することを示すことによって，観察される種の構造を説明しようとした．この博物学は，彼が『分析論後書』の中で概説した方法論にこうして従っている．すなわち，差異をグループ分けすることは原因研究の序曲と見なされた．アリストテレスは，それぞれの種のいくつかの特徴は単にその他の質料の結果であると認める覚悟があった．最も基本的な特徴のみが，生殖過程を通して伝達される類の形相によって定義さ

れた．類の内で種を識別する特徴は，生物は環境に適応するように機能しなければならないという目的論的必要条件によって固定された．このため，アリストテレスの目的論では，種はイデアの原型から型どられているということを前提としていなかったし，種の固定性は絶対的なものでもなかった．ただし，個体は自身と類似のものを再生する自然の傾向を有するとはしていた．

アリストテレスは，動物に関して民間信仰から引き出された偽情報を必ずしも排除できたわけではないし，文化の人間中心主義的観点から逃れることもできなかった．人間はなお，他のすべての動物が比較されるその基準であった．人間は自然の頂点に立ち，下等生物は階梯の下部に配置され，最も下等で最も原始的な生物は最下部にまで至った．アリストテレスは，「どっちつかず」のように見える種に対しても他の人々同様に魅了された．ちょうどコウモリが陸生動物と空中動物を結び付けるように，アザラシは陸生生物と海生生物との隔たりを埋める．「植虫類」（枝状になるサンゴ虫や他の海洋生物）は植物と動物の中間形である．アリストテレスは，生物の単線の階梯という見解を公然とは決して支持しなかった．しかし後世の著述家たちは，18世紀まで続くヨーロッパの自然観を形成することになる観念を与えようとして，アリストテレスの思想のさまざまな面を結合したのであろう．もし生きている自然が人類を頂点に置く階層構造を形成するならば，そしてもし中間形によって「隔たり」が埋められるのであれば，「存在の大連鎖」（創造物すべてをつなぐ単一の切れ目のない種の連続）を思い描くことは可能である．

もっと直接的なレベルでは，アリストテレスは弟子によるさらなる博物学探究への道を開いた．彼の学校リュケイオンは講義と研究施設の両方を提供したように見える．彼の後継者となったテオフラストス（紀元前373-前275頃）は，リュケイオン学長として研究プログラムを植物や鉱物にまで広げた．彼は，自然のある面は合理的目的に適っていないと進んで認めたが，目的因の教義に代わるものを探しはしなかった．彼の植物学の著作は，植物の習性や効用に関して農夫や庭師から拾い集めた情報に加え，多くの種の記載を含んでいる．テオフラストスの『植物誌』第9巻は植物の医学的効用を扱い，植物の研究と医業とに強い関連が存在することを示唆した．彼の著作『石について』は多くの鉱物を記載・分類し，その対象物をそれにまつわる迷信から切り離そうと努力した．

c．古代後期

ヘレニズム時代の博物学者や地理学者は，アレクサンドロス大王の征服によって判明した世界に関する膨大な新情報に慣れていく必要があった．ローマ帝国が有する広大な領土がもたらす大量の情報は，アリストテレスが先に確立したプログラムに組み

2.1 ギリシアとローマ

込まれねばならなかった．アレクサンドリアのエラトステネス（紀元前276頃-前194頃）は地球の周囲を測定し，かなり正確と思われる数字を出した（彼が用いた長さの単位に関する現代の評価は定まっていない）．彼は居住不可能な赤道帯という考えを認めた．ポセイドニオスはこれに異議を唱え，地球の周囲もかなり小さく算定した——この論点は，コロンブスの時代に再燃し，インド諸島への西進の実行可能性をめぐる議論に影響を与えた．

地理学者ストラボン（紀元前64-後24頃）は，初代皇帝アウグストゥス（紀元前63-後14）が帝国全土に交易を奨励していた頃に活躍した．彼は既知の世界のほとんどを描写し，それにはスペインの鉱石埋蔵量や採掘技術の詳細な描写なども含まれていた．彼は地震や火山に関する説明も提供したが，それらが地下の風によって引き起こされるという見解を認めていた．ストラボンの『地理学』は，地球やその資源に関する古代の知識の集大成を表すが，新たな説明体系を提案できないということは，利用可能になった情報があまりに多すぎてだれも効果的に処理することができなかったことを示唆する．紀元後2世紀，天文学者プトレマイオス（127-145に活躍）は，既知の世界がほとんど描かれている地理学書を著した．プトレマイオスは，熱帯はあまりに暑くて生命を維持することができないと認めたが，インド洋の南に位置する未知の土地の陸塊，すなわち「南の未知の地（terra australis incognita）」を仮定した．その地は17, 18世紀になってもなお真面目に考えられていた．

植物学は，ディオスコリデス（最盛期，紀元後60-77）の『医学の材料』によって示されるように，医学との関連の結果としてなお隆盛していた．皇帝ネロ（37-68）のもとローマ軍の医師ディオスコリデスはアジア広域を跋渉し，植物とその医学的効用に関する膨大な情報を収集した．彼は，植物同定の助けとして挿絵を利用するよう促し，中世の本草書まで続くことになる伝統を確立した．しかし，自然界を全体として理解しようとする努力という点では全般的に停滞していた．紀元後1世紀のもう一人の人物プリニウス（23-79）は，もはや知の領域を広げようと努力しない時代において，昔から知られてきたことを保存しようとして『博物誌』をまとめた．彼は事象を個人的に調査しようとし，ポンペイとヘルクラネウムを埋没させたヴェスヴィオ火山の噴火を研究中に死亡した．しかし彼は，テオフラストスや他の権威者からほとんど十把一束に多くの文章を写した．彼は，自らの情報源によって語られる民間信仰にはあまり否定的ではなく，動物界の描写においては多くの架空の生物を含めた．彼の著作は，古代の科学が既存の権威に対する過度の尊敬とあまりに広範囲にわたる主題とによって，いかにして結局は泥沼にはまり込むようになるかを示す．

古代後期の理論的発展は，今日では自然界の研究に有害と思われるような諸概念を

探究した．プロティノス（205-70）やマクロビウス（5世紀）のような新プラトン主義者は，本質的には哲学者・神学者であり，世界に対する唯一の関心は神の完全性の象徴としてのみであった．「存在の連鎖」という概念は，神は人間から順次下って最も下等で最も不完全なものに至るまでのあらゆる生物を必ずや創造されるに違いないことを表明するために形式化された．充満の原理は，階層構造的自然観および自然の集団すべてを連結させる中間形が存在するという確信と結び付いた．この自然観のもとに，「不完全」は，あらゆるレベルで，創造の御業を完全にするための不足の単なる表明であった．肉食動物によって引き起こされる被害は，普遍的パターンの1つの必然的要素であった．玉石混交の古代知識の寄せ集めとともに，そのような思想は最終的にヨーロッパキリスト教世界に伝えられ，中世の思想家の自然観を形成することになる．

2.2 中　　　　世

　研究者は中世を西洋文化の発達における停滞の時代としてもはや片づけることはない．なるほど，ローマ帝国崩壊に続く「暗黒時代」では，古代の知識はほとんど喪失され，初期キリスト教会は自然それ自体を目的とする研究を奨励しなかった．ギリシア科学の伝統は，イスラムの学者によっていっそう活発に探究され，その著作は結果的に古代世界の遺産を，中世ヨーロッパに発達する新たな文化［スコラ哲学］へ伝えるのを助けた．ヨーロッパ西部での文芸復興の最初の兆しは，アリストテレスや他の古代ギリシア・ローマの思想家のものをラテン語に翻訳することによって誘発された12世紀「ルネサンス」であった．大学は，知の中心として修道院にとって代わった．中世後期の思想におけるその大きな発展を15, 16世紀の真のルネサンスへの道を開くものとして考える権威者もいる．

　中世を通して，芸術家，熟練工，畑や森林で生計を立てる人々は，自然をしっかり認識していた．農地拡大のための森林伐採は，環境を制御したり大地に恒久的な影響を及ぼす人間性の能力に大きな一歩を印した．キリスト教は，神は人類にこの地上の支配権を与えたと想定し，自然は我々のために創られたというストア派の見解に立っていた．エデンの園の追放は，本来楽園であったこの地を堕落させたかもしれないが，勤勉によって創造主の意図のいくばくかを満たす希望はまだあった．しかし，それまでのところは，キリスト教会は人類に想定された自然支配をもっぱら開発的なものとして解釈することはなかった．自然は管理されることはあっても，個人の利益のために破壊されるべきではなかった．

　キリスト教世界は既知の世界のほんの一部であった．中世の思想家のほとんどは，

2.2 中世

ヨーロッパの直接体験を基としていたが旅行者の話や残存する古代の地誌によっても知識を補っていただろう．世界地図はしばしばかなり様式化され，そこでは人の住む大地はT字型に，ヨーロッパ，アジア，アフリカの三大陸に分かれていた．エルサレムは多かれ少なかれその中心に位置した．しかし，これをヨーロッパのその他の世界に関する知識におけるまったくの停滞の時代として片づけるのは誤りであろう．13世紀のマルコ・ポーロ (1254-1324) による中国旅行は，中世の探検の最も有名な例を示す．現代の研究者の中には，世界を探検する中世の貿易商や航海者による奮闘を我々が常に過小評価してきたと考える者もいる．アメリカへはコロンブス (1451-1506) 以前に到達されていたという話はおそらく真面目にとられるべきであろう．もしそうなら，新世界の幕開けで頂点を極める15世紀の拡大は，それ以前の傾向の単なる継続を表すかもしれない．

しかし貿易商の活動は，必ずしも教養ある人々の世界との相互作用ではなかった．たとえばマルコ・ポーロは普及していた地理学理論を知らなかった．中世の思想家の自然観は，我々とはまったく異なっていた．たとえば彼らの博物学では架空の獣を含めるので，彼らの研究を非科学的であると片づけるのは容易である．しかしここでは，教義決定によって自然研究がほとんど神の崇拝に従属していた時代を扱っている．古代の学問は人々の注意を救済からそらす傾向があったので，初期の教会の神父はそれに懐疑的であった．もし仮に自然に提供すべき何かがあるとすれば，それは神の自然［本質］を示す1つの方法としてであった．そのような思想風土では，獣に関する古代の伝説は真面目にとり上げるべきことがらであり，そうした獣のふるまいは道徳的な教えをもたらすものと見なされていた．だからそれらの教えは，獣自体の描写と同じくらい博物学の重要部分であり，実際のところ，道徳家の見解では獣が本当に架空かどうかは問題ではなかった．

それにもかかわらずこのように考える人々は，自然を注意深く観察した．正直なところ，いまでは誤りだとわかっているような観察が，何度も繰り返し行われた．しかし，これは博物学の著者およびその著作の挿し絵画家がヨーロッパ北部には知られていない動植物を扱う古典テクストをしばしば写していたという事実に帰すべきかもしれない．中世後期，神話的次元は，自然に対する喜びおよび実際に研究可能である動植物を観察しようとする意志と結び付いた．今日我々は，思想家の一部の人々が中世文化の限界を超えつつあった証拠として正しい観察をえり抜くことができる．しかしこれは後にわかる判断であり，ヨーロッパ文化が科学的博物学の可能性を認めるためにその価値体系を変化させたような長い過程で判断することはほとんどない．

自然研究に対する初期の教会の態度は，聖アウグスティヌス (354-430) に好まれた

新プラトン主義によって影響を受けた．特に『ティマイオス』が利用され，物質界は創造者によって理解されるイデアの原型の単なる模写であるという主題を発達させた．ここでさえ，プラトン主義と創世記との結合から学ばれる道徳的教えが強調された．もっとあとになって初めて，プラトンの創世神話は詳細に研究されるようになった．哲学の真の目的は，神の方へ精神を引き上げることであったし，自然研究はこの目的に貢献する限り価値をもっていた．古代のテクストの多くは異民族の侵入によって喪失した．

a．動物寓話集と本草書

　自然への関心をもち続けていた人々は，過去の学問の断片を綴り合わせた編纂書や百科事典に頼らねばならなかった．プリニウスの『博物誌』は，教訓話を引き出すようなたわいない話ではあったが，有用であった．4世紀の『フィジオログス』は，動物の行動について，その道徳的意味づけを付した話の宝庫であった．ここから「動物寓話集」が発達し，それらの多くは中世初期まで書かれた．これらの著作は実際の動物と想像上の動物とを混ぜ合わせ，想像上の行動を実際のものに帰した．次のように，もっと現実味のある特徴までにも道徳的教えが付された[6]．

> 　その野生のヤギ（カプレア）には次のような特性があった．それは草を食むうちに，どんどん高いところに移動し，鋭い眼力により良い草と悪い草を選り分け，反芻し，傷を負ったときにはハッカという植物に駆け寄って，治す．
> 　このヤギのように良き伝道者は，まるでこの種の牧草で喜んでいるかのように，神の法と善行とを糧としてひとつの徳から次の徳へと自己を高めていく．

　歴史家の中には，動物寓話集を博物学の発達にまったく何も寄与しなかったと片づけてきた人々もいるが，最近の研究はそれらをもっと真面目にとってはどうかとしている．『フィジオログス』は，北アフリカで編纂されたかもしれないので，ヨーロッパでは知られていない実在の動物を含んでいただろう．たとえば，ユニコーンは片方の角を失った羚羊(レイヨウ)だったかもしれない．動物寓話集の著者や挿し絵画家が直接知ってる動物を扱うとき，著作はより写実的であった．中世後期の著者は，動物寓話集によって確立された道徳化の伝統にいっそう正確な観察を織り込むことができた．アレグザンダー・ネッカム（1157-1217）は，宇宙論の論文『自然について』の中でプリニウスや他の古代の出典から引き出される物語に対して若干批判的な態度をとった．

　本草書は医師に有益な植物の実用的な描写を与えようとするもので，分類の試みはめったに見られず，植物は通常アルファベット順に描かれた．挿し絵は広く用いられ，

とりわけ，誤ってディオスコリデスのものとされた『女性のための本草書』には多く見られた．しかし，動物寓話集のように，それらの挿し絵は徐々に様式化し質を落とした結果，植物はほとんど認識できなくなり，自然とは似ても似つかぬものになったというのが歴史家の評価の通り相場であった．質の低下がもたらされた原因として，ギリシア・ローマの本草書に描かれた地中海地域の種にヨーロッパ北部の学者や画家が疎かったという事情も挙げられるかもしれない．しかし最近の評価では，挿し絵は，多くの植物がそれから同定できるので，言われてきたほど悪くはないのだろうとされる．12世紀になると，自然な表現にますます注意が払われ，事態は好転し始めた．13世紀のルフィヌスの本草書は観察向上の好例である

b．学問の復興

12世紀の自然研究に対する最大の刺激は，アリストテレスや他の古代の著作のラテン語への翻訳であった．これらの古典は，西洋から失われたとき，アラビア語に翻訳され，イスラムの学者によって研究されていた．そのラテン語版がいまや利用可能になり（元のギリシア語ではなくしばしばアラビア語から），新たな学問がスペインやシチリア島にある翻訳の中心地からヨーロッパ北部に広まり始めた．アリストテレスは，初め疑いをもって迎えられた．というのは，不変の宇宙という彼の理論は創世記の内容と矛盾したからである．しかし，徐々に多くの思想家は両者の調和を成しとげられるようになり，アリストテレスの宇宙論をある時点で神によって創造された宇宙構造とするという条件付きで認めた．

アリストテレス哲学を中世後期の最も有力な哲学に変えた学者に，アルベルトゥス・マグヌス（1200-80頃），さらには聖トマス・アクィナス（1224-74頃）がいた．彼らは，日々の活動は自然の原因によって支配されてはいるけれど世界は神の摂理によるものであることを認め，神学と自然研究との新たな関係を定義することができた．これによって，人間の理性は自然研究に解放されたが，研究の成果はこの世が神に起因するものであることを説明するよう常に求められた．アリストテレス哲学の目的論的側面はこのアプローチに適合し，聖トマスは，『神学大全』において神の存在証明の1つとして自然の規則性を用いることができた．

聖トマスはアリストテレス哲学の最も独創的なキリスト教的焼き直しを提供したが，博物学にいっそう大きな関心を示したのはアルベルトゥス・マグヌス（大アルベルトゥス）であった．アルベルトゥスは，ドミニコ修道会に入り，学者として，また外交的使命をおびて，ヨーロッパをくまなく旅した．彼は，残存する中世の文献を利用したり，当時の知識をアリストテレスの枠組みに組み込もうとしたりしながら，鉱物学，植物学，動物学と広範に記した．

アルベルトゥスの『鉱物と金属について』は，昔の碑文（石に書かれた書）に頼ったが，さらに首尾一貫した鉱物の科学を作った．彼の同代の多くが化石をノアの洪水の遺物と見ていたところで，アルベルトゥスはアラビアの学者アヴィセンナ（980-1037）の説を奉じて化石はかつて生きていた動物が石化した遺物であると主張した[7]．

　内側と外側に動物の形態がある石が時々発見されるのは，誰にとっても不思議に思われる．外側には外郭線があり，割って開くと，中には内部器官の形が見い出される．そしてアヴィセンナがいうには，この原因はその動物が往々にしてそのまま石に，特に塩の石に変わるからである……そして石化する力が発散しているところでは，それらはその要素に変わり，その場にある良質の特質に作用が及ぼされ，その動物の身体の要素は優勢な要素，すなわち水と混ざった大地に変化し，石化する力がその混合物を石に変え，そして身体部分は，以前と同様，内外ともにその形を保持する．

アルベルトゥスの説明は四元素の伝統的体系に従い，物体の質変化を引き起こす石化力を認めている．しかしこれは，現代的見解を予期させるものではない．というのは，彼はその力を生物の生殖力になぞらえ，占星術の影響も引き合いに出しているからである[8]．

　……油性の湿気に作用を受ける乾いた物質，あるいは土の乾燥によって作用を受ける多湿の物質が石に適合させられるとき，星やその場所の力によっても……ここには石を形成しうる力が産み出される——まさに，精巣の精子が輸精管の中に引き出されるときのその生産力のように．それぞれ別々の素材は，固有の形相に従って独自の力をもっている．そしてプラトンがいったように，自然界の事物に作用する天の諸力は，質料のもつ価値に従ってそれに込められる．

このように化石は生物の遺物として提示されるが，地殻形成に関する手がかりとは見なされない．このコンテクストにおいて生殖力を引き合いに出すことは，化石は岩の中で種子から育つことを暗示して困惑をもたらした．

　アルベルトゥスの著作は，地質学ではなく鉱物学の論文である．彼の主な関心は，鉱物や金属の特性にあり，それらの形成は単に従属的問題として扱われた．鉱物の物理的特性の研究から離れて，彼はついに貴石に彫られうる形態およびそれらの魔術的意義を書き記した．時には彼は，人間の姿は貴石の中に自然に現れうると信じた．地

球の構造に関するもっと一般的な事項について，彼はアリストテレスの『気象論』を奉じて，火山の原因を地下の風に帰し，陸地が海から現れるとした．化石をその証拠とは見なさなかったけれど．アリストテレスが河川は雨から生じると認識していたところでは，アルベルトゥスはアナクサゴラスやプラトンの説に準じ，流れに給水する広大な地下貯水池を仮定した．

アルベルトゥスの『植物について』は，偽アリストテレスの『植物論』に注釈を提供した．それは多くの植物の構造について詳細な描写を含み，アルベルトゥス自身が広範な観察を請け負ったことを示した．ヤドリギが腐った木から形成されるときのように，アルベルトゥスはある種から別の種への「変異」を考慮する一方，自然の種を一定にさせておきたかった．彼はテオフラストスにならって，下は菌類から上は花成植物までの階梯を用いて植物界の分類体系を概説した．

アルベルトゥスの『動物について』は，アリストテレスの『動物誌』や他の動物学論文に倣った．彼は動物寓話集に報告された伝説の多くを打ち捨て，アリストテレスが知らなかった北部の動物を注意深く描写した．アリストテレス自身の著作のように，現代的意味での分類体系はないが，再生手段によって種を分類するために自然の階梯が再びもち込まれる．もちろん胎生動物は最高であり，人類はその階梯の頂点を極める（しかし，アリストテレスとは異なり，アルベルトゥスはクジラやイルカを魚類に分類した）．その下には，卵生動物が位置づけられ，降順では鳥類，爬虫類，魚類，軟体動物，甲殻類，昆虫となる．植虫類を含む「下等な」海生生物は，軟泥から自然発生することになっていたので，階梯の最下位にくる．アルベルトゥスは多様な種の間に中間形をもたらす連続の原則を認めた．このように，1本の連続する直線である存在の連鎖という像が出現し，存在の全階級が神の計画の一部として生まれた．

アルベルトゥスの著作からわかることは，自然研究が多くの古代の先入見によってなお影響を受けていたものの，哲学者にとって再び尊敬すべきものになりつつあったことである．しかし，動植物の実用的知識を有する人々は著作の出版を通してこれを他人も自由に使えるようにする傾向が強まっていた．

動物学への重要な貢献は，［神聖ローマ帝国］皇帝フリードリヒⅡ世（1194-1250）の『鳥を用いて狩をする方法』（鷹狩りの技術）によってなされた．鷹狩りは貴族に好まれる娯楽であり，フリードリヒは鳥類コレクションに大きな関心を寄せていた．彼の著作は，鳥類の行動や解剖学的構造に詳しく，挿絵も上質であった．彼はアリストテレスが誤っていると思うときは，進んでそのギリシアの哲学者を批判した．1世紀ほど経って，ジョットの『太陽の神ポイボスの鏡』は，狩猟に関する同種の実用的情報を提供した．他の書物は，釣り，林業，および同様の実用的関心の対象物を論じた．

たとえアルベルトゥスのようなスコラ哲学者がアリストテレスをなお自分たちの出発点と見なしたとしても，自然界の管理・開発に関心がある中世思想家には他に多くの利用可能な知識の源があった．中世の著述家たちは，人類には自然を支配する能力があることを知っていたし，その能力の改善は神による世界の計画の一部であると信じていた．

自然界への大きな喜びの証拠もある．中世の写本の余白は，しばしば動植物の自然主義的な描写で飾られていた．当時建立された大聖堂や教会のいたるところに今なお見られる彫刻は，彫刻家が自然に対して鋭い観察力をもっていたことを示す．ジョットのような著名な芸術家は，絵画に自然主義的な細密描写を盛り込んだ．アッシジの聖フランチェスコ(1181(82)-1226)の物語は，神の創造による仲間として，動物に対する関心を示している．たとえもし初期の教会の神父が自然研究を見下したとしても，この態度を中世全体に帰すことはできない．哲学者，芸術家，実際的な人々は，自然を好んで観察し，過去の架空物語を進んで打ち捨てるようになった．たとえもし彼らがまだアリストテレスに代わる新たな世界観を発達させなかったとしても，少なくとも古代の知識を自分たち自身の目で評価する準備はできていたのである．

■注

1) Ernst Mayr, *The Growth of Biological Thought: Diversity, Evolution, and Inheritance* (Cambridge, Mass.: Harvard University Press, 1982), pp. 45-7 and 304-5.
2) Lucretius, *On the Nature of the Universe*, transl. R. E. Latham (Harmondsworth: Penguin Classics, 1951), pp. 195 and 197. 『物の本質について』樋口勝彦訳　岩波文庫(1961).
3) Plato, *Timaeus*, introductory conversation, from *Timaeus and Critias*, transl. Desmond Lee (Harmondsworth: Penguin Classics, 1971), p. 38. この版にはアトランティスの神話に関する付録がある．『ティマイオス』プラトン全集12，種山恭子訳, pp. 23-24, 岩波書店(1975).
4) Aristotle, *Meteorologica*, book 1, 14, 352a. From the translation in Jonathan Barnes (ed.), *The Complete Works of Aristotle: The Revised Oxford Translation* (Princeton, NJ: Princeton University Press, 1984, 2 vols), vol. 1, p. 574. 『気象論』アリストテレス全集5，泉治典訳, p. 47, 岩波書店(1969).
5) Aristotle, *Historia Animalium*, book 5, 6, 541b, transl. ibid., vol. 1, p. 855. 『動物誌』アリストテレス全集7，島崎三郎訳, p. 136, 岩波書店(1968).
6) T. H. White, *The Bestiary: A Book of Beasts* (New York: Putnam, 1954), pp. 42-3.
7) Albertus Magnus, *Book of Minerals*, transl. Dorothy Wyckoff (Oxford: Clarendon Press, 1967), p. 52.
8) 同書, p. 22.

3

ルネサンスと革命

Renaissance and Revolution

　かつて歴史家は，中世を迷信に陥った時代として片づけ，次のように考えた．15，16世紀のルネサンスの人文主義者による，古代のテクストに向けられた新たな関心がギリシア科学の復興へとつながり，その結果ガリレオ（1564-1642），ケプラー（1571-1630），ニュートンの科学革命への道が開かれることになったとした．科学はキリスト教の出現によって抑圧され中断していたところ［ヨーロッパ］で回復した．ルネサンスの自然哲学者は，観察や数学的分析の必要性を正しく評価することができ，すぐに古代人の理論的業績を越えるまでに至った．

　しかし中世の科学をそれほど簡単に片づけることはできない（2章参照）．現代のルネサンス研究も，その時代の新しい学問の独創力が科学的態度の増大を必ずしも刺激しなかったことを認めている．初めのうち人文主義者は古代のテクストの発見に大喜びであったので，自然の直接観察への関心は中世の人々以上に薄かった．ルネサンスの学者は，魔術と科学が密接に絡み合う世界観に強く魅せられていた．彼らは中世の迷信から逃れるどころか，自然の精神的・非物理的な力の活躍の場を拡大した．動植物および鉱物でさえ，物理的構造に劣らず重要な象徴的特性を有していると，なお考えられていた．もしこの魔術的な自然観が打ち破られて初めて科学が出現しうるというならば，科学革命が本格的に始まるのは17世紀後半と見なされねばならない．

　自然の規則性を分析するために数学を用いうる諸科学においては，プラトン哲学への関心の復活が新たな態度の創出を実際促した．しかし，天文学や物理学においてさえ，数学的精神といっそう正確な観察とを結び付けることが必要であった．博物学で

は，観察的，すなわち「経験的」手法の台頭がこのうえなく重要に思われる．最終的に人文主義者は，古代のテクストが自然界の完全な描写を与えないということを悟った．彼らは，受け継がれてきた知識の限界を見とどけるために自力で自然観察をせざるをえなくなった．新発見のための大航海によって可能になった地理学的知識の拡大は，このいっそう批判的な態度への重要な刺激であった．自然を正確に表現することに意欲を燃やし始めた芸術家とともに，博物学者は，地球とその生物に関する研究にやがては革命を起こすことになる研究課程を作り始めた．生物学史家は，主題に対する真に科学的なアプローチの先駆者として，正確な観察報告をする博物学者を選びがちであった．しかし，ルネサンスの博物学者は経験主義的関心を人文主義的関心から切り離すことができなかったし，古い象徴主義が排除されるのは17世紀も後半になってからのことであった．

　観察の強調こそが，博物学における科学革命の基盤だったのであろうか？　地球とその生物に関する研究は物理学や天文学が与えるような説明力の劇的な改善を経なかったという理由で，この可能性を否定してきた歴史家もいる．生物学的な諸科学にはガリレオやニュートンに相当する人はいなかった．新しい経験主義は生物のより正確な描写をもたらしはしたが，なにゆえ生物が眼前にあるような形態で存在するのかという疑問の〈説明〉へと博物学者をいざなうことはなかった．しかし17世紀後半の博物学者は，自分たちが革命に関与していることをつとに確信していた．彼らは，それぞれの種が象徴的・魔術的性質をもつとされる古い伝統を捨て，自然を観察可能な性質のみによって描写した．これは，物理学を変化させつつある数学理論に相当する概念であり，自然物の最良の分類方法に関する重大な不一致につながる技術でもあった．分類することは説明[科学]することと同じではないかもしれないが，17世紀後半の博物学者はちょうどそれを革命的な活動と考えた．

　自然から象徴的価値が剥がされていく過程の意義はとてつもなく大きい．しかしそれによって新しい科学から宗教的な含意がなくなりはしなかった．ニュートンは，世界は神によって創られたと堅く信じており，自身の科学を自然に関する神の目的を理解するための全プログラムの一部として見なしていた．たとえもし現存する種が超自然的に創られたとなお考えられたとしても，宇宙の構造全体を神の御業に帰す物理学者に比べて博物学者が非「科学的」とは言えまい．

　「科学革命」があったとすれば，博物学は物理学に劣らぬほど十分に貢献したであろう．革命はそれ自体非常に複雑な出来事であったし，現代の歴史研究はその新しい科学が重要なイデオロギーを帯びていたことを示しているので，我々の理解はなおさら困難になる．ニュートンによる物理学と天文学との統合は，科学的方法の勝利だった

かもしれない．しかし彼の世界観は，17世紀後半および18世紀前半の英国に台頭した社会的階層構造を支持するためにきわめて意図的に用いられた．世界は今や機械的体系として描かれるかもしれない．しかし，それは神によってデザインされ維持されている機械であり，神は被造物がより高次のものに従うことを期待した．魔術的な自然観はますます政治的急進主義と一体化し，いくぶん逆説的ではあるが，後の世代の「唯物論」の基盤となった．ニュートンの科学的業績を彼の政治的姿勢から説明しうると信じる歴史家はほとんどいないが，「科学革命」を純粋な知的発展としてとり扱うことも今や不可能である．

物質の特性の観察に基づく博物学への移行も，イデオロギー的含意を有していた．ヨーロッパ社会は，領土からというよりむしろ交易から財産を得るエリートにますます支配されるようになった．発見の時代は，ただ探検したいという欲望だけではなく，増加し続ける地表を開発しようとする欲望によっても駆り立てられた．(キリスト教を正当化のよりどころとする) そのような態度がより非人格的な自然観，すなわち開発されるべき単なる人工物としての生物像を必要としたという議論も成り立つ．16世紀には，自然の中のすべてが人間の利益のためにあるという信念の復活が見られた．しかし17世紀末までに，博物学者は種は我々の利便以外の理由でも存在すると積極的に信じるようになっていたが，それにもかかわらず生物を，研究可能な，そして含意としては道徳的痛みを伴わずに操作しうる物質体系に還元した．こうして魔術は排除された．利己的な目的で地球を利用するときに後ろめたさを感じなくてすむためには，自然は脱精神化されねばならなかったからである．機械論的自然観は，利益が唯一重要な動機であった時代に無慈悲な態度を合法化するために作られたのかもしれない．

3.1 人文主義と自然界

15世紀後半および16世紀は，西洋文化の裾野が広がった時代であるが，その基盤はいまなお変化を免れていた．フランスの内科医ジャン・フェルネルは1548年の『秘密事象の原因について』の中で以下のとおり記した[1]．

> 世界はくまなく航海され，地球最大の大陸が発見され，羅針盤が発明され，印刷機は知識の種を蒔き，火薬は戦争技術に革命を起こし，古代の手稿は忘却の淵から救出され，そして学問の復興，これらすべてが新時代の勝利の証拠．

このような新発見にもかかわらず，少なくともしばらくの間は，解釈の枠組みを提供したのは古代の学問の復興であった．

ルネサンスをルネサンスたらしめる最も特徴的なことは，古代の文献の本質を再発見した人文主義者の熱狂であった．中世の学者はギリシア・ローマ時代のテクストの質の低い版を用いた．それらはしばしば原典のギリシア語からというよりむしろアラビア語から翻訳されていた．彼らは質の低いラテン語で記述し，数名の古代の著述家，とりわけアリストテレスについての競合する解釈をめぐって果てしない議論を繰り広げていた．15世紀の人文主義者はギリシア・ローマ時代のラテン語およびギリシア語の純粋性をとり戻すことを願い，勤勉にテクストの原典を探し，すでに利用可能なものについては質の向上をはかり，さらに中世の学者には知られていなかった多数の古代の著述家を発見した．新発見の中にはプトレマイオスの『地理学入門』のテクストがあったが，それは地図(作成)学上の問題への関心を喚起した．1417年，ルクレティウスの完全なテクストが人文主義者ポッジオ・ブラッチョリーニ (1380-1459) によって，人里離れた修道院で発見された．ルクレティウスの唯物論が十分に衝撃を与えるにはいましばらく時間がかかったのではあるが．

a．秘密の力

初めに影響が大きかったのは，プラトンや新プラトン主義者への関心の復活であった．日常生活の混乱の根底にあるイデアの世界というプラトンの考え方が，数学の法則の探究を促進するものであり，自然科学に重大な帰結をもたらした．しかし新プラトン主義は，目に見える自然には人間の知性が制御できる精神的な力が浸透しているという考え方を促すことによって，ルネサンスの思想においていっそう普遍的な役割を担った．同様のアプローチは，ヘルメス主義的な錬金術の伝統によって助長された．それは，エジプトのメイガスすなわち「魔術師」(賢人) ヘルメス・トリスメギストスのものとされる著作に基づくものであり，モーゼ自身の時代，つまり伝統的なキリスト教のもう1つの有力な宗教[ユダヤ教]の時代以前に生じたように思われる知識であった．印刷機は正統的な知識を増え続ける読者に広め，一方，少数の学者集団は自然の秘密の解明を求めて古代のテクストを熟読した．

この影響のせいで，ルネサンスの学者は，今日「魔術」として片づけられるものを非常に真剣にとらえた．彼らにとって世界の知識は，五感を通して，および世界中のあらゆるものの根底にあってそれらを結び付けている精神的・象徴的関係の研究を通して得ることができた．とりわけ錬金術の伝統は，伝授された者のみが自然の真意を理解しうるという知識の秘儀的アプローチを助長した．人間は宇宙の中心であり最重要物であった．すべてが人間の周りを回っており，創世の神秘を解き明かす秘密の鍵が発見されさえすれば，すべては人間によって理解されうるであろう．「小宇宙」(人間) のあらゆる面は，「大宇宙」(全世界) を何らかの形で反映していた．自然の中に

精神的意義をもたぬものはなく，動植物および鉱物でさえもすべての物が「署名」すなわち人体各部との象徴的類似を通して明らかにされる目的をもっていた．世界自体が生きているので，成長したり衰退したりすることがありえた．そのような態度は著述家・画家による自然の探究や自然界の正確な描写を妨げるものではなかった．しかし，五感によって明らかにされる世界は，今日ではもはや理解が及ばない象徴主義に覆われていたことは疑いようもなかった．

この態度が今日「科学」と呼ばれるものに及ぼした影響を，過小評価してはならない．あるルネサンスの学者は客観的研究を，現代の科学者なら誤謬のかたまりとして一蹴してしまうようなものに結び付ける概念枠を用いて世界を研究した．エリザベス朝の数学者ジョン・ディー（1527-1608）は，船員に新しい航海術を提供しようとする試みに熱中した．しかし彼は，数字の象徴性を，世界理解の秘密の鍵と考える魔術師および占星術師でもあった．彼にとって，星は実用的であると同時に象徴的な役割をも担っていた．15, 16世紀に起こった発達を正しく評価するためには，後知恵による決めつけを極力控えるべきである．魔術的背景から「真に」科学的であったことだけをとり出そうとしても，ルネサンスの業績に関して人為的にゆがめられた説明を生むだけである．そうではなくて，この世界観の過程を丸ごとたどる覚悟をして，ルネサンスの思考枠から先々科学となるものが分離してくる要因を探さねばならない．17世紀になると，自然魔術の実用的要素が抽出され，自然を征服する新方法の鍵となったように，魔術師は自然哲学者になっていった．

ルネサンスの博物学を正しく評価しようと努める歴史家は，自然主義的な表現の発達に注目してきた．16世紀中葉には，動植物，鉱物の正確な叙述および美しい挿絵を含む書物が数多く出版された．この事業の視覚的な面はレオナルド・ダ・ヴィンチ（1452-1519）やアルブレヒト・デューラー（1471-1528）のような画家の成功と結び付いていた．画家と博物学者は人間理性の光に照らして自然研究を行う一方，自然の形の有する象徴性も十分承知していた．自然研究から象徴主義がとり除かれたのは17世紀も後半のことであり，これには自然の形の視覚的描写から言語的描写への転換が伴った．確かに，ルネサンス自然主義は科学的博物学の発達に一役を担ったが，その移行の原因となる要素を明らかにしようとする際にはいっそう柔軟な姿勢で臨まねばならない．

b．自然の豊かさ

人文主義者の当初のあふれんばかりの熱狂は，自然研究に有益な効果をもたらさなかった．人文主義者は古代の書物の実際のテクストには関心があったが，内容が写実的であるかどうかには関心がなかった．それどころか，15世紀初期の本草書の挿絵の

水準は落ち，絵は議論されている自然物ではなく，テクストの図を意味していた．大アルベルトゥス (1200頃-80) のような中世の学者による重要な著作が，時代遅れのスコラ哲学としてかえりみられなくなった．

しかし16世紀までに自然の叙述書という明確な伝統が出現し始めていた．なるほどその著者たちは，自然界の研究から人文主義的・魔術的含意を切り離してはいなかったが，古代人の叙述を凌駕していった．古代の知識の限界が明らかになるにつれて，ルネサンスの学者は自分達自身で観察しなければならなくなった．博物学者は，ギリシア・ローマ時代のどのテクストにも見い出せない種の正確な描写を専門とする画家を雇い入れ，訓練さえした．実物，あるいは保存標本による自然研究を促進するために，大学には植物園や博物館が創設され始めた．パドヴァ大学が1542年に植物園を作り，他大学もすぐにそれに倣った．ボローニャ大学の医学教師ルーカ・ギーニ (1556没) は，押し葉による植物保存技術を発達させて，植物研究の手だてとしての（乾燥）植物標本集の先駆者となった．単に正確な描写だけではない多くの方法で，ルネサンスの学者は明確な重大事業として自然研究を確立しつつあった．

情報と標本がヨーロッパ各地の学者間で交換可能なように，1つの伝達ネットワークが確立されていた．スイスの博物学者コンラート・ゲスナー (1516-65) は，情報収集・普及に多岐にわたり尽力したので，ひとりきりの王立協会として書かれてきている．ゲスナーの調査はルネサンスの学問全体にわたっていた．彼はチューリッヒの町医者に任命される前，ローザンヌ大学のギリシア語の教授であった．彼は後述する博物学に関する著作に加え，ギリシア・ローマ時代の文献について広範に書き記した．ゲスナーは理論だけの自然評論家ではなかった．たとえば彼は，高山地帯の美をいっそう見きわめようと熱心に山登りをした最初のヨーロッパ人の一人であった．しかし彼の生涯の主な目的は，人間の知識全般を要約し，それをヨーロッパ中の学者仲間に伝えることであった．

博物学者がいっそう積極的に直接観察に励まねばならなかった主な理由の1つは，古代の植物・動物学の著作の限界がますます明らかになったからである．人文主義者として，彼らは古代のテクストの完全な理解をさらに発展させることを切望し，そのためには本文中で論じられている種を正しく同定できているという確信が不可欠であった．しかし，ヨーロッパ北部の博物学者にとって明白であったのは，アリストテレスやテオフラストスらは北部の博物学者にはおなじみの動植物を知らなかったことである．古代のテクストにある地中海沿岸の種を同定した後には，欠落している北部の種について説明を与える必要があった．動植物を叙述する専門用語がないため，良質の挿絵は混同を避けるためにきわめて重要であった．こうしてルネサンスの博物学者

はヨーロッパの植物相・動物相を完全に叙述する事業の渦の中に巻き込まれていった．

　この事業の意義は，ヨーロッパの外界に関する知識が急速に拡大したことによって際だった．15, 16 世紀は，ポルトガル，スペイン，英国の船員が新世界を発見し，アフリカまわりのアジア海路を切り拓いた発見の時代でもあった．ポルトガルによるアフリカ沿岸の探検の伝統も存続しており，その頂点を極めたのが，喜望峰をまわってインドまで到達した 1498 年のヴァスコ・ダ・ガマ（1469 頃-1524）の航海である．大西洋を横断して西進することによってアジアに到着するかもしれないという可能性は，とにかくコロンブスがそれを試みようと決心する前にフィレンツェの地理学者パオロ・トスカネリ（1397-1482）によって示唆されていた．通説とは裏腹に，コロンブスが平らな地球の端から落ちるだろうとはだれも考えなかった．地が丸いことは十分承知で，地球の円周はどれほどかをめぐる本格的な議論があるのみであった．トスカネリとコロンブスは，大西洋を横断してインド諸島に着くために航海せねばならない距離をひどく少なく見積もった．アゾレス諸島のような島の発見も彼らを元気づけた．それというのも島の発見は，西進途中の寄港地として役立つような他の島々を大西洋上に発見できるかもしれないということだからである．実のところ，インドに行けるはずがないと主張した人々は正しかった．もしアメリカが存在しなければ，コロンブスはアジア沿岸に到着するずっと前に命が尽きていただろうから．

　探検者はより良い航海術を必要とした．これは，海上の船の位置を割り出す新技術の考案を望む地図製作者や数学者を刺激する一助となった．しかし長い目で見れば，ヨーロッパ科学に最も深遠な影響を及ぼすこととなったのは，アメリカやアジアにおける発見であった．学者は，船員によってもたらされた新しい動植物に関する報告にすぐには反応しなかったが，タバコ，ジャガイモ，および他の珍しい種の導入を無視することはできなかった．新大陸の発見は，古代人がすべてを知っていたわけではないことを痛感させた．最終的に博物学者は本腰を入れてたえず増え続けるおびただしい数の新種を記載せねばならなかった．［ゴンサロ・フェルナンデス・デ・］オビエド・イ・バルデス（1478-1557）によって書かれた『インディアス自然一般史』は，新種に関する多くの情報を含んでおり，一方，ニコラス・モナーデス（1493-1578）による『新発見の世界からの喜ばしい知らせ』（1577）の翻訳は英語における同様の機能を果たした．

　アメリカやインド諸島を植民地化しようと出発した男たちは学者ではなく，利益を目的とする貿易商であった．最終的に，彼らのより実用的な自然へのアプローチは，実際成しとげた発見よりも科学の発達にいっそう大きな影響を及ぼすこととなった．本国でさえ，実践的な男たちは著作活動をし，それらの書物は人文主義者に侮蔑され

たかもしれないが,自然界から生計を立てる農夫,鉱夫などからは実際歓迎された.ドイツの採鉱技師ゲオルク・アグリコラ (1494-1555) は,新技術を説明する『デ・レ・メタリカ (鉱物について)』(1556) を記したが,鉱物の本質および所在についても議論した.17世紀の科学革命が起こったのは,学者たちが実用面での発達はルネサンスの自然魔術擁護者による見込みをはるかに凌ぐ唯物論的結果を生ずると認識し始めたからである.人文主義者自身,新発見の種の注意深い記載を含めるために博物学を拡大することはできたが,それがずっとまとってきた魔術的・象徴的含意を自然から剝ぎとることはできなかった.開発を俟つ物質系としてのみ自然をとらえるイデオロギーを新しい商業帝国が求め始めたとき,博物学を含むあらゆる科学において革命が起こったのである.

C. 動物,植物,および鉱物

　動物学は,植物学のような医学とのつながりがなかったので,中世の間に遅れをとることになった.動物研究の動機は,いまだプリニウスの『博物誌』のような古代の百科事典の例に倣っていた.根気強いコンラート・ゲスナーは,ギリシア・ローマ時代以来獲得された知識を集約しようと『動物誌』(1551-58) を著した.彼の著作は,彼自身の観察や多くの通信員による報告を含んでおり,多くの直接体験に基づいていた.しかしゲスナーは,古代人の知識に注釈をつけたり,拡張を試みるために自然を研究するルネサンスの学者であった.彼の著作は,多様な種につけられた名前や人類にとっての用途,重要性,およびそれについての先人の批評に対する評価等,詳細な論考を含んでいた.エドワード・トプセル (?-1625没) によるゲスナーの著作の抄訳 (1608) の長い題名は,全体の特色を次のように明らかにしている.

　　　　四足獣誌.あらゆる獣の真に迫った姿およびそれらにつけられたいろいろな名前,状態,種類,(自然および医学の)効能,繁殖地,人類に対する愛憎,創造における神の素晴らしい御業,保存,絶滅を併記.すべての獣それぞれに,聖書,神父,哲学者,医者(内科医),詩人による物語を付した,聖職者・学者必携の書.そこでは,種々の象形文字,紋章,警句(エピグラム),および他の歴史が示される.

　ゲスナーは少なくともいくつかの架空の獣を報告し続けたが,それらが存在するという確証はないと正直に認めた.彼は現代的な意味での動物分類を産み出さなかったが,鳥類,魚類のような同じ基本的名前に含めるべき種のみを一緒に括り,アルファベット順に並べた.

　ゲスナーの『博物誌』のような編纂物は,事実と空想が入り混じった非科学的なも

3.1 人文主義と自然界

のと片づけられることもあった．しかし，ピエール・ブロン（1517-64）やギョーム・ロンドレ（1507-66）の魚類に関する著作をはじめとして，動物の特定集団に関する同世代の研究は，現代科学の精神にいっそう近いと指摘されてきている．ブロンは鳥類も研究し，鳥と人間の骨格を比較した有名な図は近代比較解剖学の先駆けと見なしうる．しかしこれらの著者も，実体験のない事実を報告するとき，ゲスナー同様に軽信に陥りやすかったし，一般にルネサンスの動物学は後世に発展の基盤を提供することはほとんどなかったように思われる．解剖学的な類縁関係の程度を表す自然な分類体系に配列するために，動物の多様な型の構造を研究しようとする真剣な努力はこれまでのところ見られなかった．

生物学的な種の概念でさえ明確ではなかった．奇形の出産に関する15世紀の研究は，それを不自然な性的結合の結果生じる2つの別の種の形質の組み合わせに帰した．〈形質〉は自然によって固定されていたが，種を定義する特定の組み合わせは似たもの同士がつがうという通常の傾向によってのみ維持されていた．動物は腐った物から「自然発生」するという考えも蔓延していた．化学者ファン・ヘルモント（1577-1644）は古い下着からネズミを生じさせる方法を考えた．そのような世界観では，種間の類似の程度に基づく分類など期待できるはずもなかった．なぜなら，種自体が遺伝過程によって厳格に決定されなかったからである．

近代科学の基準で判断すれば，正確な叙述や挿絵を付け加えても，動物研究の基本的に伝統的な枠組みを覆すには至らなかったということだ．しかしそのような否定的な評価は，これらの博物学者が近代科学の世界へ直接飛躍できるような位置にはいなかったという事実を無視している．彼らは自分たちを革命家ではなく改革者と考えた．すなわち彼らの仕事は，新しい概念枠を打ち立てるのではなく，既存の知識を評価することであった．彼らは，今日非科学的とされるこのような伝統的知識をすべて捨てることはまず期待されていなかった．というのは，専門家があいまいでない情報を伝達しうる体系を作ろうと今なお彼らは試みていたからである．ゲスナーは，動物学は単なる記述を越えて動物の自然な類縁関係を認識するように変わるべきであると理解していたが，自身が確立した基盤に基づいていつかそうされることを期待して情報収集に専念せねばならなかった．

ある意味では，新しい文献はさらなる変化が可能となるような枠組みを作った．正確な挿し絵を用いることによって博物学は秘密の科学というよりむしろ大衆科学になった．古い魔術的な象徴主義はなお存在したが，もはや奥義を伝授された者のみに許された秘密の情報ではなかった．普通の人々は動物の記述を読むことができ，自然研究を身近なものに感じることができた．最終的に，実用的価値のある知識を求めるこ

とによって，ルネサンスの魔術から近代初期の自然哲学への移行が促されたのであろう．

　植物学は医学においてすでに実用的基盤を有していたが，それ独自の学問的体裁は，ようやく整い始めたところであった．人文主義者はディオスコリデスの新版を出したり，ギリシア・ローマ時代の著者によって言及された植物をできる限り同定すること

図 3.1

ノコギリソウ，キツネノテブクロ（ジギタリス），サクラソウなどの木版画．ディオスコリデス『薬草』（フランクフルト＆マールブルク，1543）338 頁より．

3.1 人文主義と自然界

図 3.2

図版を準備する画家と彫刻家．レオンハルト・フックスの『植物の歴史』(バーゼル, 1542).

に着手した．医者の需要によって，旧植物と新発見の植物の両方の正確な同定はいっそう必要とされた．15世紀初頭までに，本草書は非常に正確な板目木版画で生産されていた．とりわけ重要なのは1530年のオットー・ブルンフェルス (1488-1534) による『植物活写図』であり，挿し絵の質はテクストを凌いでいた．レオンハルト・フックス (1501-66) は，1542年の『植物誌』の挿絵に備えて画家を注意深く指導した．本草書は定義のうえでは医学用の便覧であったが，植物園や植物学専門の講義の出現によって，独立した研究分野としてますます知られるようになった．1592年，ボヘミアの植物学者アダム・ザルジアンスキイ (1558-1613) は以下のように記した[2]．

> 医学と植物学を結びつけて考えるのが習慣となっているが，それらを別々に扱ってこそ科学である．なぜならば，どんな学芸においても理論は実践から分離されねばならず，それらは統合される前にそれぞれの正しい順序で個々別々に扱われねばならないからである．自然哲学の特別な一分野である植物学は他の諸科学と結びつけられないうちに，それだけで一つの学問をなすよう，医学から分離・解放されなければならないのである．

ザルジアンスキイの要求が満たされるには，さらに1世紀にも及ぶ努力を要した．しばらくの間植物学者は，新世界からのものも含めたえず増え続けるおびただしい数の植物を伝統的なやり方で記述することに専念した．記述には医学や他の実用的用法が

含まれ，配列はしばしば純粋にアルファベット順であった．それぞれの植物の人間に対する意義はしばしば「署名」の教義と関連していた．署名は，自然魔術の典型的な表示であり，植物と人間の身体各部との間にある何らかの物理的類似が適切な医学的適用を示唆すると考えられていた．実際に創造主は，それぞれの種の価値をまさにその構造の中に告知した．物理的な特質は植物学者によって単に記述されるべきものにとどまらず，その象徴性がゆえに分析されるべきものでもあった．なぜなら，その象徴性は種の実用的応用知識への近道を提供するものであったからである．正確な記述の強調にもかかわらず，ルネサンスの本草家が彼らの科学の唯物論的解釈を採るようになるまでにはなお長い道のりがあった．

しかし，膨大な新情報はギリシア・ローマ時代の権威者たちの限界をあらわにし，いつかは新たに主導権を握ることになるような枠組みを作った．専門家の知識の増加は，正確な情報の所有者を徐々に自認する一群の自然哲学者も誕生させた．最初は，新しい植物の探究は，地方の人々の間で何世代も引き継がれてきたその土地の知識に頼っていた．しかし植物学者は，種に付けられたローカルな名前がはびこるのを避けるために新しい命名法を創る必要があるとほどなく気がついた．1623年のガスパール・ボーアン（1560-1624）の『ピナクス』は，6000を超える種にラテン名を与えた．博物学者は，動植物に関する「（老婆の語り継ぐ）たわいのない言い伝え」の多くは根拠がないこともわかった．こうして専門家はますます民間伝承を軽蔑するようになった．彼ら自身の考えは，現代の読者にとって同程度に奇異に思われることも時にはあるかもしれないが，専門化への傾向は将来の科学の発達過程でたどられる進路を示唆していた．1646年のトマス・ブラウン卿（1605-82）の『偽教義の流行』（『卑しい誤り』という英語名でしばしば知られる）は，学者が普通の人々の知識から自分たちの自然の知識を画す大きな隔たりを正確に認識するようになった時代の所産であった．

しかしそれまでのところ，人間にとって有用かどうかといった意義とはまったく無関係に，種の分類体系の基盤が新知識によって形成されるかもしれないという事実はほとんど正しく認識されていなかった．生物学的特徴のみに基づく植物分類体系を築こうとする先駆的努力は，イタリアの医者・植物学者のアンドレア・チェザルピーノ（1519-1603）の『植物について』（1583）によってなされた．チェザルピーノは自分の時代にはほとんど影響を及ぼさなかった．というのは，彼の出発点が，中世のスコラ哲学との関連のためにもはや信用されなくなっていたアリストテレス哲学だったからである．また彼の種の配列は，我々が今日自然な分類と見なすものとそれほど類似していなかった．しかし，17世紀後半の近代の生物学的分類体系を作り始めた博物学者たちは，自分たちの関心事がチェザルピーノによって大いに先取りされていたことを

認識していた．

　チェザルピーノが本草家の仮定に対して異議申し立てをしたり，人間にとっての価値よりむしろ種の特徴に基づく植物分類を探究したのは，ひとえにアリストテレスに対する尊敬の念からであった．彼は種の本質的構造に基づく自然の知識を探究し，これを可能にするために，それぞれの種の「本質」を明らかにするにはどの形質がより重要であるかを決定する必要があると認識した．こうして彼はアリストテレスを乗り越えるに至ったのである．植物の基本的機能，すなわち「植物霊魂」と関連するものが重要であり，色やにおいのような些細な形質は無視されねばならない．チェザルピーノは栄養物摂取と生殖という2つの最重要機能を明らかにして，根と花の構造解明に全力を注いだ．このように彼は，最も基本的な形質に関連して，自然を属すなわち種の集団に分けることを可能にする下位（従属）形質の原則の先駆者となった．その目的は「自然な」分類体系を作ることであり，後の博物学者たちはチェザルピーノの分類に反対したものの，自分たちの体系の基盤として生殖部分をとり上げて彼の影響を認めた．この場合アリストテレス哲学の影響は，科学の発達を妨げるどころか，自然に対する新アプローチの確立という躍進への刺激となった．

　たとえチェザルピーノの著作が，ルネサンスの自然観の衰退とともに露呈してくる問題を正確に指摘しているにしても，鉱物の研究は当時の世界観が今日とはどれほどかけ離れていたかを明らかにする．今日では，地表が多くの構造を含んでいることを当然のことと見なす．それらは現在の形が作られてきた過程の名残である．物理的過程によって作られた鉱物と，かつての生き物の構造をとどめている化石とは，今日明確に区別できる．しかしルネサンスの思想家は，鉱物と化石を，我々ほどには明確に識別することはできなかった．彼らにとって「化石」とは地中から掘り出されるものであり，たとえ生物との類似が無視できないほど明らかであっても，彼らの世界観はそうした構造物が，どのようにして岩石に埋め込まれるようになるかについて現代の我々の説明に代わる説明原理を含んでいた．地表の大きな断面が水面下の堆積物から形成されたと想像することは，思いもよらないような大変化を仮定することであった．つまり後の博物学者が好んでしたように，ノアの洪水を用いれば，そのような大変化の可能性と聖書とを調和させることができた．しかし16世紀には，ノアの洪水でさえ地球が被ってきた変化を不必要に拡大したものに思われた．

　コンラート・ゲスナーは1565年に『化石について』という著作を出版した．同書は単なる梗概であり，現生動物に関する彼の著作に見られるような完全な描写を含んではいなかったが，優れた挿絵を含んでおり，議論されている対象物の本質が不明確である分野では特別重要な革新であった．ゲスナーは化石と貝のような現生海洋生物と

の間に明白な類似を見た．動物に関する著作の中でも，彼はいわゆる〈グロッソペトラ (*glossopetrae*)〉，すなわち「舌石」とサメの歯との間の類似性にも注目した．しかしゲスナーはそれによって，実際これらの化石は石化した堆積物に閉じ込められたかつて存在した生き物の遺物であるという現代的見解をとるには至らなかった[82頁ステノ参照]．現生生物との類縁がそれほど明確でない構造も他に多くあったので，ゲスナーは自分が認識しうる最も近い類推によってそれらを分類せざるをえなくなった．今日，絶滅軟体動物とされるアンモナイトは，雄ヒツジの角に最も近かったし，またベレムナイト（箭石）[イカに類する頭足類]は矢尻のように見えた．これらの構造と水晶のような純粋な鉱物の間にははっきりした区別がなかった．地球は神秘的な形でいっぱいであり，ゲスナーとて現生生物の外見的類縁関係の程度に基づいて区別しようとする際に要点をはずしたのであろう．

　もしゲスナーが化石に関する研究を完全なものにしたなら，人間に対する化石の意義を議論していたに違いない．宝石は常に神秘主義的意義が授けられていた．そしてルネサンスの占星術は地球，天体，人間の間に存在すると想定された類推を単に拡大しただけであった．化石と現生生物の間にある（現実の，あるいは想像上の）類似性は，自然には神秘的な類推と象徴が浸透しているという事実を確認しただけであった．化石と生物の間の類似性は偶然ではなかったが，化石がかつて生存していたという証拠でもなかった．地球自体，成長することができた．たとえば，水晶はちょうど生物のように成長し，一方，採掘者の多くは採集した鉱物は永久に再生すると信じていた．真珠，サンゴ，人間の胆石に例証されるように，自然には石化作用が充満していた．ルネサンスの思想家の中には，現生生物の「種子」は鉱物の栄養を吸収することによって成長し，親の形態によく似た石を生むと仮定する者さえいた．そのような世界観では，化石や鉱物の意義が，近代の地球科学の成立後に現れたものとまったく異なるのは当然のことであった．地表に含まれる有機的構造は，過去の遺物ではなく現代の過程の産物と解釈されていたので，地表の大々的変革を仮定する必要はなかった．

　有益な鉱物には実用的関心が集まった．採掘に関する大作『デ・レ・メタリカ』に加え，ゲオルク・アグリコラは1546年に『化石の本質について』を出版した．これは，物性に基づいた鉱物分類を提供していて，後の鉱物学の発達の基礎となった．フランスの陶工ベルナール・パリシィ(1510頃-90)は，実際的な経験の名において学識者の信念を嘲笑するために，『見事な論考』(1580)を執筆した．博物学のこの功利主義的側面は，次の世紀の間に重要性を増し，生物でも無生物でも自然物の直接的な研究にさらに重点が置かれるよう促した．ルネサンスの学者が類推と象徴主義に魅了され続けた自然魔術の枠組みは，この実際的情報にいっそう重点が置かれる事態に直面して

崩壊した．現実主義や個人的経験に対する要求はルネサンスの人文主義の基盤から分離され，新哲学の基盤として用いられた．その新哲学では，自然研究はより唯物論的特徴を帯びており，それゆえ地球とその生物の特徴に関するまったく新しい問題が現れてきた．

3.2 大　復　興

　この新科学の枠組みを作った哲学者および博物学者は，かなり慎重にしかし熱心にルネサンス的諸価値を超越しようとした．フランシス・ベーコン (1561-1626) は，純粋に（魔術的と反対の）物理的方法で自然の作用を制御するために，自然観察の必要性を強調した．デカルトは，自然が機械的体系として分析されるときの思考の明瞭性の必要を力説した．観察，実験，および数学的規則性すなわち法則の探究が，新しい自然哲学の方法となった．その結果は，中世の思想におけるアリストテレス主義およびルネサンスのヘルメス主義的象徴主義とははっきりと訣別を告げる科学の一様式であった．

　しかし今日歴史家は，伝統との訣別は当事者たち，すなわち近代科学者が想像するほど明瞭なものではなかったことを認識している．ベーコンや他の人々にとって，これは「大復興」であった．すなわち人間は新しい方法で自然を制御しようと努め，それによってエデンの園でかつて享受していた理解や力のレベルを回復するであろうというものである．魔術師の秘密の知識の探究であったものが，公然の研究プロジェクトになり，それはヨーロッパ社会の構造変化をもたらす商業に役立ったことだろう．その新しい唯物論はキリスト教を拒絶しなかった．それどころか，近代世界で受け入れられるように伝統的なメッセージの装いを改めることが望まれた．自然は人間的な象徴性を失ったが，真空中の原子のでたらめのダンスにまで還元されたのではなかった．我々の開発をまつ秩序だった宇宙に住んでいるという印象を維持するために，新科学は神の啓示による因果的な自然の階層構造概念を保持した．唯物論は明確なイデオロギー的メッセージを運ぶにふさわしいものであった．

a．博物学と革命

　17 世紀の科学革命の華々しい勝利は，ガリレオ，ケプラー，デカルト (1596-1650)，ニュートンによる力学および宇宙論の展開であった．コペルニクス (1473-1543) の太陽中心の天文学は，宇宙構造全体が運動および重力の法則によって維持されるという理論的基盤によって補強された．ニュートンの理論は，人間の知性の勝利，つまり合理的方法の適用は自然の秘密すべてを発見することにつながるということをはっきり示すものであった．ところが実際は，地球とその全生物の起源に関する科学的説明の

発達は，19世紀にまでずれ込んだ．博物学は記述と分類の時代に置き去りにされたように思われる．

いつも物理学を手本に進んでいく自然科学のイメージは，科学革命に関する昔の説明によく見うけられる．その説明によると，ルネサンスに始まった正確な描写の探究は顕微鏡のような新しい道具によって単に拡大しただけのことであって，天文学や物理学で起こったことに匹敵する概念的変化はなかったという．この解釈の妥当性には大きな限界があることは今日明らかである．17, 18世紀の機械論的生物学の探究は，たいした進展をみせなかったが，新原理に則って世界を叙述・分類し始めた博物学者たちは確かに，革命的活動に携わっていると考えた．イギリスの博物学者ジョン・レイ（1627-1705）が記したように[3]．

　　哲学の称号を奪い，私の記憶では諸学派を支配した空虚な詭弁が地に落ち，かわって実験の基盤の上にしっかりと構築された哲学が台頭してきているこの決定的な時代に私が生まれ合せたのは，神の御意志なのだ．そう思うと，私は神への感謝でいっぱいである．……諸科学すべてにおいて，とりわけ植物誌において日進月歩の時代．

レイは，新科学の他の業績すべてを十分意識していたが，自身の植物学の研究が物理学者のいっそう目立った勝利と肩を並べることを期待した．

17世紀の博物学者は，自分たちが観察する秩序の起源を説明する方向へわずかな動きをみせた．それまでのところ生物学的進化論が構築されうる概念上の余地はなかったし，地質学の発達がその余地を生み出すにも1世紀以上を要しただろう．しばらくの間レイは，物質的自然の中に見い出される秩序は創造者によって課されたものと考えて満足していた．だからといって彼は，新しい科学の精神を裏切ってはいなかった．というのはニュートンでさえ，機械論哲学はこの世界を支配する神への信仰を揺るがすどころか神の存在を裏書きするものだとわざわざ主張したからである．

伝統的に新科学の主流と見なされてきたことを解釈しなおす中で歴史家は，博物学も物理学同様に大変革されたと考えるようになった．新しい世界観は科学研究全体を維持するように創られつつあり，そのうえで我々はその概念的基盤およびいっそう広い含意を17世紀の思想的文脈の中で評価する必要がある．ニュートンの時代に古代の迷信から近代科学の客観性・合理性へと急激な移行が起ったわけではないのである．物理学や天文学のおかげで，ある現象をすばらしくよく説明できるようになったことを認めつつ，歴史家は新手法を採用する決定の背後にあるいっそう広い事情に気づく

ようになってきた．17世紀後半の自然哲学は，近代科学が築かれる基盤であったが，近代思想の直接的な先行ではなかった．ニュートンと同時代の人々は，自分たちがなしつつあることの哲学的重大さに深い関心があった．おおむね彼らは，自分たちの社会的・政治的価値を支えるために利用できる概念体系を形成するために，科学と宗教とを結び付けようとしていた．それによって人間の営みに対する「自然」の意義は，現代の環境観に引き続き影響を与える方法で変化した．

新しい科学の出現は，宗教改革および商業経済の発達に結び付いていたのではないかと長い間思われてきた．カトリック教会が土地所有に基づく社会的階層構造を維持してきたところで，プロテスタントの「勤労を善とする労働観」(work ethic) は個々人に活躍の場を保障した．仕事での成功は精神的価値の目に見える象徴であった．というのは神は我々の活力や独創力を使って創造の賜物を利用させるつもりであったからである．神および自然と人間との関係についてのそのような考え方は，実用的知識の探究がそれ自体宗教的活動であるという見方を促した．

17世紀の英国で，この新しい態度の最も明白な表明はピューリタン（清教徒）の中に見い出された．その一派は，1640年代のピューリタン革命とともに危機に陥った古い秩序への脅威となった．新しい科学への初期の転向者の多くはピューリタンの背景をもつものであった．ジョン・レイは，英国国教会からのピューリタン追放をもくろむチャールズ2世（1630-85）の統一法「英国国教会の礼拝・祈禱を統一する法」への署名を拒否したために，ケンブリッジ大学の快適な地位を犠牲にした．彼は後半生で，博物学への情熱を分かち合う富裕なパトロン，フランシス・ウィラビー（1613?-66）に援助された．レイやウィラビーのような人たちは自然研究を神に課された任務と考えた．自然研究は神の知恵や力をいっそうよく認識させたが，産業を介して富の創出に携わる人々にとって実用価値があるであろう情報も提供した．そのような態度は自然哲学の探求を促進したが，自然は開発されるべき資源であるという見解を奨励する傾向もあった．キリスト教は長い間，世界における人類の位置について比較的調和のとれた見方を育んできたが，今や物質界は我々のために作られたという信念のよりどころとなった．

この新しい哲学の土台のほとんどは，1627年の『ニュー・アトランティス』を初めとする著作の中でフランシス・ベーコンによって築かれた．プロテスタントの中には人間の罪深さを強調する人々もいたが，ベーコンは大胆にも，アダムが神の恩寵に背く前に享受していた知と力の状態を奪還する能力を我々がもっていると宣言した．我々は注意深い研究によって自然の秘密を明らかにし，それを用いて物質界を制御できるのである[4]．

我々の協会の目的は，事物の原因や秘密の運動に関する知識である．それから人間の領域の境界の拡大で，あらゆることを可能にしようとするものである．

　この隠された秘密を暴（あば）くために自然は「審問に付される（拷問にかけられる）」であろう．ベーコンが自然魔術の古い考えを破壊するというより，むしろ巧みに操作していたことはある程度明白であるが，彼は商業時代の哲学になるようにそれを変形させてもいた．ルネサンスの魔術師が秘密の儀式によって自然の象徴性を解読しようと努めていたのに対し，ベーコンの後継者たちは事実を発見しようとする公的な事業に協力した．それは注意深い観察および実験を通してのみ明らかになる事実であった．
　そのような世界観の擁護者にとって，自然は尊ばれ慈しまれるべき神の擬似的な体系ではなかった．世界は神によって創られたかもしれないが，それ自体は神ではなく，我々の意志によって変更できた．化学者であり自然哲学者でもあるロバート・ボイル (1627-91) の言葉は以下のとおりである[5]．

　　人間に吹き込まれた自然物に対する畏敬の念は，神の下等な生き物を支配する人間の帝国にとって思わしくない障害になってきている．というのもそれは多くの人々によって，達成不可能なものとしてばかりでなく，試みることが不敬なものとしても，見なされたからである．

　自然を本質的に物質的な体系にまで還元することによって，我々は望むがままにその体系を開発する手段と権利の両方を得る．神はその目的のためにのみ自然を創ったという仮定のもとに．
　探究の過程に役立つ新しい道具があった．顕微鏡の導入は博物学者の世界認識に劇的効果を与えた．（対物と接眼の2つのレンズを用いる）複合顕微鏡は17世紀後半には一般的になった．ロバート・フック (1635-1703) らの手で，シラミやノミのような従来は忌み嫌われた動物の詳細な構造が顕微鏡によって明らかにされた．マルチェロ・マルピーギ (1628-94) やヤン・スワンメルダム (1637-80) のような解剖学者は，解剖の際に顕微鏡を用い，卑しい昆虫でさえ複雑な内部器官をもっていることを示した．しかし初期の器具の利用は非常に限られており，オランダの著名な顕微鏡学者アントン・ファン・レーウェンフック (1632-1723) は小さいけれども注意深く作られた1枚レンズ（シングル）の拡大鏡を用いて好結果を得た．レーウェンフックは，裸眼で認識できる見慣れたものの間に混じって群がる多量の微生物を明らかにして，自然界の限りない多様性を強調した．

3.2 大復興

しかしそれまでのところ，この意外な新事実の意義を理解する見込みはほとんどなかった．もはや昆虫は腐敗物からの自然発生によって生じると信じることは，以前ほど容易ではなかった．なぜならモスリン［平織りの柔らかい綿織物］によってハエが肉に接触できないようにした結果，肉が腐敗してもウジはわかなかったからである．これは1668年のフランチェスコ・レディ（1626-97）による有名な実験によって確認されていた．レディは，ウジがハエの卵からのみ発生したのであり，肉が腐敗するにつれて自然発生したのではないと主張した．これは，実際に昆虫は単に生命を吹き込まれた軟泥の小塊なのではなく，非常に複雑な生物であると確認させる諸観察とうまく調和した．しかし顕微鏡は，細部器官の機能ではなく，構造のみを明らかにすることができた．それは分類すべき自然の種の幅を広げたが，生命の詳細な過程を理解する助けにはほとんどならなかった．

ベーコンの方法論は，すでに前世紀に出現し始めた地方の研究ネットワークを拡張し正式なものとなるよう促した点で，いっそう意義深い．1660年代初期にロンドン王立協会を創設した自然哲学者たちは，自分たちをベーコンの後継者であると考えた．小規模な地方学会はしばらくの間イタリアに存在していたこともあったが，王立協会（およびフランスでそれに相当するパリ王立科学アカデミー）は国家的規模および国際的規模でさえも科学を促進したいといういっそう強い願望を表明するものであった．王立協会の『フィロソフィカル・トランザクションズ』のような紀要は新しい考えや情報をより効果的に伝達することができた．公式の科学論文に加えて，これらの紀要は地方の産業，鉱物資源，博物学に関する詳細な説明を含んでいた．実用的な目的のために環境を研究しようとする願いは，こうして科学のネットワークに組み込まれた．力学の最新の勝利とともに，博物学は新しい世界観の中にしっかりと包含された．この情報の蓄積に起因する実用的な利益は必ずしも明白ではなかったが，原則として，少なくとも自然界に関する情報収集は功利性という新しいイデオロギーの一部であった．

b．機械論哲学

このように組織化が進められた学問の探究は，新しい自然像の創出によって強化された．フェミニスト歴史家らが指摘してきたように，まさしく男性支配の研究共同体であったことによって用語はひどく男性中心的であった．科学は自然の最深部を露にするために「そのベールを剥ぎとる」であろうという隠喩は，自然環境を「犯す」産業という隠喩とぴたりとかみ合う．しかしベーコン主義者は，自然に対して知恵と多産という伝統的な女性の属性を賦与したくなかったのも確かである．自分たちの強い所有欲を正当化するために，物質界を心的次元を欠く受動的・機械的体系として描い

た．自然はかつて有機的な統一体，すなわち神秘的・構成的な力の源泉とされてきたが，その頃には人間が思いのままに扱える時計仕掛けの巨大な作品になった．

　この新しい世界観について，自然の研究と開発との関連を示そうとする現代科学の批評家たちは，さまざまな局面を選びとってきた．自然はもはや自己統合力によって支配されていないので，有機的な統一体として扱う必要はなく，研究目的のために孤立した要素に分割可能だった．全体は単に部分の総計であり，(現代的用語を用いれば)科学者たちは自分たちがしていることに関するより広い含意を心配することなく単一の構成要素の研究に専門化することができた．自然研究はこうしてますます断片化していき，環境の一部分の操作がいかに他のすべてに影響を及ぼすかを査定する責任者はだれもいなくなった．このときから，科学はますます専門化することになった．普通の人々は興味深い現象の証拠を提供するかもしれなかったが，その現象の解釈は専門文献に精通した専門家の職分であった．ジョン・レイなどによる種の分類への体系的とり組みの発達は，この傾向の前兆である．

　「機械論哲学」は，世界を運動する物質粒子の体系として扱うことをはっきり要求してもいた．ロバート・ボイルは，原子論あるいは粒子論自然観の復活を促進するうえで主導的役割を担った．彼の1666年の『形相と質の起源』は，物体は運動法則によって支配される堅い粒子の集合体として理解されうると主張した．物質と運動は「物体の最も普遍的な二大原理」であった．真の性質（第一性質）は形，大きさ，かたさ，および（ニュートン以降は）質量だけであった．においや色のような他のすべての性質は，単に二次的なもので，自然の中には存在せず，感覚器官が物質界の粒子と相互作用するときに人間の精神の中に生じた．たとえば熱は，粒子の振動の表明であった．こうして自然の科学的モデルは，まさしく文字どおり機械的となり，「人間的」特質はすっかり剝奪されて骨のみになった．そのような世界観では自然は崇拝や尊敬の対象ではありえなかった．自然は特別な力をもたず，自然魔術の象徴主義的関係は幻想であった．

　機械論哲学は生物を包含するために確かに拡張された．フランスの哲学者ルネ・デカルト（1596-1650）は，動物は単に複雑な機械であると主張した．人間の身体でさえ単なる機械的体系であった．もちろんその体系を統合する霊魂のような存在をデカルトはじめ多くの人が認めてはいた．しかし機械の最上のモデルが時計であるような時代にあっては，「動物機械」論の適用も自ずと限定されたものであった．顕微鏡の助けを借りてさえ，機械論哲学は生命のいっそう複雑な過程，とりわけ生殖の理解という点においてはほとんど無力だった．博物学において，フランスの歴史家たちがヨーロッパ思想の「古典派」時代［17世紀末から18世紀］と称するものの最も特徴的な主張は，

3.2 大復興

生命を機械に還元しようとする試みではなく，生物界に見い出される多様な構造を結び付ける包括的なパターンの探究であった．かつては人間との関係でそれぞれの種にコンテクストを与えていた象徴が打ち捨てられることで，自然は異なる物質形態からなる広大かつ潜在的に混乱した塊になった．もし人間の理性がこの塊を把握しようとするなら，それぞれの形態すなわち種を類縁の理解しうる体系に適合させることによって，秩序立てねばならない．

このようなわけで，この時期に生物学的分類の近代的体系の起源をレイたちが確立したのは偶然ではない．ニュートンの諸法則の発見によって物理学的世界に秩序が課されることになり，彼らはそれに相当するものを博物学において提供した．レイは，ゲスナーのギリシア・ローマ時代の世界への心酔ぶりを否定し，かつて動物と人間を結び付けた象徴的関係のネットワーク全体を公然と拒絶した．新しい科学は物理学的外観によってのみ分類するであろうし，正確な絵に頼るのではなく，それ自体が秩序をもたらす過程の一部である専門用語を発達させるであろう．顕微鏡の影響が限られていたことは，古典派時代の博物学が外観のみを考慮に入れたという事実によって例証される．すなわち，それまでのところ，解剖に基づく比較解剖学や有機体の（いまだ神秘的な）内部過程の研究を発達させようとする努力は体系だっていなかった．18世紀の博物学の大勝利は，動物機械論の直接的利用ではなく，包括的体系の樹立であった．それがあれば人間は生物構造の多様性を理解することができ，したがってある意味で人間知性による支配も可能になるという体系である．

17世紀の新しい自然哲学の唱道者は，今なお秩序の探究を，創造主の計画の一部として世界に存在するパターンの解明と考えた．創造主の計画は，我々の理性の力が天与のものであるからには人間に理解可能であった．これに対し，ルクレティウスの世界像は，原子のでたらめな結合からなる無計画な結果であった．神に計画された宇宙に対するこの古代の考えは，確かに利用可能であり，社会哲学者トマス・ホッブズ(1588-1679)を含むいく人かの急進的唯物論者によって支持促進された．しかし自然哲学者の大多数はこの古代の方を忌み嫌い，機械論哲学を適任とするよう積極的にとり計らって，宇宙という広大な機械を神の御業の所産と見なした．

このように新科学と新宗教は，軌を一にして起った．プロテスタントは，産業の成果を通して精神的にも物質的にも自らを向上させる自由を個々人にもたらした神の存在を信じたかった．そして，人間の理性が世界を理解し制することができるようにと同じ神がそれをデザインしたと主張するのは道理に適っていた．商業主義とのその結び付きは明白であり，英国では新科学がより特異なイデオロギー的次元を有していた．ピューリタンは積極的に王室の権威に挑んだが，英国のピューリタン革命の混沌はい

っそう急進的な集団が権力を獲得するのを許すことになった．古い社会的階層構造が崩壊するにつれて，今日無政府主義，社会主義と称されるものの唱道者たちは個人資産の完全廃止を要求した．これは，プロテスタントの勤労を善とする労働観のまさに基盤を脅かした．ピューリタンは，もし社会秩序が破壊されるというよりむしろ変化させられるならば，新しい商業社会が最も繁栄するであろうとすぐに悟った．

急進主義者は，社会的階層構造に対する挑戦を支援するために，非階層構造的な自然像を用いた．これはルクレティウスの原子論（王権の確立が混乱回避の唯一の手段だとホッブズは考えた）からではなく，精神力によって維持される活発な自己組織化する系としての伝統的な自然像に由来していた．唯物論は事実上汎神論であった．すなわちその信念とは，神の力は全世界に充満しているので，そのどの一部分といえども他より優れているとは言えないというものであった．機械論哲学は当時危険視された古代のこの世界観に抵抗するための手段となった．それは世界を運動する物質に還元することによって，自然の自己組織力を否定し，我々が観察する秩序はより高い権威，つまり創造主によって物質に課せられているとした．

チャールズ2世による王政復古に続いて，ボイルや彼の後継者たちは，科学と宗教の統合を用いて，商業活動の自由を認める立憲君主国の理想を支持した．アイザック・ニュートン（1642-1727）によって示された新しい物理学は，すぐさま彼らの計画に織り込まれた．ニュートンの科学は，秩序ある社会にモデルを提供する宇宙観を支持した．社会的階層構造は，ちょうど神の力が自然の秩序や活動を維持するように，商業発達に必要な安定性を保証した．これらの理想は，1688年の「名誉革命」において正式に記された．そこで，スチュアート朝の絶対主義体制へ逆戻りするのを防ぐため，オラニエ公ウィレム（1650-1702）を王位につけた．

その革命の成功は，必然的に新エリートをフランスのルイ14世（1638-1715）との闘争へと至らしめた．ルイ14世の非常に強力な絶対主義体制は，商業階級の要求に抵抗する方法で古い社会的階層構造を活用した．彼は，有益な情報および静的な階層構造的特徴を強調する自然のモデルを提供することによって，王立科学アカデミーが絶対主義体制を支援することを期待した．フランスの穏和な改革主義者ヴォルテール（1694-1778）は，ニュートンの科学と英国の政治制度の両方を見習うべき理想と考えたが，フランスの君主制の権力に対するこのもう1つのもの，議会政治の推進においてはほとんど成功しなかった．いっそう急進的な共和主義が唯一の出口のように見えたので，唯物論的・汎神論的伝統は18世紀を通してフランスの知識人の間の地下運動として興隆した．そしてとうとう1789年のフランス革命勃発に至った．

ボイルやニュートン主義の人々は，完全な唯物論を避ける機械論哲学を作った．デ

3.2 大復興

カルトは動物を機械として描いてきたが，彼でさえ人間の霊魂の実在を認めた．17世紀の思想家の中には，動物機械論を潜在的に危険と見なした者もいた．そのため彼らは，自然という死んだ機械はその目的のために神に委ねられた力によって秩序ある構造の中に維持されていると主張した．ケンブリッジのプラトン主義者ヘンリー・モア (1614-87) は，野蛮な物質に秩序を課すようにデザインされた力として「塑性の徳」という概念を引き合いに出した．ジョン・レイは生物学においてこの手本をまねた．すなわちデカルトの極端な機械論は生殖のような複雑な機能の説明がまったくできなかったので，我々が観察・分類する構造の中に物質を積極的に配置する力を仮定する必要があった．ニュートン自身，自然の秩序の源に深い関心をもっており，神が創造した宇宙の様式は創造者がその権威を委ねた従属的な力によって維持されていると進んで考えた．そのような力が古い魔術的な世界観を髣髴とさせるという事実は，注意深く隠された．すなわちニュートンは錬金術の文献を熟読したが，公的な表明は機械論哲学の言語で覆い隠した．

ボイルとニュートンは，科学と宗教との結び付きができる限り広範に宣言されることを切望した．ボイルは，1691年に没する直前，彼にちなんで名づけられる連続講演を確立し，キリスト教の擁護に腐心した．ボイル講演の演者のほとんどはニュートン主義者であった．その中のウィリアム・ダーラム (1657-1735) による『自然神学』は，自然哲学者が神の創造の研究を通してその知恵と徳を示そうと努める全課程に自然神学の名を与えた．ニュートン自身，宇宙が自然法則によってどのように維持されているかを示すことによって神の力は最もうまく例証されると考えたが，1711-12年のボイル講演から始まったダーラムの研究はジョン・レイの『創造の御業に顕現する神の英知』(1691) に表明された生きている自然における「神のデザイン論」にひどく頼った (5章参照)．機械論哲学者は大喜びで，生きている世界の複雑性を指摘した．なぜなら，その複雑性について唯一考えうる説明は創造主のデザインする手であったからである．

世界は1つの機械になったかもしれないが，それは多くの連結部分をもつ機械であった．生物の多様な種を研究・分類しようとする熱望は，新しい自然哲学のいっそう分析的側面を表したが，自然神学は全体としての体系への尊敬はなお存在することを保証した．レイとダーラムは，人間は自然界を利用・開発すべきであると信じていたが，あらゆる種が，少なくとも直接的ではないにしても我々のために作られたとは考えなかった．それぞれは創造の全体的様式の一機能として，つまり他の種の餌食になったり，他の種を抑えておくのに役立った．神は人間に有害な種をたくさん創ったようだという反論を受けて，ダーラムは「獰猛で有毒で不快な生き物は我々を懲らしめ

る鞭として役立ち,その目的以上に我々の知恵,配慮,産業を喚起する手段として役立つ」と答えた[6].神は,人類がよく働くようにするための方法を複数有していた.

たとえば動植物の有益な種は利用されうるが,それまでのところ神の恩恵には自然の限界があるかもしれないという可能性は認識されていなかった.自然を制御し,人類は元来神によって意図された地位を単に奪還していた.なるほど造船・石炭産業は英国の森林破壊をもたらし,環境を枯渇させる我々の能力の例をはっきりと示した.しかしジョン・イーヴリン(1620-1706)が1662年に『樹木誌:陛下の領地における森林および森林地拡大に関する論考』を記したように,明白な解決は保護および植林政策を採用し,その結果創造者によって確立された均衡を維持することであった.実際,地方の材木供給を維持するために努力が払われたが,ヨーロッパ人はすぐに世界の他地域で材木資源を開発し始めた.自然神学は,人間が神の被造物の管理人(ステユワードシップ)であるという考えを促し,地球全体の資源はなお無尽蔵であるように思われた.

■注
1) Translated by Sir Charles Sherrington, *The Endeavour of Jean Fernel* (Cambridge: Cambridge University Press, 1946), p. 136.
2) Adam Zaluzniansky, *Methodi Herbariae Libri Tres,* translated in Agnes Arber, *Herbals: Their Origin and Evolution: A Chapter in the History of Botany, 1470-1670* (Cambridge: Cambridge University Press, 1912), p. 117. A. G. ディーバス(伊東俊太郎・村上陽一郎・橋本眞理子訳)『ルネサンスの自然観:理性主義と神秘主義の相克』p. 87, サイエンス社(1986)を参照した.
3) John Ray, *Synopsis Methodica Stirpum Britannicarum* (1690), preface, translated in C. E. Raven, *John Ray, Naturalist: His Life and Works* (Cambridge: Cambridge University Press, 1942), p. 241.
4) Francis Bacon, *The New Atlantis,* from Bacon *The Advancement of Learning and The New Atlantis* (London: Oxford University Press, 1951), p. 288.「ニューアトランティス」『ベーコン』(世界の名著20),成田成寿訳,p. 540, 中央公論社(1970).
5) Robert Boyle, *A Free Enquiry into the Vulgarly Receiv'd Notion of Nature* (London, 1686), pp. 18-19.
6) William Derham, *Physico-Theology: or, a Demonstration of the Being and Attributes of God, from His Works of Creation* (2nd edn, London, 1714), p. 55.

4

地球の理論

Theories of the Earth

　歴史家はたいてい17世紀後半と18世紀を，西洋文化の発達におけるひとまとまりの時代として扱う．ニュートン科学の勝利のおかげで，ヨーロッパの多くの人々は新しい世界観が古いものより好ましいと確信するようになった．これこそ「啓蒙時代」の到来であり，人間の理性の力は古代の迷信を一掃し，新たな社会的枠組みを出現させたのである．科学は，物質的な自然に関する我々の知識を広げ，ヨーロッパの地球支配を可能にする商業や工業の力を強化した．人間の精神の探究に理性を適用することは，それ自体，新たな社会秩序の創造をもたらすことになった．

　17世紀の科学革命は理性の時代の到来に貢献したということで，歴史家たちの注目を集めてきた．しかしそれに比べて18世紀の科学の発達は，無視されたままである．その時代は何か不可解で，それに先立つ真に革命的な時代ほどのおもしろさもなければ，科学者から転向した歴史家が馴染めるほどに現代的でもない．18世紀は，増大した知識がすでに専門化しつつあり，ようやく現代の学問分野間の境界が見え始めたばかりであった．物理科学の勝利によって得た自信を足がかりに，地球とその生物を研究する人々も，1つの概念構造を世界に課すような包括的体系を模索したが，その体系の基本的特徴については何の合意も得られなかった．近代的な観念が，今日では真面目にとることが難しいような思考様式と明らかに混在していたのである．

4.1　理性の時代の科学

　環境科学ほど，この過渡的特徴が顕著であるものは他にない．18世紀は地質学など

の近代的学問分野が混沌とした伝統的博物学から抜け出し始めた時代であった．しかし，初めは学問分野間の境界線は明確ではなく，我々にはまったく別ものに思われる主題が同じ基本的問題の重要な側面として扱われることもあった．化石のような自然現象はこの頃初めて理論的な意味を獲得しつつあったが，その意味をめぐっては意見はまちまちであった．機械論哲学が広く支持されていたにもかかわらず，鉱物をまるで生物のように扱う，時代遅れの思想は容易に廃れなかった．18世紀末までには諸科学が近代的様相を見せ始めるわけであるが，その過程は複雑だったので，歴史家が解釈するのは困難だった．

現代の科学に親しんでいる歴史家は，初めて18世紀にとり組み始めたとき，彼らの馴れ親しんだ用語ですぐに解釈できる主題からとりかかった．このため地理学や探検の大航海は専門家からとり残され，科学の通史で議論されることはめったになかった．地理学は現代では一筋縄でいかない学問である．すなわち，その物理学的側面は地質学のような科学と結び付くように思われるが，その人間的・経済的側面は（真に科学的とは見なされにくい）社会科学といっそう調和する特徴を示すからである．したがって，18世紀の地理学を科学として扱わないで，現代科学者に違和感のない学問分野となりそうな領域に集中する方が，歴史家にとっては容易であった．気象学や海洋学も，その専門家以外には無視されてきた納まりの悪い学問分野である．しかし18世紀の自然研究者は，これらを区別しなかった．すなわち彼らは，多数の異なる現象に関する情報を収集し，すべてが同じ理論的枠組みに包含されることを期待して研究し始めた．このように歴史家は，現代の我々の尺度にそぐわない問題含みの領域を排除することによって，啓蒙時代の科学の概念枠を人為的に断片化してきた．

現代の学問分野と重なり合う領域においてさえ，今日の目から見て後の発展につながるように思われる主題を選り出すのが常である．地質学の漸進主義のような現代的概念について「先駆者」探しを行うやり方は，18世紀の博物学者の中から代表的とは言えない人物を選びとるような研究へとつながった．今日受け入れられている概念枠を誰か特定の著述家が（全部ではないにしても）九分どおりまとめ上げたかのごとく示そうとすれば，いきおい文章は文脈から切り離されてしまう．先駆者探しを容易にするために，18世紀の理論のある側面だけを人為的に照らし出して，今日正しいとされる立場への発展にどれほど寄与しえたかが強調された．たとえば「前向きな」理論を好んだ博物学者や地質学者は，科学的発見の英雄として認められた．たとえそのために彼らの考えの非現代的側面を無視することになったとしてもである．また「現代的な」理論の方を好んだ人はだれでも，観察や実験の方法論に傾倒していたからそうできたのだと考えられた．伝統的な価値観をもつ保守的な人々だけが支持していた競

合理論は科学の発達にとって邪魔であるとして片づけられた．科学と宗教は否応なく対立するに違いないという前提のもとで，創世記の記述を尊重する人々は最も重要な保守的勢力と見なされた．

その結果，18世紀の歴史像は，大いにゆがめられることになった．この時代は，芽吹き始めた科学的方法が膨大な新情報の中から徐々にではあるが意味をなし始めた最初の混沌の時代であったという筋書きで，科学の歴史に適合させられた．この20年あまり，歴史家は，現代的視点を過度に歴史にもち込むことが時代理解にどれほど多くの弊害をもたらしたかを認識し始めている．現代の立場をずっとたどっていけば，18世紀の科学の発達における主流に行き着くなどと考えるのは，大間違いだ．主流にはならなかった多くの領域は，未だ十分調査をされないままである．現代的関心によって寸法を決めたプロクルーステース [25頁参照] の寝床に無理矢理押し込めることなく，あくまでも歴史はその時代のものさしで研究されねばならないと，ようやく認識され始めた．古代の迷信は現代の理論によって着実に1つずつ置き換えられてきたのだといったモデルは，科学がどのように発達してきたのかを考える際に絶望的に歪んだ印象を与える．我々はようやくいくつかの領域でこれに気づき始めた．もし18世紀の博物学者が実際に試みようとしたことを正しく評価するとすれば，今日の先入観にとらわれぬよう注意を怠ってはならない．

a．分類と説明

いく人かの歴史家は，啓蒙時代の自然観の基底をなす原理の解明に全力を挙げてきている．たとえばフランスの歴史家・哲学者ミシェル・フーコーは，18世紀の世界観は我々のものとは根本的に異なると主張してきた[1]．いわゆる「古典派」時代における自然科学の目標は，自然の多様性に合理的な秩序を課すことであった．分類は，知覚しうるあらゆる種を適切に配置する知的な分類棚の体系を考案することであった．そこでは自然界で実際に観察された種を次々にこの概念体系に入れていけばよく，配列上の切れ目は，後の発見によって満たされるのを待つ単なる空の分類棚であった．概念のネットワークは観念的に規定された閉鎖系であったので，思いがけない発見はありえなかった．フーコーの議論によれば，18世紀末にこの自己充足的な自然像は突如崩れ去り，自然は予測困難な開放系であるという現代的自然観が到来したのだという．

分類が18世紀の博物学者の重要な仕事であったことを疑う者はいないが，分類をそれほど厳格な手続きとして叙述しようとするフーコーの試みを疑わしく思う歴史家はいる．18世紀の環境思想において鍵となる発達を表すいっそう慣習的な方法は，変化しつつある世界という概念を博物学者がどの程度探究し始めたかを強調することである．地球とその生物は時間の経過とともに変化してきたと認識することは，確かに神

の創造という伝統的な見解に対する大きな脅威であり，それゆえ，科学と宗教はいつも対立する傾向にあったという推測をもたらす．しかし，たえず変化する系である自然像は，厳格な秩序を観察対象である世界に課そうとする欲望とは両立不可能にみえる．これに対してフーコーは，世界を変化・発展する系として叙述する初期の試みは後の進化論とはまったく別ものだと反論する．18世紀に生じた変化は，事象の普遍的理論体系の中で分類棚を逐次埋めていくことのみに終始した．時とともに生起する事柄はすべて，初めから予定された事柄であり，変化といってもそれは，あらかじめ決められたパターンのまったく予言可能な展開にすぎなかった．

　他方，18世紀の思想のフーコー流解釈に感銘を受けた歴史家も少なくなく，彼らはフーコーの次の主張を肯定している．すなわち古典派時代というのは，次々と突きつけられる変化の証拠に抗して，本質的に固定された世界という考えを擁護するために守りの行動を開始した時代だという．展開は認められた．ただし，不安定あるいは予言不可能という要素をその体系の中に導入しない限りにおいてである．また，歴史家の中には，自然科学における時間という次元の出現を重視する者もいる．もしその時代が，安定という考えに傾倒していたならば，科学者たちはなぜ変化を示す地質学的証拠の調査にそれほどまでに多くの時間を費やしたのであろうか？　最終的に，啓蒙時代の自然観には潜在的な緊張が存在したと結論づけざるをえないだろう．自然界を形成する力を理解しようとする意欲は，秩序をそれに課そうとする欲望と衝突した．その結果，啓蒙時代は複数の理論体系の複雑な混合体をなし，ある程度変化を認めるものの，今日ではまったく奇妙に思われる方法でしばしば新発見の衝撃を抑えようとしたのである．

　啓蒙時代の思想の特徴を明らかにしようとする努力に加え，歴史家はその社会的な次元についても思いをめぐらし始めた．変化する世界という概念を探究することは，確かにイデオロギー的な含意を有していた．変化のない創造という概念が採られたのは，伝統的な宗教観，そしてそれゆえ社会的階層構造を擁護するためであった．予言可能な発展に基づく思想は，着実な改革への希望を後押しするものであった．一方，人類の役割などほとんど無力な混沌とした世界を仮定する急進的な唯物論者たちは，既存の社会的秩序の根本的打倒をめざしていた．18世紀の自然の観念に孕まれるイデオロギー的緊張の概略は見え始めている．しかしながら，科学革命の研究で培った経験をそれ以降の時代で効果的に適用するためには，なすべき仕事は多い．

　それほど政治的でないレベルでは，明らかに，ヨーロッパ人の自然観に重要な変化を来すことになった．新科学は，世界は人間の利益のために開発される純粋に物質的な体系であるとする自然観を促した．しかし一方で，手つかずの自然をそのまま美し

いと認める考えも受け入れられていった．山々は，かつては醜く，危険なものと恐れられていたが，今や自然の力の崇高な表れとして見られるようになった．こうした感性の変化は，科学の発達と間接的に関連しているだけかもしれないが，人々の自然観が，専門的に自然を研究する人々にどのように影響したのかは理解しておく必要がある．

情報の収集・出版でさえ社会的目的をもっており，ここにもまた歴史家がなすべき仕事は山積している．政府は，おそらくは商業的利益の獲得をもくろんで，発見の航海に資金を提供し，鉱山学校をはじめ他の技術教育の場を確立した．科学者から政府の役人になった者もいたが，これは彼らの仕事にどのような効果をもたらしたのだろうか？　科学はすでに（しばしば主張されるように）真に国際的だったのだろうか？　あるいはヨーロッパの国々の間での競争はその結果に制約を課したのだろうか？　裕福なアマチュアも自然物の収集・展示に莫大な金銭を費やし，一方，出版社は挿絵つき科学本を大量に売った．そのような場合，活動の社会的目的はわかりにくく，答えるべき多くの問題が歴史家に残されている．

b．描かれた地球

18世紀になると，ヨーロッパは次々に行われる発見の航海のおかげで広大な世界と向き合うようになった．大幅に改良された地図作成技術が導入されたり，人跡未踏の海洋を進むためにいっそう優れた航海手段の探究が続けられたりして，いくつかの問題は解決をみた．パリの科学アカデミーは，月の詳細な観察による経度決定を目論む研究計画を採用し，18世紀後半までに，月運行表は改良され，この技術の精度を劇的に上げた．1714年英国政府は誤差0.5度以内の経度決定方法に対して2万ポンドの懸賞金をかけた．この懸賞金は，結局1765年，グリニッジの子午線上の時刻と現地時刻を比較できる精度の高いクロノメーター［温度変化による影響がきわめて小さい精密なぜんまい時計］の発明によってジョン・ハリソン（1693-1776）が獲得した．同じ頃，フランスの時計工ピエール・ルロワ（1717-85）は，クロノメーターが基づくべき理論的原理を改良した．18世紀末までに，ついにヨーロッパ人は自信をもって世界中を航海することができるようになった．

その頃，各国政府は進んで地球上の広大な未知の世界へ探検隊を送り込むようになった．とりわけ，太平洋および南北両極海に重点が置かれた．ジェームズ・クック（1728-79）船長の最初の航海（1678-81）は金星の太陽面通過を南洋で観測するために企てられたものだったが，ニュージーランドとオーストラリアの海岸線に関する貴重な情報ももたらした．クックは天性の航海者であり，新技術をフルに活用した．彼は船員の健康管理にも留意し，長い航海で新鮮な食料が不足するときに起こる壊血病から彼

らを守った．船には裕福なアマチュア，ジョゼフ・バンクス卿（1743-1820）を含む熟練博物学者が同行し，訪問した国々から標本を収集した．クックの二度目の航海(1772-75)は，南の陸塊の広さを決定するために明確に企てられ，北半球の大陸と「均衡がとれる」ほど大きい南方の大陸はないことを立証した．表向きは純粋な知の探究であったが，海軍本部はいくぶん国家主義的な理由からクックや他の探検家を送り出した．このため乗船した博物学者は，船の最優先課題が測量である間は十分な収集活動ができないと不平をもらすときもあった．経済植物学の重要な成果も存在した（6章参照）．

こうして18世紀末までに，海路で接近できる世界の諸地域はたいてい探検されていった．唯一，南極と北極地域が未踏のまま残り，大西洋からカナダ北部を抜けて太平洋までの北西航路の探検では，19世紀に入っても犠牲者を出した．また諸大陸の奥地はそれほど知られてはいなかった．北アメリカの西部は，19世紀初頭までヨーロッパ人によってほとんど探検されていなかった．最初の大陸横断は，スコットランドの探検家アレグザンダー・マッケンジー（1764-1820）によって1793年に行われた．彼の名前は，その前に探検されたカナダ北部の大河に今日も残されている．ヨーロッパ人に関する限り19世紀後半までアフリカ奥地は，病気に対する脅威から，「暗黒大陸」のままであった．しかし啓蒙時代の地理学者は，ともかく古代の神話のいくつかが決定的に論駁されたと安堵した．確かに熱帯地域は，ヨーロッパ人にとって健康的なものではなかったが，地球上には人間が住めない場所はなかった．今や問題は，なぜ地球上の多様な地域が非常に異なる状況であるのかを説明することであった．それまでのところ大々的な地理学的総合の基盤がないとしても，自然哲学者は環境を形成する諸力を研究しようと決意していた．

これらの研究は，初期の王立協会会員にインスピレーションを与えたベーコン流の研究方法に則ってなされた．その計画は，空気，水，土地の詳細な観察・調査を必要としていたが，自然科学から起こった理論的問題としばしば関連づけられた．物理学における変革は，地球の形状に関する議論へと発展した．それは，科学アカデミーが3度分の経線の長さを測定するためにペルーおよび北極への探検を後援した1730年代になってようやく解決をみた．その結果，地球の両極はわずかに平らであるというニュートン信奉者の理論的予測が正しいことが確認された．また1648年のブレーズ・パスカル（1623-62）の大気圧に関する著作は，気圧計の発明および大気圧は高度とともに減少するという実地証明へとつながった．稲妻は自然の放電であるというベンジャミン・フランクリン（1706-90）の有名な実験（1749）は，電気の本質の詳細な研究の先駆けであった．

理論と観察の相互作用というもう1つの領域は，潮の干満の研究であった．ニュー

トンは潮の干満を地球に及ぼす月の影響によって説明していた．潮の干満の詳細な研究は，エドモンド・ハレー（1656-1742）や他の人々に引き継がれた風や海岸線がどの程度その土地特有の干満様式に影響を及ぼすのかが決定された．王立協会初代書記ヘンリー・オルデンブルク（1618？-77）は，海洋の塩分，温度，水圧の調査を奨励した．ロバート・ボイルは海水の塩分含有量を決定する方法に携わり，一方，ロバート・フックはさまざまな深度からテスト用の水を汲み上げる機械を考案した．ハレーは，海洋が形成されてからの年数を時の経過に伴う塩分含有量の増加率の測定によって算出されるだろうとまで示唆した．18世紀の最初の数十年間，ルイージ・マルシーリ伯爵（1658-1730）は地中海に関する広範な研究を行い，大陸は陸地との関連を物語るように思われる海洋の浅瀬に囲まれていることに気づいた［現代の大陸棚概念］．1770年代，フランスの著名な化学者アントワーヌ・ラヴォアジエ（1743-94）は海水の化学的組成にとり組んだ．

緊密に関係する問題は，川や泉の水源に集中した．まだ多くの人々が，それらは巨大な地下の洞窟から発すると信じていた．1674年，ピエール・ペロー（1611-80）は地下の水源に頼らずにセーヌ川への流水量を説明しようとして，降雨量が十分かどうかを調べるために，パリ盆地の降雨量を算出した．その結果，彼は，方法があまりにも不正確で説得力がないという批判を退け，降雨量は十二分であると結論づけた[2]．

> 私はこの結果が厳密さを欠くことを十分承知しているが，一体だれが精密なものを与えうると言うのだ？　アリストテレスのような単純な否定や，理由を考えてもみないで川の流れをもたらすほど雨は降らないとする人々の前提よりも，満足のいくものであるはずだと胸を張って言える．いずれにしても，誰かがもっと正確な算定値を出し，それによって私が進めてきた事柄を反証するまで，私は確信をもち続ける……

ペローの結果は，実際，10年後にエドメ・マリオット（1620-84）によってなされた注意深い研究によって確証された．1715年，同じ主張がアントニオ・ヴァリスニエーリ（1631-1730）によってなされ，その後，広大な地下水源という考えは影を潜め始めた．1752年フランスの地理学者フィリップ・ブルアッシュ（1700-73）は，地球を自然な地域に分けようとして，山脈によって定義される河川盆地という概念を用いた．

ブルアッシュの『地理学論』は地球に関する知識を包括的に統合しようとしたものであったが，地理学史家は18世紀初期をおおむね停滞期として扱う．ベルンハーダス・ヴァレニアスの『地理学概論』(1650)のようなテクストは，類書がないために1

世紀以上にわたり版を重ねた．ただドイツにおいては地理学の一般理論を生み出そうとする真剣な努力がなされ，哲学者イマニュエル・カント（1724-1804）は1756年以降その科目を講義していた．地理学についてそのような総合を生み出すのが困難だったのは，一部には，地理学に対する人間的次元を科学のというよりむしろ歴史の側面と見なしたことによっていた．地球の物理的特徴の研究は，上述したような多数の主題に分割された．ベーコンの方法[帰納法]は，地球規模の統一的要因の探究よりもむしろ個別の問題に集中するよう促した．したがって地球規模的統合をめざす探究が復活したのは，ようやくカント哲学の革新がベーコンの経験主義の基盤を揺るがし始めた頃からのことだという[3]．これをきっかけに1790年代のアレクサンダー・フォン・フンボルト（1768-1859）の研究への道が開かれ，彼の仕事は19世紀前半の環境科学の発達に深く影響してくる革新となった（6章参照）．

　この間，もし包括的な「地球理論」を生み出す努力があったとすれば，それは歴史的次元を導入することに由来した．17世紀後半の自然哲学者は地表の研究に多大な努力を傾注した．彼らは山々に登り，それらがどんな岩石から構成されているのかを研究したが，岩石の中に見い出される化石はそんな彼らを当惑させた．多くが明らかに海洋生物に似ていたからである．彼らは，地球に影響を与える自然過程——火山（1669年のエトナ山の噴火は多くの関心を集めた），地震，さまざまな浸食過程の結果——も調査した．

　これらの研究は，人々の関心を再び山の起源の問題へと向かわせることになった．ヴァレニアスがしたように，現在の地表構造は神によって最初に創られたものと本質的に同じであると主張することもできた．しかし他の学者は実際のところ，山はノアの洪水のときに自然過程によって形成されたのかもしれないと信じがちであった．これだと成層岩の中にある化石を説明することができた．なぜなら地球が水で覆われていときの堆積物として化石を解釈することができるからである．しかし，山が形成された後に，その形状は自然過程によって変化できたであろうか？　火山や川の削剝の結果は，地表を著しく変える過程が未だに作用をしていることを示していた．

　これらの調査の最終的な成果は，時を経て作用する自然過程によって，地球の現存する構造を説明しようとする理論が続々登場したことであった．しかしこの時代，人々の地球の見方も大きく変化した．山を洪水の産物として叙述する人々は，地表のそれほど大きな不規則性は地球がまさに衰退過程にある徴候だとする共通の感情を抱くことになった．多くのプロテスタントは，人間の罪の結果として地球自体も病み衰えると信じていた．たとえば，山は醜く危険で，我々の堕落した状態を永遠に思い出させるものであった．1693年ある旅人はアルプス山脈を越えたのち山々は「広大なばかり

4.1 理性の時代の科学

でなく，忌まわしく恐ろしい荒廃である」と記した．丘や谷の険しい不規則性は17世紀の合理主義者の几帳面な精神に対する侮辱であった．もし山や大陸が規則的な幾何学的形状であれば，彼らはもっと嬉しかったであろうに．

山が美しく野性的で雄大な場所として必ずしも見なされてきたわけではないというのは，今日の我々には理解し難い．しかし山に対する肯定的な態度は教育の所産であり，18世紀になってようやくヨーロッパ人の意識の中に深く浸透し始めたものである．17世紀の様式美を誇る大庭園は確かに大自然に対する人間の力の表明である．しかし，それらは大自然の野性的な不規則性を非常に不快に感じてしまう時代特有のものでもある．当時の植物園は幾何学的で規則的に構成されていた．それは人間の合理性の表明としてというわけではなく，エデンの園が人工的な模様に作られていたと考えられたからであった．混沌状態に堕落してしまった世界に，再び神の秩序を課そうとしていただけのことである．

18世紀には，自然の不規則性を美の源泉として認めさせるように，人々の態度は徐々に変化し始めた．ヨーロッパの人々は自然の形態に寛容になり，進んで多様性の中に美を見い出すようになっていた．17世紀の秩序だった庭園に代わって，「ケイパビリティ」の名で知られるラーンスロット・ケイパビリティ・ブラウン（1715-83）が好んだ自然な景観の庭が優勢になった．彼は，あるがままの景観の魅力を高めるように公園や庭園の設計をした．このような変化は牧歌的理想を作り出し，そのおかげで富裕者たちは新産業が景観に強いる苛酷な変質を回避できた．ようやく18世紀末，ロマン主義運動の台頭とともに，山々は自然における崇高性の表れとして崇拝されるようになった．

産業発展のために開発する鉱物の供給源として地球の認識が高まる一方，自然美の認識が高まるというのは，逆説的に見えるかもしれない．しかしその逆説は，地球を創造主の手による直接的産物というよりむしろ自然体系としてとり扱おうとする動きが底流としてあったことを認めれば，解決されるのではないだろうか．世界は神の定めた法則によって支配されていると信じる人々でさえ，地球は自然過程の産物であると認める用意があった．これによって商業階級の人々は，自然体系への人間の介入を容易に正当化できるようになったし，大自然はそれ自体研究に値すると信じるようになった人もいた．詩人や画家は大自然の力を崇拝し，山々の野生と不規則性をその力の象徴と見なした．一方，科学者は，物理法則自体の規則性によって課された根源的統一性を，予期することができた．

4.2 地球の起源

　17世紀末に宇宙生成論（地球の起源と発達の理論）への関心が急増したことを説明するために，歴史家は数々の要因を引き合いに出してきた．新しいベーコン哲学によって岩石や化石の研究が促進され，その結果，地表は必ずしも今日のような形状ではなかったという証拠が注目を集めた．地球の形成過程の物理的本質の解明をめざして，機械論哲学が地球に適用された．この態度は，コペルニクスに端を発する天文学革命によっても促された．地球は，アリストテレスの世界観では宇宙の中心に位置するユニークなものであったが，いまや太陽の周囲を回転する3番目の惑星にすぎなかった．そしておそらく地球は他の惑星同様まさに1つの物体であり，自然過程にある太陽系の残りの惑星と同じ1つの起源を有していた．地球は神によってデザインされたと信じる人々と，地球を罪人に合う荒廃した惑星と考える人々の間にもまた，神学的緊張が存在した．ニュートンや彼の弟子たちは，当時の社会的動乱を聖書の予言による差し迫った終末の予兆と考えた．千年至福説によって，地球の起源に関する考察が地球の終末の予言と対になるであろうことは確実であった．

　このように初期の理論は聖書と強く結び付いていた．創世記を文字どおりに解釈すると，世界と人類は大体一緒に創られたという想定になる．キリスト教徒の中には，もし理性的な生物が存在しなければ，神は世界の創造に何の目的も見い出さなかっただろうと感じる者もいた．アーマーの大司教ジェームズ・アッシャーは，聖書の学識に基づき，創世の日付を紀元前4004年と推定して年代記を出版した(1650-54)．アッシャーの数字は現代の地質学者の嘲笑を買うが，彼は当時著名な学者であり，彼の推定を印刷した聖書も多かった．地質学者でさえ，アッシャーの推定より長い時間を好ましいと感じるまでには，ほぼ1世紀を要したであろう．そのため創世記に限定的ながらも，修正を試みようという彼らの意欲は，人類の始祖アダムとイヴの話を疑わしく思わせるような発見によって促された．たとえば旅行者は，中国人は何千年も前に文明が起こったと主張していると報告しており，そうだとすれば，創世記を人間の起源に関する普遍妥当な説明とする主張は，危うくなってしまう．人間の起源に関して創世記が文字どおり正確であるという信頼性を失うにつれて，地球の起源に関して考察することが可能になった．

　その結果生じた理論は，科学的考察と聖書の直解主義との興味深い混合からなっており，地質学史家の多くは宗教と結び付いた科学は不毛に違いないという理由から，そうした理論を軽んじた．最近では，そのような軽視は改められたが，それは一部には，17世紀後半の科学に同様の要素が含まれていると今日認識されるようになったか

らである．これらの一見粗雑な考察は，地球に関して増え続ける情報を組織立てようとする試みに1つの基盤を与えた．この基盤に基づいて，18世紀の博物学者は，地殻構造とそれになお影響を与える過程との両方を解明する驚くほど膨大な観察をまとめあげた．まともな学問分野としての地質学の創設は，この情報の着実な蓄積の所産であった．そのようにして生まれた科学は，国によって大いに異なることがあった．非常に新しい分野は，必然的にそれぞれの土地の社会的・環境的影響を被りやすかった．しかし，地質学思想のさまざまな学派はそれにもかかわらず，皆同じ問題にとり組もうとしたので互いに影響しあうことができた．

a．化石の意味

そのような豊かな情報を生む観察はそれぞれの土地の地形調査を含んでおり，現存する地形の特徴を破壊する浸食力を示唆するように思われる現象を明らかにした．また大地から掘り出される奇妙な物体もあって，興味深い自然物に対する収集熱は，「珍品陳列棚」をもつ余裕のある人々の間で17世紀に劇的に広まった．そのような陳列棚は確かに，今日「化石」と呼ばれる生物に類似した構造の物と，珍しく見ておもしろい鉱物を含んでいたであろう．18世紀になってもこの情熱は続き，裕福な顧客のために珍しい標本の入手を専門とする業者ネットワークの創設へとつながった．このような裕福な博物学者は，情報伝達や新たに広がった世界への探検促進に重要な役割を果たした．多くの大学はすでに博物館を有しており，それらが重要な科学的コレクションの中心となった場合もある．これらのコレクションを築き上げた裏の動機を理解するのは今日必ずしも容易ではないが，歴史家は大筋次のように考えている．すなわち，そのような動き全体を，自然の知識を所有の世界へ組み込もうとする努力ととらえるのである．重要な標本を所有する人々は，ある意味で，その対象自体から引き出される知識の所有者でもあった．

地殻を研究する多くの博物学者にとって，最も重要な現象は成層岩（堆積岩）中の化石の出現であった．今日ではもうすっかり常識であるが，化石はかつて生存していた生物の遺骸であり，それらは水中の堆積物の中に閉じ込められ，固まって岩石を形成し，その後現在の位置にまで押し上げられたものだ．このように化石は地球の過去への手がかりであり，堆積岩の性質は地表の多くが自然過程によって作られたという明白な証拠を示している．しかし，地球に関心のあるあらゆる博物学者がこの見解を共有したのではない．ルネサンスの思想家の多くは，化石を岩石中で作用する神秘的な力の産物と考えるのを好み，17世紀の化石収集家の中にも，まだそう信じている者がいた．そしてその中には著名なウェールズの博物学者・旅行家エドワード・ロイド（1660-1709）も含まれていた．彼にとって化石は，土から掘り出される他の産物と一

緒に分類されるべき単なる自然物であり，過去についてのメッセージは何ももっていなかった．これは，ロイドが観察の意味するところを理解していなかったからではない．なぜなら彼は，ウェールズの渓谷で見られる削剝の結果を説明する際，膨大な時間を要したであろうことを認めていたからである．しかし彼は，地表を形成したかもしれない過程を理解しようとして化石を用いることはなかった．

　マーティン・リスター（1638？-1712）もロイドの見解をとり，アンモナイトは表面上は貝殻に似ているが現存するどのような軟体動物とも似ていないと指摘した．しかし他の博物学者は，化石のサメの歯と現存するサメの歯との間に見られる緊密な類似性を見て，これを化石がかつて生息した生物に由来することの明白な証拠として受け入れた．そのような研究の先駆者はスカンジナビアの解剖学者ニールス・ステンセンであり，彼は，ニコラウス・ステノ（1638-86）という英語名でよく知られている．ステノはイタリアで生涯の大半を過ごし，初めはトスカナ大公の侍医であった．サメを解剖する機会を得た彼は，まさにこのとき化石の歯の本質に気づいた．それから彼は，トスカナ地方の成層岩の形成方法を説明しようとして探究した．彼の理論は1669年出版の『自然の過程によって固体内に閉じ込められた硬い物体に関する論文への序論』に盛り込まれた．ステノは化石から古い象徴的な意味を剝ぎとり，化石を，それを含む岩石の創成の手がかりとしてのみ扱った．岩石の層はかつての海底堆積物であり，生物の遺骸はその堆積物の中に閉じ込められ，最終的に石化したという具合である．

　ステノは，トスカナ地方の地質学史の議論も進めた．彼は，堆積作用の2つの時代を仮定し，それぞれの時代の後に，流水によって大きな洞が地面の下で掘り抜かれる時代が続くとした．その後，累層（積み重なった層）がその洞の中へと崩壊し，それは，かつては水平であった堆積物が砕けて不規則な形になったことを説明した．化石の性質に関するステノの見解は著しく近代的であったが，彼には地球の歴史を述べた聖書の物語に挑戦する意図はなかった．彼は，最初の堆積期間が創世直後に起こり，その後累層の崩壊が大洪水［ノアの洪水］を引き起こすとした．しかし彼はもう1つの崩壊の時期については，聖書に記載のない現代の殻形成における一挿話とした．

　ステノの理論は広く関心を集めたが，とりわけイングランドで注目され，1671年に英訳がヘンリー・オルデンブルク（王立協会書記）によって出版された．その結果，化石を含む岩石の意味をいっそう詳細に探究しようとして数々の努力がなされた．英国の一流の化石収集家の一人ジョン・ウッドワード（1665-1728）は，ロンドンのグレシャム・カレッジで教鞭をとっていた．ウッドワードは，古物全般の貪欲な収集家であり，今日の考古学と古生物学とを区別しなかった．彼は，地球の初期の歴史を研究するために化石を発掘するのと同じように，英国の初期の歴史を解明するためにロー

マの遺跡を発掘した．気の毒なことに，彼は妻の浮気な色恋沙汰よりも，埃(ほこり)まみれの過去にはまってしまった男としてロンドンの劇場で笑いの種にされた．しかしウッドワードは化石の非常に正確な描写を出版し，『地球の自然誌に関する論考』(1695)では，いかに化石が形成されたかというステノの説明を敷衍(ふえん)した．ウッドワードは，もとの地表全体が大洪水のときに破壊されたと想定した．その後，その物質は水から析出して定着し成層岩の層を形成した．彼は，特定の化石はある型の岩石においてのみ発見されることに着目し，これは他のものより重い有機体の遺骸がすばやく底に定着することによって説明できそうだとした．

時としてウッドワードの示唆は，現代の創造論者の頼みの綱でもある．それというのも彼らは，創世記を文字どおりの真実とする信仰を甦(よみがえ)らせたいと思っていたからだ．しかしそれは，当時でさえ，観察による証拠がないと他の化石収集家に指摘された．そのような批評家の一人で著名な博物学者ジョン・レイは，地球の現状を説明するために1回の大洪水と地下の爆発によって引き起こされた地殻の変動との両方を仮定した．ロイド同様にレイも，聖書の年代記の範囲内に納まり切らない多くの現象を知っていた．しかし彼の最も旺盛な神学的関心事は，神の摂理という考えに化石という存在が脅威をもたらすかもしれないということだった．レイは，すべての種は聡明にして慈悲深い創造主によってデザインされたと信じており，世界は静的で不変であるとほのめかした．しかし，もしアンモナイトがかつて生存した貝殻であれば，それらは絶滅したに違いなく，創造の計画に亀裂が残った．ロイド宛の書簡の中で，彼は次のように告白した．もしこの見解をとれば[5]，：

> ……世界の始まりに関する聖書の歴史叙述に，衝撃を与えるようにみえる一連の結果が次に起こります．少なくともそれらの結果は，神学者や哲学者の間での一般的通念，つまり最初の創造以来消滅した動植物の種はないし新種も生まれていないという意見を転覆させるものです．

このようにレイは，博物学者としての経験にもかかわらず，化石は生物の遺骸ではないというロイドの主張に賛成した．神の創造が変化を被ると認めることは，決して容易ではなかった．

レイとウッドワードは，地球の現状は醜悪で廃退したものという主張を退けた．彼らにとって，山々は人間に有益であり，川の水源として役立ったり，世界経済において重要な役割を果たしたりした．彼らは進んで，地球を美しいもの，人間に対する神の恩寵として研究されるべきものとして扱った．地球は廃退したという古い考えに代

わって，より肯定的な見解が徐々に台頭しつつあった．

『地震に関する論文』(1668年に完成したが1705年まで未出版)の中で新発見の結果を最も大胆に探究しようと努力したのが，ロバート・フックである．フックは，化石と活木の構造を比較するために顕微鏡を用いており，化石の起源が有機体であることを確信していた．このため彼は，化石は堆積物に閉じこめられた生物の遺骸であるというステノの見解をとって，地球の過去の状態について明白な証拠を与えた[6]．

> ……もし硬貨，メダル，骨壷，有名人の他の記念碑，あるいは町，台所用品の発見が，そのような人々や物が昔存在していたという疑いのない証拠として認められるならば，それらの石化物が以前はそのような動植物であったということが同等に有効であり証拠立てられていると確かに認められるかもしれない．これらは偽造ではなく，真に本物の古物である．自然の痕跡および特徴，それは，人間の知恵や発明の才を超えており，すべての合理的人間が読み取れる真に普遍的な特徴である．

フックは，堆積岩すべてをノアの洪水の遺物と見なす人々にほとんど我慢できなかっ

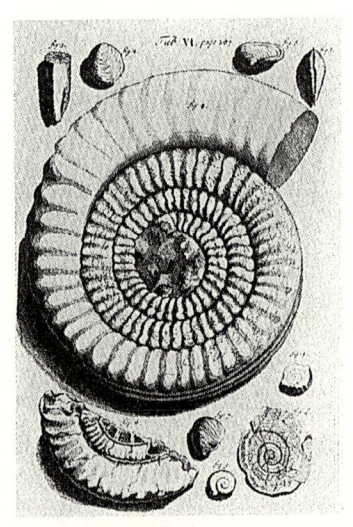

図4.1

大きなアンモナイトを含む海洋生物の化石．ロバート・フックの「地震に関する講演と論文」，『ロバート・フックの遺著』(ロンドン，1705)．図解6．

た．彼は，地殻変動が地表の形を変えるかもしれないという証拠に注目し，過去における激しい隆起が海底から乾いた陸地にまで成層岩を上昇させたと示唆した．彼としては，いくつかの種が激変の中で絶滅したかもしれないことを受け入れる覚悟ができていた．こうしてフックは，変化する地球という概念に近づいたが，その彼でさえ，大きく延びた時間尺を想い描くことはできず，それゆえ先史時代の地震の猛威を頼りにした．彼は，激変的な洪水や隆起というさまざまな伝説は太古の祖先が実際にそのような事象を目撃した証拠であるとの見解を示した．

b．新しい宇宙生成論

地殻の研究によってもたらされた情報から，人々は地球上で生起する変化を考察するようになった．しかし「地球に関する理論」のすべてが詳細な観察に基づいていたわけではなかった．これは，最も有名で最も論議された一例であるトマス・バーネット（1635-1715頃）著『地球の聖なる理論』（初版 1681-89）から明白である．書名が示すようにバーネットは，創世記にあまりに忠実すぎてもいけないが，地球の歴史の案内書として聖書を真面目にとるべきであると信じていた．彼は，神によって創られた地球は美しく，太初の恩寵の状態では人間に適した環境であったと素直に信じていた．バーネットにとって「美」は秩序と規則性を意味していたのに，地球は今や醜く危険な山々がはびこる「汚れた小惑星」であった．

彼の信じるところでは，こうした堕落状態の出現を大洪水の結果として説明することも可能であった．洪水は，ノアとその家族を除いてすべてを絶滅させたばかりでなく，地球の太初の状態を劇的に変えて現在の堕落した状態を産み出したのだ．バーネットの意図は，この変化を物理学的過程の必然的結果として説明し，それによって自然哲学と聖書との調和を示すことであった．彼は同様に，もうまもなくと思われる世界の終末についても物理学的原因によって説明したかった．

哲学者デカルトは，地球は燃え尽きた星が残した灰の玉だと述べた．彼は，太陽の黒点を星の冷却・凝固が外側から始まった徴候と解釈して，地球は初め堅い物質からなる1層の殻に覆われており，その殻の下に海洋があったと主張した．バーネットはこの考えを借用し，初めの滑らかな殻は人間が最初に創造された楽園を表し，その時代には季節がなく，暑い天候と寒い天候の不都合な交替はなかったとした．しかし最終的に，殻は乾燥してひび割れ，水の中に崩れ落ち，大洪水が引き起こされた．最初の殻の不規則な断片が今日の陸塊の醜悪な面を成しており，その後地下深くの火から燃え広がり，ついには地球全体が炎上することになるだろうと彼は考えた．

この理論で仮定された一連の出来事は，レイやウッドワードのような博物学者によってなされた観察とほとんど関係なかった．しかしバーネットは，変化する地球に関

する証拠を知らないわけではなかった．彼は浸食が最終的に山を崩壊させるであろうと考えていた．だから山が平坦になっていないということは，山を生じるような出来事がほんの2，3千年前に起こった明白な証拠であった．バーネットは，フックやレイが想定したような，地震によって隆起し新しい山になる可能性を断固として認めなかった．

　バーネットの著書は，同時代の人々の間で，関心と反感の両方を引き起こした．その後すぐに，ニュートン理論とさらによく調和する別の理論，すなわちウィリアム・ホイストン (1667-1752) の『地球の新理論』(1696) が続いた．ホイストンは，大洪水は彗星が地球に衝突して起こったと主張した．保守的な思想家から多くの反対が沸き起こった．彼らは，バーネットやホイストンの創世記に対する勝手なふるまいが許せなかった．バーネットやホイストンの議論は，洪水を神の怒りの直接的な（すなわち奇跡的な）結果とする伝統的な確信を著しく傷つけるように見えた．バーネットは，創造主は罪深い人類が罰せられる必要を予言できたと主張して，自身の純粋に自然な説明を正当化した．しかし，初期の理論家がどれほど熱心に一連の出来事を聖書に関連づけようとしてみても，所詮彼らの考えは地球を自然法則によってのみ支配される物質体系に還元することになった．

　18世紀の啓蒙時代の哲学者は，有力な教会の権威にますます進んで挑戦するようになり，創造に関する聖書の物語に寛容ではいられなくなった．17世紀最後の10年間に続々現れた理論的考察は，いかにして地表が現在の形になったのかという基本問題に対する関心という遺産を遺したが，ノアの洪水はもはや変化の主要なメカニズムと仮定されはしなかった．とはいえ，それまでのところ，地表自体変わりやすかったのではないかというフックの意見に進んで同意する理論家はほとんどいなかった．堆積岩の説明として，洪水に代わり最も人気がある仮定は，地球は創造直後から完全に水に覆われてきたというものであった．このため堆積岩は，海洋が今日よりさらに深かったときに積み重なり，海洋が後退するにつれて徐々に陸地として露出したのであろう．この後退海洋理論は，ローマの海神ネプトゥーヌスに因んで，しばしば「水成論ネプトゥーニズム」として知られていた．

　その理論は，ドイツの哲学者 G. W. ライプニッツ (1646-1716) による『プロトガイア』の中で詳しく説かれた．同書は17世紀末に書かれたが，1749年になってようやく完全版が出版された．ライプニッツは正統的な年代記を脅かそうとはしなかったが，その概念のさらに急進的な応用はフランス人作家ブノワ・ド・マイエ (1656-1738) によって進められた．彼の著作は18世紀初期に執筆されて陰で出回っていたが，1748年にようやく出版された．教会による譴責を避けようと努めて，（エジプトのフランス領

事であった)ブノワ・ド・マイエはその理論をある東洋の哲学者の著作として世に出した．そしてその哲学者の名前がそのまま，同書の書名『テリアメド Telliamed』となった (なんと彼の姓ド・マイエ de Maillet の逆綴り！)．その理論は地球の歴史は測り知れないほど古いと仮定し，近年の洪水には言及しなかった．エジプト人はナイル川の氾濫の詳細な記録をつけてきており，ド・マイエはこれが有史時代の海面低下の証拠になると主張した．彼の理論は，地球全体は初め水で覆われていたという仮定によって，この海面低下傾向を過去へと遡らせた．海面低下によって最初の陸地が露出したとき，浸食が始まって，海底の山々の側面[山腹]に堆積岩が形成された．海洋の後退が続いたとき，ようやく堆積岩は露出することになった．

フランスの博物学者G. L. ルクレール・ビュフォン伯爵 (1707-88) は彼の記念碑的著作『博物誌』(1749 出版開始) の中に収められた動物界の概要を紹介するために地球の理論をもち出したとき，このモデルに倣った．ビュフォンはパリの王立動物園の園長であり，地球および当時入手可能な生物の最も包括的な説明を是が非でも作成すべき立場にあった．彼は，博物学の地理学的次元つまり地球上の動物の分布が歴史的過程の所産であることを認識していた．それゆえ，完全な博物学は惑星表面の現在の状態がいかに形成されてきたのかという説明を含まねばならなかった．ビュフォンは，1749年の『博物誌』第1巻でそのような説明に手をつけ，聖書の年代記を脅かすという理由で教会から譴責を受けたものの，1778年の補遺第5巻，別名『自然の諸時期』においてその思想を敷衍した．彼の理論には7つの時代があり，創造の7日間と表面的には相似していた．

ビュフォンは，ニュートン信奉者として，惑星の起源について新しい物理学と矛盾のない説明をしようとした．惑星は彗星の衝突によって太陽表面から切り離されたと彼は考えた．白熱物質の球体が宇宙空間に放出され，そこで徐々に冷却され凝固していった．その冷却速度は大きさによって異なっていた．ビュフォンは，地球が現在の状況に至るのに少なくとも7万年を算定した．花崗岩の山は，今日でも見ることができる原初に凝固した殻の唯一の部分を表している．残りはすべて，後世の堆積物で覆われてきた．殻が十分に冷却するとすぐに，熱湯の雨が降り始め，広大な海域となった．その後，最初の表面は浸食され，結果としてその岩屑が堆積岩の土台として積もった．化石は古代の海洋にすでに生物が棲んでいたことを示唆したが，ビュフォンは化石が今日もはや生存していない生物をしばしば表すことを知っていた．彼は地球が徐々に冷却したことを引き合いに出して，地球の最初の生物は熱湯のごとき海洋での生活に適応しており，海水の冷却とともに死滅したのだと説明した！

ビュフォンは，火山はようやく近代になって始まった化学的活動の結果であると信

じていた．彼は，火山の爆発力を地球を貫通する水によって生じる蒸気に帰した．なぜなら，火山は海岸付近でのみ発見されるからである．

ついに陸地に生物が棲むようになったとき，地表温度は今日よりもかなり高かった．ビュフォンは，北方地域が現代の熱帯地方のような暑い気候であったことを証明するために，シベリアや北米のゾウのような生物——マンモスやマストドン——の遺骸の発見に訴えた．惑星が冷却するにつれて，ようやくこのような熱を好む種が現在の居住地に移住することができた[7]．

……大型の最初の動物は北の高地で形成され，体の大きさ以外の何ものも失わず，同じ形態のまま，そこから次第に南の地域へ移動したということに疑問の余地はない．きわめて巨大な動物に思われる現在のゾウやカバも，北の土地に住んでいた頃はもっと大きな動物であり，その地にはそれらの遺骸が残されているのである．

この大がかりな南方移住は，最初の地表が崩壊して海洋に没し新旧世界を分断したために，中断された．アメリカに移動したゾウは，近代では明らかに消滅してしまっていた．ビュフォンは，南北アメリカは一般的に気候が不順であり，旧世界の対応する生物より小型だと信じがちだった．

ビュフォンの説明は，地球に関する旧式理論で想像力を極限にまで逞しくしたものだった．彼は，地球の起源や物理学的発達に関する自分の考え方と，生命自体の歴史性を示す増大しつつある証拠とを結び付けようとしていた．彼は，種の地理学的分布の根底にある歴史的次元を認識しようと先駆的な努力をした．しかし最終的には，彼の包括的説明体系の探究は策におぼれて，この全体的なアプローチの評判を貶めた．あまりにも多くの情報が存在したので，それほど単純な理論体系にはうまく適合しなかった．たとえば南方移住の証拠はそもそも疑わしかった．1768年から74年にかけてのペーター・ジーモン・パルラース(1741-1811)によるシベリア探検によって，博物学者の関心はマンモスの遺骸へと向けられた．しかしパルラース自身は，その巨大な北方生物はいっそう寒い気候に適応した長毛に覆われていたのかもしれないと考えた．

ビュフォンは過去の変化の証拠に対して慎重であったが，証拠にだけ基づいて生命の歴史を再構築しようとしてはいなかった．そうではなくて彼は，地球の起源に関する自身の理論によって定義されるあらかじめ決まった歴史的連続順をその証拠に課した．海面の低下と気温の低下という基本的な物理的傾向によって，彼の説明は厳格な制約の中に留まらざるをえなかった．18世紀末には，地球の包括的理論を探究しよう

とする努力はほとんどなされなかった．地質学者は，惑星の起源の説明にまで遡って地質学と宇宙論とを結び付けようとするのをやめた．地質学がさらに専門化するにつれて，彼らは地上の出来事のもっと詳しい筋道を与える必要にとらわれていた．そうすれば地表の鉱物の分布がわかるだろうと考えたからである．

4.3 火 と 水

18世紀後半の地質学に関するこれまでのイメージは，科学を進歩派と保守派の戦場として描くものだ．進歩派は「火成論者(プルートニスト)」によって代表され，彼らは，地球深部の力が火山活動や新しい陸塊の上昇の原因であると信じていた．この立場は，現代の見解に一脈相通じるところがあり，それが進歩派と見なされる所以(ゆえん)である．とりわけ重要なのは，スコットランドの地質学者ジェームズ・ハットン(1726-97)によって提唱された火成論の形態である．ハットンは，地表に作用する変化はゆっくりと漸進的に生じたと主張した．地質学的変化というこの本質的に現代的観点に対峙するのが，ドイツの鉱物学者 A. G. ヴェルナー(1750-1817)による水成論者(ネプチュニスト)の理論である．ヴェルナーの理論は後退海洋モデルに基づいていたので，明らかに誤りであったが，聖書の洪水の話を擁護するために水による説明を復活させたい地質学者によって主に支持されてきたに違いない．

こうした解釈は，現代の歴史家からすれば後知恵以外の何ものでもない．すなわち，科学的進歩というお決まりの図式にその時代をはめ込もうという試みなのだ．以前の科学史では，水成論者は，懐古趣味的だとして漫画化されていたが，それは当たらない．ヴェルナーは創世記の物語には関心がなかったし，大陸の彼の後継者たちもたいていそれには関心がなかった．英国においてのみ，若干の古い世代の科学者がその理論と大洪水とを結び付けようとしただけのことである．さらに，ヴェルナー派の人々は，たとえ[徐々に海面が低下するという]根本的な原因傾向に関する彼らの解釈が捨てられる運命であろうとも，地殻の歴史的説明に関する原理を確立するうえでは大いに貢献していた．他方，ハットンは，自国のスコットランド以外ではほとんど影響を及ぼさなかったし，彼の理論は直接後世の思想を予期させるものではなかった．たとえヴェルナーの支持者が徐々に地球の運動（地質学的変動）に賛同して後退海洋を放棄したとしても，それはハットンの議論のせいではなかった．

a. 水 成 論

ヴェルナーの水成論復活は，その着想の源を，ド・マイエやビュフォンによる宇宙論とはまったく異なる鉱物学的伝統から引き出されてきたものである．ドイツ諸国は歳入の多くを金属採掘から得ており，統治者は念入りに地方産業を監督・奨励した．

政府の役人は何が起こっているかを統制し，将来世代の鉱山技師のための教育が準備された．ザクセンやプロシアをはじめとするおもな諸国は古い大学に懐疑的で，鉱山学校を始めたり，そこで教えるための著名な鉱物学者を雇った．1783年フランスでは先例にならい，鉱山学校が創設され，国の鉱物資源を表す地図の製作を奨励された．

ドイツの鉱山学校は，フランスとはまったく異なる理論的伝統を育て，その起源を16世紀のアグリコラの著作にまで遡ることができる．そしてJ. J. ベッヒャー(1635-82)などの化学理論が後に続き，まさにこの伝統から化学的過程としての鉱脈形成への関心は起こった．地殻の形成は，沈殿および結晶化（通常は水溶液から析出してくると推定されていた）が主要な役割を果たす過程と見なされた．機械的堆積による成層岩の形成は，それほど関心を買わなかった．ドイツの鉱物学者は，鉱物が動植物の種と同じ系統で分類できるという主張に抵抗した．彼らは鉱物の基本型とその形成過程とを一致させたかったし，地殻の中で最も鉱脈がありそうな場所を探し当てるためにその情報を用いたかった．

結晶構造をもつどのような岩石も水から堆積したに違いないと仮定されていた．このため花崗岩の山の存在は，海洋がかつて地球全体を覆っていたという証拠をもたらすように思われた．バルト海がゆっくりと浅くなっていることが発見され，その発見は海水の間断ない後退という考えを支持するように見えた（地質学者は今日，遅ればせながら氷河時代の結果としてこれを説明する——すなわちヨーロッパ北部の表面は，氷河の重みから解放された後，いまなお隆起し続けているという）．後退海洋モデルに続いて，J. G. レーマン(1719-67)のような鉱物学者は，地殻の区分を発達させ鉱物の特性によって岩石を分けた．1756年，レーマンは岩石の種類を3つに区分した．始原[堆積]岩は，古代の大海洋からの結晶化によって形成されたと仮定された．それは大山脈の核を成し，有益な鉱脈のほとんどを含んでいた．山の斜面は二次岩に覆われ，その岩石は洪水中に堆積によって形成され，レーマンは，それをいまだ聖書の大洪水と同一視していた．さらに一番新しい三次岩は，洪水後の堆積物の浸食や蓄積という進行中の過程によって形成された．

レーマンや鉱物学派によって築かれた基盤の上に最も効果的に理論展開をしたのは，アブラハム・ゴットロープ・ヴェルナーであった．彼は1775年にザクセンのフライブルクにある鉱山学校で教鞭をとり始めた．彼はほとんど執筆しなかったが，その名声は鳴り渡り学生がヨーロッパ中からフライブルクに集い，そして故郷に戻って彼の理論を広めた．

その理論は，後退海洋の概念によっていたので，一連の規則的で同心の層として過度に単純化された地殻の「タマネギ外皮」モデルの基盤をなすものとして，しばしば

漫画化されてきた．ヴェルナーは，岩石の多様な累層は次から次へと連続的に堆積されると信じていた．しかし彼は，その累層の複雑性に気づいており，これは地球の最初の形状が不規則だったためであると説明した．最初の輪郭の形成の後，始原岩が表面上に直接結晶化した．ヴェルナー派の人々は，最古の岩石である花崗岩の層が地表全体を覆っていたと教えた．大洋が後退するにつれて，始原岩の頂き部分はついに空気にさらされ，そこで浸食を被るようになり，二次岩，三次岩は浸食の産出物から形成され，花崗岩の山の斜面上に連続する層をなして積み重なった．この理論では，形成時の海面が岩石の最上昇値を定義したので，新しい岩石はその下に堆積された古い岩石ほど山腹の上の方まで到達しない．ヴェルナーは，多くの地域で観察される褶曲や断層を説明するために堆積後の層の定着を仮定した．

ヴェルナー理論の強みは，それぞれの累層と地殻形成の特定な時期とを結び付けることによって鉱物学的な全データを組織化する力にあった．層序累重（地層累重）という層位学的原理（新しい岩石は古いものの上に堆積している）はこのアプローチで地歩を固めた．後退海洋理論の論理は，一連の事象に厳格な枠組みを課した．花崗岩や玄武岩のような始原岩は，古代海洋に溶解した化学物質の結晶化によって形成され，そのような岩石が地球の歴史の後の段階で形成されたという可能性はなかった．原則的に，鉱物型それぞれが堆積の特定の時代に属した．ただしヴェルナーは実際面では，ある累層において異なる種類の岩石がともに関連することを容認した．このため彼の理論は，後退海洋モデルによって課せられた厳格な枠組みから離れ始め，純粋に歴史的地質学の特徴を帯びた．

ヴェルナーは化石を岩石の年代決定の手段として用いる気はあったが，層位学的道具としての古生物学の十分な発達は後のことになる．最古の岩石の化石化した有機物は，溶解した化学物質を多く含む海洋での生活に適応する原始生物であった．海水が純化するにつれて，広がり続ける陸地表面に棲む陸生の種類とともにいっそう進んだ海洋生物が出現した．

ヴェルナーの直弟子の中には，少なくとも玄武岩は原初の溶解状態から形成されたという増加し続ける証拠を受け入れる者もいた．ヴェルナーは，岩石の局所的溶解が新しい時代の化学反応の結果として起こったと推定して，火山活動の影響を最小限にとどめた．しかしながら，花崗岩の結晶構造は現代の火山の溶岩とはまったく異なるという彼の主張は当を得たものだった．彼の理論は，地球の歴史過程において大洋の水がどこから来て，どこへ行くのかを説明していないという批判も受けた．この点で，ヴェルナーは一専門家の立場をとった．要するに，彼は地質学者であって，宇宙論者ではないし，そのような問題を考察するのは彼の仕事ではなかった．海面低下の証拠

は岩石そのものに含まれており、彼はその証拠をできるだけうまく解釈したにすぎなかった。ヴェルナーの確信は、地殻は絶対的に堅いという仮説に基づいていた。実質的な隆起の可能性を示す証拠の増加が、唯一この確信を徐々に蝕み、後退海洋理論の基本的仮定の弱点を暴露した。ヴェルナーの学生は、この証拠をもたらすうえで重要な役割を果たした。彼らの多くはその仕事をヴェルナーの基本層位学課程の矛盾としてではなく、拡大と考えたうえでのことであるが。

ヴェルナーの理論は、19世紀初めの地質学の「英雄時代」を開くという意味で重要な役割を果たした。ヴェルナーの「累層」は我々が今日認める地質年代の基礎であった。以前の歴史家は、これを認めそこなった。なぜなら、ノアの洪水説への関心を甦らせようと腐心している一握りの年配の水成論者にばかり、彼らは気をとられていたからである。1789年のフランス革命勃発に続いて、英国の保守勢力は聖書の権威に向けられたどのような挑戦も社会秩序に対する脅威と見なした。J. A. デラック（1727-1817）やリチャード・カーワン（1733-1812）のような科学者は、洪水説に説明を与える水成論を採用して、地質学ににおける反聖書傾向に抵抗した。彼らの著作は、英国の科学者共同体内に他国には例のない危機感をもたらし、英語圏の歴史家はヴェルナー主義が大いに聖書に則した地質学だと過大評価することになった。

さらに典型的なヴェルナー学徒は、エディンバラ大学の博物学教授ロバート・ジェームソン（1774-1854）であった。自然科学・地球科学の講義において、スコットランドのエディンバラ大学はイングランドの諸大学よりも格段に進んでいた。博物学の職は1767年に創設され、2番目の教授ジョン・ウォーカー（1731-1803）は博物学教育の促進に多大な貢献をした。ジェームソンは1804年にその職を引き継ぐときまでに、フライブルクのヴェルナーのもとですでに研究をしており、その理論をイギリス諸島にまで広める決心であった。彼は活動的な教師であり、教育の一環として大学博物館の創設に尽力した。地質学は博物学の重要な一部分と見なされていた。そして、当大学は無宗派だったので、創世記との関連ではなく、実質に則して地質学は教えられた。ジェームソンはまた、水成論者のパラダイムのもとでの研究奨励のためにヴェルナー博物学協会も設立した。

ジェームソンの『鉱物学体系』第3巻は、1808年に『地球構造学の基礎』というタイトルで出版されたが、それは英語でのヴェルナー理論の最も完全な説明の1つに数えられる。このことはその理論が、ノアの洪水説に関係なく、純粋に科学的な理由に基づいていかに擁護されるかを示している。ジェームソンの目には、山そのものが後退海洋の最良の証拠であることを示したのがヴェルナーだと映ったのである[8]。

4.3 火 と 水

　ヴェルナーの使命は，この理論に安定性を与えることであった．彼は，持ち前の鋭さで，すぐに次のことを発見した．この大現象を例証する重要な証拠は，人間の歴史という制約の中で起こった形成においてではなく，山々自体，すなわちその力強い水による形成において探究されると．

　その証拠は，いつも古い方の岩石がその上に積み重なる新しいものよりも山腹の上の方まで広がっているという事実であった．ジェームソンは，花崗岩から成る山頂は地表全体を途切れなく覆っているこの始原岩の巨大な層の単に露出した頂であると確信していた．19世紀初頭，そのような考えはなお受け入れられていたが，やがて覆された（7章参照）．

b. 火 成 論

　ジェームズ・ハットンは，前向きな地質学者としてしばしば描かれてきた．火山活動や地殻の変動の証拠に鑑みて，後退海洋理論が正しくないことを示す運動を率いたというのである．ハットンは，過去において地表に影響を与えた変化を今日観察されるものと大差なく記述したので，現代の斉一説（地球は斉一的，すなわち漸進的変化のみ被るという信念）の創始者と呼ばれてきた．聖書の洪水との関連をすべて除去することによって，ハットンの火山活動論は地質学発展の基盤と見なされる．

　迷信に打ち勝つ科学というイメージは，ほとんどあらゆる点で誤りである．多くの水成論者は，ノアの洪水が現実に起ったと専ら考えたのではなかった．彼らは，多くの面で水成論に有利なもっともらしい議論を進めることができ，層位学の基盤を確立するうえで貴重な役割を果たした．ところがハットンは，近代科学方法論の代表的人物というのではなかった．彼は，火山活動を詳細に研究しなかったし，意義深い地殻の変動に対する最良の証拠をいくつか発見したのは，自分の理論の大筋を固めたあとにすぎなかった．ハットンの地球理論は，実際，思慮深い神によって創られた永続する宇宙という彼自身の非常に個人的な見解の産物であった．この神学的要素のせいもあって，ハットンの著作はスコットランドでさえほとんど影響力をもたなかったし，彼の概念は地質学の後の発達にも資するところわずかであった．

　ハットンの理論は，非常に異なる基盤に基づいていたのであるが，初期の宇宙生成論規模の知的な大理論体系であった．ハットンその人は，「スコットランドの啓蒙」という18世紀末のエディンバラで隆盛していた才気縦横の知識人サークルの落し子であった．彼は，経済学者のアダム・スミス (1723-90) や蒸気機関の発明者ジェームズ・ワット (1736-1819) と親交を結んだ．ハットンは，ある時期農場経営を行い，削剝や浸食の結果に大変関心をもつようになり，地球理論を考案し始めた．地球は腐蝕を被

94　　　　　　　　　　4. 地 球 の 理 論

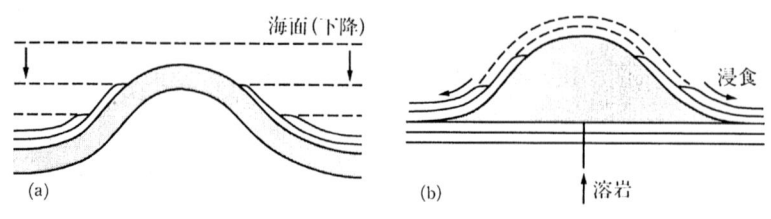

図4.2　山の構造の2つの説明

　水成論者と火成論者は，花崗岩の山の構造について異なる説明した．
　水成論者の理論 (a) では，山は地表の最初の上昇によって作られる．花崗岩の核（陰部分）は，海水が地表全体を覆っていたとき，海洋から結晶化した世界中に広がる始源岩石層の一部である．堆積岩の累層は，海面が下降するにつれて積み重なった．その結果，山腹の最上昇値は当時の堆積物の高さによって決定され，古い層ほど高い海抜になる．
　火成論者の理論 (b) では，山は堆積岩よりも若い．花崗岩（陰部分）は地球の深部から上昇する溶岩として層の中に貫入した．それは，堆積岩の累層のせいでゆっくり凝固した．次に，浸食は高地の方が活発であり堆積岩を磨滅させるので，花崗岩は山頂で露出した．同様の理由で，古い堆積岩ほど山腹の上の方で露出する．このように両理論は，地表の下にあるものについては見解が異なるが，同様の〈可視〉構造を説明する．

りやすいという古い考えは，山々が風，霜，川，および他の浸食作用因の働きによって徐々に擦り減っているという仮定に基づいていた．ハットンは，作物を育てる土壌が浸食によって生まれ，究極的には河川によって海へ掃き出されることを知っていた．彼は，新しい土壌の産出が海底に堆積された沈泥をまさに埋め合わせるような均衡が存在すると信じていた．しかし山そのものが崩壊するときは，何が起こるのだろうか？ハットンは，その時間尺が何であれ，創造主が地球をいつかは生物を棲めなくさせるであろうと認めることはできなかった．それゆえ彼は，山を甦らせて浸食サイクルを維持するために，それに対応する地表の隆起があるに違いないと理由づけた．
　このようにハットンは，隆起と浸食との間の永久的均衡を仮定して，地球を神の御業（わざ）による永久運動機械へと変化させた．海底に積もった堆積物は，究極的には固まって堆積岩の層を形成し，その後隆起して新しい陸地を形成した．火山は，地球の中心が溶解しているという1つの証拠であるが，ハットンは，上昇する溶岩はしばしば地表に到達しそこねると主張した．代わりに溶岩は堆積岩の下へ貫入し，それをもち上げて山々を形成し，徐々に冷却して花崗岩や玄武岩の塊を形成する．一方，今日観察される排水システム確立へ向けて川が谷を切り開くので，山はたえず浸食されている．ハットンの体系では，地球の起源にまで遡る始源岩のようなものはない．花崗岩は，

溶解した物が地殻の中に貫入するときにはいつでも形成されるのであり，堆積岩はそれ以前の岩石の浸食の産物である．それは，いっそう以前の大陸の浸食に続いて堆積されたのかもしれない．永久に地球に棲めるようにデザインされた永続的体系の中で，地表全体は，繰り返し作用を受けた．最もしばしば引用されるハットンの文章の中に記されているように，「それゆえこの物理学的探究の結果は，始まりの痕跡も終わりの見通しも見い出せないということである」[9]．

この体系の概要を考えた後，ようやくハットンは意義深い隆起が実際起こるという証拠を探し始めた．1785年，彼はパースシア（スコットランドの旧州）のティルト峡谷で堆積岩に貫入する花崗岩脈の典型例を観察した．2年後にツイード盆地で，彼はずっと前の時代の急勾配の地層の最上部に積もった堆積岩の水平な層に着目して，広範な地殻の変動と浸食が2つの堆積の年代の間で起こったに違いないことを裏付けた．このように，彼の理論は多数の「証拠や実例」を伴っていた．しかし彼の友人で化学者のジェームズ・ホール（1811-98）が，花崗岩は溶融状態から凝固するという主張を高炉の実験によって試そうと申し出たとき，ハットンはそれを断り，彼の死後ようやくその実験が実施された．

ハットンの理論は，長年にわたる改良の末，1788年のエディンバラ王立協会紀要『トランザクションズ』に公表され，1795年に2巻本［『地球の理論』］として出版された．デラック，カーワンなどの科学者たちからの攻撃を招くことになったのは，まさにこれらの出版物の中の最初のものであった．彼らはハットンによる創世記の物語の完全否定を容認できなかったからである．岩石が創造の証拠をもたらすことを否定したり，激変的な洪水説を無視することによって，ハットンは無神論を促しているのだと彼らは主張した．しかし創世記にはそれほど関心がない地質学者にとって，ハットンの説明の問題点は，思慮深い神によって完全にデザインされた地球という概念にあまりにも頼りすぎていたことであった．ハットン自身の著作はめったに読まれなかったが，彼の議論は，神学を犠牲にして科学に重点を置くことを決心した友人たちによる翻案を経て，地質学的文献に浸透していった．とりわけジェームズ・ホールは，地球の中心は極度に熱いという火成論を積極的に[6]守り立てた．しかしホールでさえ，過去の変化すべてが漸進的であったという考えに組することはできなかった．

ハットンの概念の斉一主義的側面は，ジョン・プレイフェア（1748-1815）の『ハットンの地球理論の解説』（1802）の中に残された．プレイフェアは，平易な言語でその理論を記述したり，ハットン自身の著作の中に組み込まれた神学的基盤を払拭したりしようと企てた．彼は，ハットンに地球の創造を否定する意図がないことを主張したが，ハットンの体系が創造の形跡を欠いていることを認めた．我々が実際に観察する

岩石すべてが，より以前の岩石の岩屑から成っている[10]．

　こうして次のような結論に至る．始原層および二次層，すなわち古代およびそれより新しい起源の層は，より以前の大陸の崩壊や岩石の溶解，あるいは動植物——少なくともいくつかの点で，今日地表を支配するものと類似のもの——の滅亡によってもたらされていた．

ここに再び，無期限にほぼ安定状態で維持される地球の像が見られた．
　ハットンの名前が残っているのは，彼が現代的見解の先駆者だったからとされる．すなわち，地球は火山活動によって激しい隆起を被ってきたし，そして浸食は今日観察されるのと同じ種々の力による漸進的な過程であるという見解である．しかし彼の仕事は，非常に議論の分かれる永久に自己持続する地球像と結び付けられるので，その影響は限られた．ハットンが地球の過去の変形を説明するために観察可能な原因にこだわったのは，純粋に科学的な経験主義というより，むしろこの自己持続という信条であった．地球の中心熱というハットンの理論は，確かに水成論に代わるもう1つの包括的理論であった．惑星は最初の溶融状態から冷却しつつあるというビュフォンの概念と結び付いて，火成論は19世紀の地球の歴史理論の土台となった．しかしその火成論の思想が，ハットンによる安定状態型の地球観では，創世記の創造の物語にほとんど敬意を示さない地質学者にとってさえ，受け入れられなかった．
　ヴェルナー理論が現代の層位学の礎石へと変化していく過程において，ハットンが果たした役割は限られていた．出版物の中で，ハットンは地殻の累層における多様な挿話的出来事の相対年代を確立する問題には関心を示さなかった．彼は，創造と滅亡の永遠の循環を存続させるために相互作用する諸要因を明らかにすることにいっそう関心があった．地球の歴史においてそれぞれ別の挿話と結び付く一連の地質学的累層を定義し始めたのは，ヴェルナー学派であった．緩徐な基層化傾向という彼らの概念は徐々に断念されたが，岩石が連続して積み重ねられることを強調することは，19世紀初期における地質学の「英雄時代」の基礎となった（6章参照）．
　地殻が不安定であるという証拠は，ハットンの安定状態の理論に関心がない大陸ヨーロッパの地質学者によって指摘された．水成論に対する最も早い挑戦は，「火山活動論」派から起こった．彼らは，現存する地表の形成という点で，火山活動の役割を強調した．水成論者は，火山は非常に新しく，かつ局地的現象であると仮定した．しかし，火山活動は遠い過去に起こっただけでなく，今日の観察をはるかに凌ぐ規模で起こったという証拠が存在した．1752年，J. E. ゲタール (1715-86) は，中央フランス

にある山々の多くは死火山のように見えると科学アカデミーに報告した．ニコラ・デマレ（1725-1815）はこの議論を拡張して，たとえば，アイルランドのジャイアンツ・コーズウェイ［柱状玄武岩が並んだ岬］などの火成岩と考えられる他の例を含めた．ヴェルナーは，玄武岩や花崗岩のような岩石は海水の中の溶解物から結晶化したと主張したが，18世紀末までにヴェルナー支持者の大多数は，これらの岩石の起源は実際火成であると認めるようになった．

そのような証拠だけでは，後退海洋理論を押さえ込むことはできなかった．堆積岩の大規模な隆起を示す現象のみが，海面の低下ではなくむしろ地球の運動に基づくもう1つの理論を確立することができた．ハットンやその弟子たちがこの証拠を強調し始めるずっと前に，幾人かの水成論者は少なくとも隆起の限定的な役割を含むように理論をすでに修正していた．その一人，シベリアの広域探検で地歩を築いたペーター・ジーモン・パルラース（1741-1811）は，地下爆発が二次岩を上に押し上げて，山々のねじれひずんだ層（褶曲山脈）が形成されたと主張した．彼は，アルプス山脈の構造全体がこのようにして形成されたかもしれないし，その結果，二次岩が堆積される海洋は今日の海よりほんの200〜300フィート深いだけだったかもしれないことを認めるべきかもしれないと思っていた．

実際，水成論の敗勢は，山の構造に関する知識がいっそう深まったことによるところが大きい．山に対する態度は大きく変わり，当時多くの旅行者がその壮大な景観のために山を探検した．登山の最も熱狂的な唱道者の一人は，オラス-ベネディクト・ド・ソシュール（1740-99）であり，彼の『アルプス旅行記』（1779-96）は，山の構造や造山活動の力に関する情報を多く含んでいた．彼は，渓谷が川の流れによって形成されたことを受け入れ，この点はハットンによって引用された．ド・ソシュールは，隆起が火山の力の結果であると仕方なく認めたものの，それでもなお堆積岩は最初の堆積後に褶曲・浸食を受けたことを示す構造を多く描写した．

1800年頃，ヴェルナーの弟子たちの多くは，この種の証拠を受け入れたり，火成論に転向したりし始めた．しかし，地球の現在の構造を築き上げた事象の連なりを確立しようとする基層的なプログラムを断念することはなかった．ハットンやプレイフェアとは異なり，彼らは，地球には起源があり，また積み重なる変化の歴史を有していると主張し続けた．ハットンの漸進主義は，どれほど表面上は現代的であっても，時間とともに発達する余地を与えない安定状態の歴史観と結び付けられた．これを真面目にとらえる地質学者はほとんどおらず，水成論の発展的観点は，火成論が競争相手の水成論に勝利したときでさえその科学を支配し続けた．

■注

1) See Michel Foucault, *The Order of Things: the Archaeology of the Human Sciences* (New York: Pantheon, 1970). フーコーの見解をさらに論じたものは, 第6章の生物分類学に関する文献を参照. 『言葉と物：人文科学の考古学』渡辺一民・佐々木明訳　新潮社 (1974).
2) Translated from Pierre Perrault, *De l'origine des fontaines* (Paris, 1674) in K.F. Mather and S. L. Mason (eds), *A Source Book in Geology* (New York: McGraw-Hill, 1939), p. 22.
3) Margarita Bowen, *Empiricism and Geographical Thought: from Francis Bacon to Alexander von Humboldt* (Cambridge: Cambridge University Press, 1981).
4) John Dennis, *Miscellanies in Verse and Prose* (London, 1693), p. 139, quoted in G. R. Davies, *The Earth in Decay: a History of British Geomorphology, 1578-1878* (New York: Science History Publications, 1969), p. 36.
5) Ray to Lhwyd (1695), *Further Correspondence of John Ray*, ed. R. W. T. Gunther (London: Ray Society, 1928), letter 154.
6) Robert Hooke, 'A Discourse of Earthquakes', in *The Posthumous Works of Robert Hooke* (London, 1705; reprinted New York: Johnson Reprint Corporation, 1969), pp. 279-450, see p. 449.
7) Translated from Buffon, *Les époques de la nature (Histoire naturelle*, suppl. vol. 5, Paris, 1778), p. 179. 『自然の諸時期』菅谷暁訳　p. 117, 法政大学出版局 (1994). Jacques Roger (ed.), *Mémoires du Muséum National d'Histoire Naturelle* (new series C, vol. 10, 1962), pp. 151-2.
8) Robert Jameson, *Elements of Geognosy* (Edinburgh, 1808; reprinted New York: Hafner, 1976), p. 78.
9) James Hutton, *Theory of the Earth with Proofs and Illustrations* (Edinburgh, 1795, 2 vols), Edinburgh, 1795, 2 vols), vol. l, p. 200.
10) John Playfair, *Illustrations of the Huttonian Theory of the Earth* (Edinburgh, 1802; reprinted New York: Dover, 1964), pp. 14-15.

5

自然と啓蒙時代

Nature and the Enlightenment

　17世紀後半から18世紀になると，地球が一貫して安定した環境ではなかったかもしれないという認識が高まってきた．まず真剣にとり組まれたことは，生命の創造に関する創世記の記述の正当性を問うことであった．この頃導入された近代的な分類体系は，互いに明らかな「関係」が見てとれるものをひとまとまりの種とするものであった．しかし，種の可変性に興味を示していた博物学者でさえ，ここでいう関係が，共通の祖先に由来することを示唆しているとはめったに考えなかった．昔の生物学史の本は，往々にしてダーウィニズムの「先駆者」をこの時代に捜し出そうとして書かれた．しかし，このアプローチは現代の科学史家からは疑問視されている．啓蒙時代の博物学者にとって，変化の観念を思想にとり入れることは想像以上に難しいことであった．

　地球科学と同様18世紀の博物学でも，一見近代的な概念が今日ではかなり奇怪に思われる観念と結び付けられていた．そのような非近代的思考様式が，その時代にあっては合理的だとされた当時の文化的環境を，歴史家は理解する必要がある．それができて初めて近代的な知に至る発展を実感をもって理解しようとすることができる．現代のカテゴリーを押しつけるのではなく，あるがままに共感をもってその時代を理解しようとすべきである．そうすることによって，結局は放棄されてしまうある概念枠の中で永続的な価値をもつ思想が，どのように産み出されてきたのかがわかるかもしれない．そしてなぜその概念枠が変化したのかを知ろうとすることもできる．その際，概念枠が事実に基づく知識の蓄積に全面的に依存しているという単純な見方は避けた

い．確かに，18世紀には生命の世界について多くの知識がさらに蓄積された．しかし問題なのは，なぜ博物学者がさまざまな概念図式によってその情報を解釈せざるをえなかったかを理解することである．

17世紀の終わりまでに，人々はすでに畏れることなく自然を調べ始めていた．山々が美の対象として見られるようになったのと同様に，生き物の観察は喜びであった．博物学が流行するようになり，貴族のパトロンは沈滞気味の大学に対抗し，場合によってはそれを凌ぐ社会的枠組みを提供した．博物学標本のコレクションが富の顕示であったという事実は，その時代の価値観について何がしかを語るものだ．しかし，自然観察に寄せる関心が必然的に科学的研究を促進したと想定することには慎重でなければならない．通俗的な博物学と科学とのつながりはたいてい間接的であった．それというのも自然の研究が観察事項の理解よりも，むしろ芸術的，娯楽的，社会的目的のためになされたからである．博物学にのめり込んだ裕福な人々は興味を満足させるために庭師や猟師，博物学者を雇った．彼らは地域社会の階層の中で特別な地位を占めていた．しかし，そうした間接的なつながりが科学の発展に重要であったのかもしれない．科学者という職業がきわめてまれであった時代には，富ある人々の支援は熱心な研究者に成功の機会をしばしば与えたのだから．

5.1 生命の多様性

a. 博物学の古典派時代

国内外の動植物のコレクションは，いくばくかの科学的価値があるならば記載され分類される必要があった．17世紀末から18世紀にかけて，種を物理的類似性［形態的類似性］によって分類する近代的体系が作り出された．それによって動植物の医学的，象徴的重要性に対する古くからの関心は薄れ，目に見える特性が類縁関係の唯一の尺度となった．歴史家にして哲学者であるフランスのミシェル・フーコーは，これを西洋思想発展の「古典派」時代と位置づけた．その時代，自然の事物を分類しようとする強い衝動は，世界に合理的秩序を課そうとする人間の決意を象徴するものであった（4章参照）．フーコーによれば，機械論哲学は自然の構造を保つ物理的原因の探究に直結はしていなかったという．生命は機械論的過程へと還元されたが，その過程が理解されなかったので，分類枠を頭で作り出すことによって科学は世界に秩序を押しつけることになったのだろう．そしてその分類枠の中へ，生物という複雑な構造体を含むあらゆる種類の物理的構造が合理的なパターンに配列される．このパターンを神の創造計画と解することも可能かもしれなかった．しかし，分類は人間精神による自然への秩序の押しつけと見なされる傾向にあった．

啓蒙主義博物学者は，あらゆる種が理解可能なパターンを成すように分類体系を作ろうと躍起になった．外国から次々と送られてくる新しい種を観察可能な類縁関係によって各パターンに整理するべく，生物分類の近代的技法はここに誕生した．フーコーの明察どおり，この分類という企て全体は，種が永久に固定的で類縁関係のパターンも不変であることを前提にしていた．したがってたえず変化する世界に対しては秩序を押しつけることはできなかった．時間的変化の可能性に直面せざるをえないとき，18世紀の博物学者はそこから生じる不安を最小限にするために，構造全体が初めから固定されてきている体系の中で，新しい種の出現とはこれまで空だった分類枠の詰め物にすぎないと考えた．フーコーは，古典派時代［ほぼ18世紀］の概念図式は進化という近代の観念とは似ても似つかぬものだと言う．なぜなら近代の進化概念は局地的適応の必要によって推進される制約のない過程だからである．そしてここが，ダーウィニズムの先駆を求める旧式の研究に，根本的な修正を迫る重要な点なのだ．

しかし，古典派時代の思考様式の再構築をめざすフーコーの試みには，科学史家にとって頷けない面も多い．伝統的には，唯物論の登場によって，地球とその生物の現在の構造が神の創造ではなく，自然過程によって生じたとする理論に初めて道が開かれたと考えられた[1]．地球の起源をめぐる理論はこの流れに特徴的なもので，さらに急進的な啓蒙思想家が生物の起源を自然発生的に説明しようとしたとしても，驚くに当たらない．したがってフーコーの解釈に反し，18世紀の唯物論者を最初の進化論者［すなわちダーウィニズムの先駆者］と見なすこともできる．

フーコー側も科学史家側もともに，機械論哲学が生物を単なる機械に還元する傾向にあることを認める．哲学者デカルトは，動物は複雑な機械装置（今日なら自己複製ロボットと呼ばれるだろう）に他ならないと断言した．しかし，もし「生命」と呼ぶものが複雑な機械の機能にすぎないのなら，「生物学」のような科学もありえない．なぜならそのような科学として研究すべき特有の機能がないからである．そうなれば動植物は他の物質と同様に研究され分類されるだろう．歴史家が直面する深刻な問題は次のようなものである．機械論哲学は変化の自然過程の探究を促したのだろうか．あるいは，機械論哲学の到来は，自然を絶対的な安定系として扱う決意，すなわち人間知性によって合理的秩序に還元できる系として扱う決意とたまたま同時に起こったのだろうか．

フーコーと彼の後継者は，博物学者の思考に宗教が重要な役割を演じたとするのに消極的で，これが事態を複雑にしている．自然の秩序は創造主によって課されたとする主張は，教会の非難を逃れるためのリップサーヴィスだったというのがフーコーの解釈だ．ところが英語圏の歴史家は，宗教が古典派時代初期に強い力をもっていたと

見なすことにもっと積極的である．しかしその力も啓蒙主義による人間理性への信頼が高まるにつれ唯物論が優勢となり，やがて攻撃されることになる．英米の歴史家は進化論の台頭を，神の創造という考えに対する唯物論者の挑戦と見なすよう条件づけられてきたが，フランスのヒストリオグラフィー学派を代表するフーコーと彼の後継者は，科学と宗教の「戦争（ウォー）」という図式に英米の歴史家ほどとらわれない．彼らは合理主義を思想史の基調とし，英語圏の科学史家にはきわめて重要と思われる経験的アプローチにさほど関心がないのである．

　ここで学ぶべき教訓は科学史のアプローチが文化的環境によって制約されていることだ．ヨーロッパの隣国どうしでさえ知的伝統が非常に違うため，歴史家は近代科学の起源について異なる見解をとっている．科学と科学史はどちらも文化的所産であり，両者の知的背景を考慮に入れて初めてそれらを理解することができる．英米の多くの歴史家がフーコーの立場に何らかの重要性を認めたという事実は，2つの伝統の交流によって実り多い総合がもたらされるという期待を我々に与える．17世紀後半と18世紀の出来事のさまざまな局面の解明に，2つの伝統はそれぞれに重要である．

　自然の事物の分類体系を作ろうとする努力を支えたのは，秩序と安定性に対する情熱であった．そしてこの情熱を扱うとき，フーコーのアプローチは最も実り多い．しかし，自然の秩序が創造主によって課されたとする信念の方も容易に捨てることはできない．それに初期の動植物研究者が分類だけに情熱を傾けたのではなかった．昆虫などの下等動物の複雑な習性は創造主が被造物を環境に適応させる御業の証（あかし）と見なされたので，種やそれらの行動の純然たる記述には多くの努力が払われた．近代生物分類学の創始者スウェーデンの博物学者リンネもまた，動物の行動を自然の秩序という非常に異なる概念の一部，つまり食物連鎖をもたらす「自然の経済」の一部と考えた．自然界全体はそれぞれの種の繁殖力に自ずと制限を課すよう機能する．したがって，自然は経済法則に基づいて入念に製作された巨大な機械と見ることもできた．現代の生態学的思考をある面で予感させるこの思想は，リンネの名を高めた彼のやや抽象的な種の秩序立て［分類］と対をなすもう1つの有力な自然の見方であった．

　宗教は情緒的な自然観の形成に，今なおある役割を果たしていた．自然の経済というリンネの自然観は，自然を人間の搾取のために作られた体系と見なす1つの態度表明と考えられる．博物学者リンネは，生物の多様性に驚嘆しつつもそれを本質的に実用面で解釈した．いかに複雑であろうとも自然は我々の所有物であり，理解可能であり，最終的には目的に合わせて変えられるものであると．しかし，神の創造に対する敬意は，もっと敬虔な態度，つまり自然それ自体がかけがえのない体系であるという意識をも生むことになった．たとえ人間が支配するにしても，よく手入れされた庭の

ように，我々の仲間であるさまざまな種の行動は喜びをもって研究されねばならない．自然に関するこの喜びは，究極のところ自然を人生の美と平和の源泉とする浪漫的で牧歌的な自然観を支えることになった．工業化の影響が現れ始めると，人間が自然ともっと調和していたとされる過去の時代にますます人々はあこがれ始めた．

種の分類にかける情熱と自然の経済という概念とは，安定したパターンに従う世界の創造を前提にしていた．種は固定されたものでなければならず，いかにしてこの固定性が維持されてきたのかという問題に多くの関心が払われた．種の形質を後続世代に伝える非物理的な力の概念はもはや支持できないものとなった．それでは，生殖(当時はリプロダクションではなくジェネレーションと言われていた)は，子と親の本質的な同一性をいかにして保障するのか．単なる機械のように自然過程によって動物がその構造を複製できるとは信じ難かった．自然には真の意味で「生成」がありえないとすることが，種の固定性を保証する唯一の方法であった．したがって子は母の卵にあらかじめ組み込まれたミニチュアから育ち，母が自分自身でミニチュアを形成することがありえない以上，ミニチュアは母が生まれたときすでにその卵巣に含まれていたはずである．この「前成説」(もっと正確には，胚珠先在説，つまり〈入れこ理論〉として知られる)の最も極端なものでは，人間はすべて一連のミニチュアとして神によって直接創造されたことになっていた．すなわちロシア人形［マトリョーシカ］のように入れこになったミニチュアが最初の女イヴの卵巣内に託されたというのである．動物のすべての種の最初の雌に関しても同様であった．

前成説はメンデル遺伝学の真理をいまだ知らなかった時代の奇怪な主張とされがちである．しかし，神による創造という考えに全幅の信頼が寄せられていた時代，それは機械論的生命観と自然の安定性とを調和させるうえで無理のない方法だと思われた．またこの理論は世界全体の種に関する研究と，生命を維持する内的過程の研究とを，明確に区別できないという事実に目を開かせるものであった．種が時間とともに変化するか否かは，それぞれの世代がどのように形成されるのかという観点から解明されねばならない．進化論の勃興を博物学にとどまる出来事と解してはならないのである．つまりリンネからダーウィンへ，そして自然選択に関する現代の遺伝学理論に至るまで，種の固定性と変移論は生殖の研究と環境科学とが相互に影響しあう総合を必要としたのである．

18世紀後半の唯物論者が前成説を拒絶したのは，それが生物の発生について説明らしい説明を与えていなかったからである．彼らは前成説の代替理論を探し求めたが，子が親の複製であることを絶対に保証する理論は何もなかった．このような代替案を模索する中で，急進的な思想家たちは，種が永久不変ではないかもしれないと漏らし

始めた．しかし，そのような理論がダーウィニズムの起源であると性急に結論づける前に，それらが非常に異なる知的枠組みのなかで機能していたことを認識しなければならない．なぜなら前成説に反対するからといって生物変移論者（ダーウィン以前には，近代的意味で「evolution」という言葉は使われなかった）とは限らなかったし，変化を仮定した人も現在ダーウィニズムの決定的局面とされる点［自然選択］を避けたまま生物変移論者になったからである．

　地球の歴史に関するビュフォンの理論は，生物種の歴史を含むよう拡張されたが，彼は固定した種の型の限定的変化のみを仮定した．ビュフォンは，種が永遠に固定した鋳型にはめ込まれていると確信しており，その確信を振り払うことができなかった唯物論者の典型例として知られる．J. B. ラマルク（1744-1829）は適応的進化という前ダーウィン的理論を定式化したとき，それを化石の記録による生命の歴史研究につなげようとはしなかった．そしてまた，種の地理的分布を研究することもなかった．これは移動と適応の歴史的過程の結果として初めて理解されるとビュフォンがすでに論じていたにもかかわらずである．18世紀には，生命の歴史は有機的進化という発想をもたずに探求することがまだ可能であったし，進化の理論は生物を統制する既存の過程に関する考えから純粋に構築できた．そして19世紀半ばにダーウィンの偉業が成し遂げられた．ダーウィンの進化論は，現在観察可能な自然の変化過程を，生命の歴史と地球上の生物分布とに関する我々の知識に見事に関係づけたのである．結局，18世紀の博物学者はこの3つの領域をどれも研究したが，今日当然のことと考えるような方法でそれらが結び付くとは考えもしなかった．

b. 社会的環境

　17世紀後半に新しく設立された学会は，ヨーロッパや世界各地から動植物を収集することを奨励した．博物学に対する情熱は地方の学会やグループの創設にも反映され，それらは自然界をそれぞれ固有の切り口で研究することに捧げられていた．早くも1689年には，ロンドンのテンプル・コーヒーハウスを拠点とする非公式の植物学クラブが存在した．その会員には多くの名だたる収集家や博物学者が含まれていた．チョウの捕獲網は18世紀初頭に使用され始め，1740年代にはロンドンに鱗翅目愛好家（チョウの収集家）の団体が短期間だったが存在した．地域の自然誌や，生物の特定集団を扱う書物がすでに広く売れていた．珍しい花，貝殻，昆虫，鳥などを含む博物標本で栄える市場があった．遠隔地に向けて出発する旅行者は，その筋の業者に悩まされた．なぜなら業者は標本の収集を頼み，高値のつく生物についての情報を進んで提供するようしつこく求めたからである．

　こういった活動の科学的価値は移ろいやすいものだった．多くの裕福な人々は，単

5.1 生命の多様性

にそれが流行だというだけで博物学の標本や書物を収集した．そして，ある特定地域への関心は，他の地域への関心とともに増減した．1720年代には花を飾ることの流行と同時に植物学への関心が高まった．淑女たちは花や昆虫を描くのに情熱を燃やした．自然は何か楽しむものになり，ついには崇敬の対象となった．これはヨーロッパ人の自然観の重大な変化であり，もっと真剣な研究が奨励される枠組みを作る一助となった．他人に誇示できるような標本を手に入れたいすべての収集家のために，収集し，記載し，分類しながら地方を旅するまじめな博物学者がいた．社会的な関心は専門家を経済的に支えた．本格的な動植物の研究者は，より広い市場に向けて本を書くことができたし，裕福な人のコレクションの目録を作成する仕事が見つかることさえあった．英国ではベッドフォード公爵夫人やマーガレット・ベンティンク嬢（1714-85）が莫大なコレクションを有し，標本を収集し，集めた標本を研究する専門家を雇い入れた．専門家の学会は地域に限定されしばしば短命であったが，裕福なアマチュアたちは本格的な研究が進められる社会的枠組みを提供した．

これはとりわけイングランドで重要なことだった．それというのも公式の科学組織が18世紀には衰退していたからである．王立協会でさえ金持ちの社交クラブに堕落していた．大学には植物学の教授ポストはあったが，それは研究も教育もしない役立たずで占められていた．植物園は放置され利用できなくなっていた．事態はスコットランドではまだましで，エディンバラ大学には1767年このかた博物学のポストがあった．フランスでは，国が科学アカデミーや王立植物園（ジャルダン・デュ・ロワ）（王立動植物園）に財政援助することで科学共同体に代わる組織を提供した．ビュフォンが『博物誌』［36巻 1749-88］という動物界に関する膨大なそして非常に評判の高い研究を出版できたのは，王立植物園の最高責任者としての彼の地位によるところが大きかった．国によっては，大学は自らを刷新し研究の中心であり続けた．リンネは母国スウェーデンのウプサラ大学で植物学の教授をしていた．彼は職務上は医学部の一員であったが，新しい分類体系の創始者として世界的な名声を維持していくに足る自由を享受していた．

個々のパトロンはもっと恒久的な科学研究機関の基礎を築くことができた．英国のジョージ3世（1738-1820）とその家族は植物学に熱心で，王妃の妹であるオーガスタ王女は後に国立となる植物園をキューに創設した．もう一人の富裕なパトロンであるジョゼフ・バンクス卿（1743-1820）は，その植物園がまだ王家のものであったとき，しばらくの間キュー植物園の非公式な園長であった．バンクスは，個人の富が献身的な博物学者の管理下にあるとき，それがいかにして実質的な科学事業の基礎となりえたかを示している．オックスフォードの学生時代，バンクスは植物学の学習に家庭教

師を雇うことを余儀なくされたが，自分の財産を科学に捧げることを決心するようになった．彼はニューファンドランドを探査し，その後クック船長の初めての南洋航海 (1768-71) に同伴した．バンクスは自前で，この探検に植物学の専門家であるダニエル・ソランダー (1736-82) と博物学者や画家から成るスタッフが同行できるよう尽力した．この探検航海はバンクスに名声をもたらし，彼はキュー植物園の非公式な園長ばかりか王立協会の会長にもなった．彼は嗜眠状態の王立協会を少なくとも博物学の分野では目覚めさせた．ロンドンのソーホー街の彼の家は，多くの探検隊の結成と支援の拠点となった．

リンネの死後しばらくして，バンクスはそのスウェーデンの博物学者の植物コレクションと蔵書の購入について打診された．彼はかつてそのコレクションの購入を望んでいたが，富裕な医学生ジェームズ・スミス (1759-1828) にその機会を譲った．1788年スミスはロンドンのリンネ協会設立の基盤にこの資料を充当した．スミス自身はロンドンをまもなく去ったが，リンネ協会は存続し最終的にそのコレクションを購入した．リンネ協会はイギリス最古の博物学協会として動植物の科学研究の促進に主要な役割を果たし続けた．バンクスは［リンネ協会については］スミスによる創設を認めたが，他の専門学会の創設には王立協会会長の立場から反対した．専門化が進んで，彼の権威が失墜することを惧れたからであった．

バンクスは，パンの木をタヒチから西インド諸島へ移植する海軍省の計画にも関わった．それは，1788年ブライ船長 (1754-1817) のもとでの軍艦バウンティ号の不運な航海につながった．この探検はヨーロッパ諸国でにわかにもち上がったプログラムの一部であり，世界にまたがる彼らの帝国に役立つよう新しく発見された種を活用するためのものであった．ブライ自身次のように書いている[2]．

> これまですべての南洋航海は，そのときの国王の命令で行われ，その目的は科学の振興と知識の向上であった．この航海は，これら外国の発見物から利益を引き出すための最初のものと考えられるかもしれない．

ブライが二度目の探検航海 (1791-93) を指揮したことはしばしば忘れられているが，それは植物のいくつかをキュー植物園にもち帰ったばかりでなく，パンの木を首尾よく西インド諸島へ移植もした．

海軍省が探検や調査の航海のために資金供給したという事実は，当時認知されつつあった博物学の実用的な側面を物語るものであろう．19世紀には，国家や個人の事業が世界の天然資源開発において常にその役割を増していくことになる．しかし博物学

は，より広範なイデオロギー的含意も有していた．外国の動植物の構造や習性を記述しようとする情熱は，自然に対する大衆の関心に乗じて1つの社会的メッセージを伝えていた．まず第一に，少なくともこのメッセージは，社会秩序の維持を図るうえで伝統的な宗教的信念およびその機能と関係していた．自然神学は，複雑な自然の適応こそ，人間の利便を考え安定的な世界の創造のために多大な犠牲を払われた神の存在の証(あかし)だとした．それが意味するところは，波風を立てる者は神が定める社会的階層を脅かしつつあるということだった．[一等航海士による]バウンティ号での反乱は，この伝統的権威に対する急進的な挑戦の縮図である．それと同時に，航海自体の目的は既存の権力構造に関する拡張主義的立場を明らかに示している．

C．デザイン論

このように「デザイン論」は社会的メッセージでもあった（3章参照）．博物学はデザイン論を展開するうえで最も実り多い領域の1つを提供した．なぜなら，膨大な数の動植物の種は，物質世界の複雑さと，その構成要素が神の配慮によるデザインであることを物語る限りない事例の源泉であったからだ．王立協会初期の最も活動的な博物学者の一人は，ジョン・レイであった．彼は英国の植物の収集と記載で名を成した．レイはまことに信心深く，晩年には自然研究が神の創造の範囲をいかに例証しているかについて『創造の御業に顕現する神の英知』を著した．初版1691年のこの本は，18世紀に多くの版を重ね，科学が創造主の存在と力を証明したと主張する後のキリスト教護教論者によって，思想と情報の源として利用された．

宇宙がたえざる自然法則の作用だけで複雑な構成をなす現在へ至ったとする主張の誤りを示そうと，レイは堅く決心した．彼は，神を，目的の遂行に叶うように構造をデザインする熟練工になぞらえたが，機械論哲学の教条的信奉者ではなかった．彼は動物を単なる機械とすることは不合理だとしていた．動物が自己増殖する事実は，それぞれ種の形態を保つための非物理的で「造形の徳」の存在を必然的に示していた．神は，種の始原的構造とその維持を永久に保証する唯一の力の源泉であった．レイの考えは，自然を本質的に静的なものとする見方であった．彼は『……神の英知』の序文でこう述べている[3]．

> 次のことに注意して戴きたい．本書の表題である「創造の御業(みわざ)」の意味するところは，まずは神による創造の業であり，次に創造時と同じ状態・条件のまま今日まで保ち続ける業である．なぜなら「(『哲学者と神の判断』によれば) 保存は，継続的な創造である」からだ．

これが問題になったのは、レイが地質学上の変化や絶滅の証拠に直面したときであった（4章参照）。しかしそれこそが自然だけでは何も作り出せないという議論の核心だった。彼が知っていた時間の尺度では、漸進的な進化の概念は想像もつかないことであった。神の力と英知は、いかにしてこの世界が複雑な構造をもつに至ったかについて唯一の説明を与えるものであった。

　これを論証する最良の方法は、多くの種を記載し、その身体の各部分が調和的に機能する有機体となるよういかに相互作用しているかを示すことであった。どんな場合でも構造が種の生活様式に注意深く適合させられているという理由で、この議論もまた生物に生の満喫を許す創造主の善意を証明するものだった。レイは人間の身体の解剖学的構造を記述し、活動的な生活を可能にするために眼や手がいかにみごとにデザインされているのかを強調した。しかし、彼は、動植物が創造主の恵みに見合う恵みを創造主の側にもたらしていることを喜んで受け入れた。もちろん、動植物の多くは人間にとって有益だが、それらはまた宇宙体系の一部分として生きる彼ら独自の生命を授かっているとレイは確信していた。彼は多くの種を身体構造と生活様式の関係に着目しながら注意深く記載し、手段を目的に適合させることが普遍的なものであることを示した。それぞれの種はまた、行動をコントロールするよう本能を授けられており、神によって計画された生活様式に従い永久に自らを再生産することになっていた。

　レイと彼の弟子は、神によるデザインという概念を、新しい科学の機械論的観点と一致させるために刷新した。ゆうに1世紀もの間、博物学は田舎の国教会の聖職者にとってふさわしい娯楽として受け入れられた。というのは、自然の研究は神への崇敬に結び付いていたからである。レイの議論のスタイルは1802年のウィリアム・ペイリー（1743-1805）の『自然神学』の中で蘇り、デザイン論は新世代の博物学者に真剣に引き継がれていった。ペイリーは、創造主と複雑な機械を組み立てる機械工との比較をさらに一段と強調した。それは加速する産業化の時代にふさわしいメタファーであった。

　他のヨーロッパ諸国の博物学者は、啓蒙時代の進展に伴い自然神学への関心を失った。しかしプリューシュ師（1688-1761）の『自然の光景』がかなり好評を博したことからもわかるように、18世紀初頭には、合理主義のフランスにおいてさえこの伝統は重んじられた。科学アカデミーでは、ルネ-アントワーヌ・ド・レオミュール（1682-1757）が昆虫の広範囲にわたる研究をした。それは1734年から42年の彼の『昆虫誌』で報告された。レオミュールは昆虫の体内構造を調べ、初期の顕微鏡学者らしい仕事を続けた。しかし彼はまた、数多くの種の行動について広範な観察を行い、各々の事例で器官が生活様式にどのように適応しているのかに注目した。レオミュールは、チ

ョウの器官は幼虫の体内に隠されていると確信し，生殖について前成説を支持するようになった．彼の弟子であるシャルル・ボネ (1720-93) は，雌のアリマキが雄と接触することなく幾世代も生殖可能なことを発見して名をなした．ここに，生殖が，神によって種ごとに創造され雌の体内に用意された極小の胚つまりミニチュアに由来することを示すさらなる証拠があった．ボネは，神によって創られた体系という自然像の探究に後半生を捧げた．

しかし，神の創造による世界という機械を論理的に破綻させるかに見えるいくつかの発見があった．1741年，アブラハム・トレンブリー (1700-84) は，淡水産のヒドラ（当時はポリプと呼ばれていた）が自己再生という奇妙な特性をもっていると記した．たとえポリプは半分に切られても，その半々が失った器官をそれぞれに再生させ，再び完全な生物になる．この単純な発見は肝をつぶすほどの驚きで迎えられた．ポリプの能力は前成説を反証するかに見え，前成説に代わって生命体が自ら新たな構造を創造する能力をもつことを示唆した．さらに急進的な新唯物論者の世代は，トレンブリーの発見を世界の複雑な構造物がすべてその起源を神に負うという主張に対する反証ととらえた．彼らは自然そのものがすべての創造性の源泉であると宣言し，それによって17世紀後半に日陰に追いやられていた汎神論の伝統を復活させた．この新しい唯物論は，有機体の諸性質を物質自体に帰した．宇宙は静的な体系としてではなく絶え間のない予測不可能な変化の場として描かれた．この哲学は既存の社会秩序に反対する急進派によってとり上げられた．フランスでは，デニス・ディドロ (1713-84) やドルバック男爵のような著述家が，唯物論的自然観を政治的変化の根拠と結び付けた．

18世紀の博物学者の見解は，こうして時代の大論争に引きずり込まれた．アリマキやポリプのような下等な生物のふるまいは，既存の社会秩序の維持の当否を論じる保革両陣営にとって実例として用いられた．みごとな機能に適合した構造が神の慈悲の証となるような枠組みを自然神学が提供するなら，唯物論は自然自らが造形力をもつように思われるどんな自然の機能をもとり上げた．こうして17世紀後半や18世紀初頭の静的な世界観は，啓蒙時代の進展に伴って非難にさらされるようになった．

5.2 自然の体系

レオミュールやトレンブリーは個々の種を記載はしたが，生物学の包括的分類体系を作り出す努力をしなかった．他の博物学者たちは，自然の類縁関係の規則的なパターンの探求を博物学の主たる課題と見なした．レイも，もとはといえば植物分類の仕事を通して名声を得た．ボネは実験的研究を視力が衰えたために断念し，その後自然の体系を探求することに熱中するようになった．リンネは種の命名・分類にうまく機

能する体系を作り出すことによって、国際的な名声を得た．唯物論の台頭によってもたらされた緊張状態がどうであれ、科学革命の特徴である独自の秩序探究は、目もくらむばかりの種の多様性の背後に合理的パターンを見い出そうとする中から登場した．自然神学は個々の種を研究して動植物の構造がそれらの生活様式にいかに適応しているかを示し、他方分類学者は何らかのパターンを探すことによってあらゆる種が合理的な秩序体系の中にぴったり収まっていることを明らかにしようとした．

しかし秩序の探求は独特の問題を生じた．だからこれらの問題をなおざりにしたまま、レイやリンネを近代生物分類学（分類学は、クラス分けの科学である）の父と見なすのは早合点というものだろう．保守的な思想家は、世界は秩序ある体系であり、その秩序は神の創造計画を表していると確信していた．しかし、我々が用いる表象の体系は人間の知性によって作り出されねばならない．神は被創造物にそれらの目的を指し示すための「署名」を刻印しているというような古い考えは、もはや破棄されてしまっていた．分類者はさまざまな種の観察可能な構造を研究の対象としなければならず、種を首尾一貫したパターンに配列できる類似性を見つけようとした．しかし、当惑せざるをえないほどの多様性を有する世界で、我々が認識するパターンが神によって課された真実のパターンと一致すると人々は本当に確信できただろうか．単に人間の都合に合わせて考案された人為的な分類体系を、故意に作った博物学者もいた．彼らは分類体系を神の計画に近づけたいと望んだのかもしれなかったが、どんなに注意深く考え抜かれた体系でさえ、人間の知性は欺かれ実在しないパターンを見てしまう危険は避けられなかった．自然は我々の貧しい知性にはあまりにも複雑すぎて正確に理解することはできないという理由から、人間が作ったどのような体系でもきっと誤りに違いないと、結局のところ主張し始める者もいた．こうした主張からもう一歩踏み出せば、自然には秩序などまったくないのだということになってしまう．なぜなら、自然の力の絶え間ない活動は、目の前の構造をたえず解体しそれらを予測不可能なやり方で新たな構造に置き換えるからである．

分類で使われる単位の問題もあった．生き物は識別可能な明瞭な種に分けられると伝統的に博物学者は思っていた．世界にはいろいろな犬や猫がいるが、そのどちらの範疇にも入れるのが難しい犬猫の中間領域は認めていない．ところが、古代における存在の連鎖の概念は、想像しうる限りの生命形態が神によって創られたと想定してきたので、そうなると、我々が頭で想像することのできる中間形に物理的な存在が与えられたに違いなかった．そうだとすれば種ごとに生物を分類することは、おそらく中間の形態が比較的まれであることを当て込んだ純粋に恣意的な手続きとなるであろう．結局ほとんどの博物学者は、まったく現実的な必要性から、異なる種の実在を受

け入れざるをえなかった．しかし，こうした分類手続きは正当化されないと主張する者も少数ながらいた．彼らの主張では，自然における形態は完全な連続性を成しているので，もし区切りを入れて明瞭な単位に生物を分類すればどんな体系も人為的になるに違いないのだ．この連続の原理は，進化という近代的概念を予期させるものとしばしば誤解されてきた．しかし，当該の博物学者は，種とそれらの祖先の間の障壁ではなく現存する種間の障壁を打ち破ることを欲した．近代進化論は〈時とともに推移する〉変化の連続性を受け入れているが，種は互いに別個のものとする信念を正当化するために，枝分かれつまり分岐の変化の概念を用いている．

a．存在の連鎖

連続の原理は存在の連鎖（2章参照）という古代の哲学と関係し，無機物と最も単純な生き物の間に何らはっきりした境界はなかった．この構想は機械論哲学によりただちに支持された．機械論哲学は，動植物を単なる物質的な諸部分の複合体として扱った．そこには「生命」のようなものはなく，動植物は無機物と同様に分類されることが可能であった．

存在の連鎖はそれと関連する連続と充満の原理とともに，生物の絶滅の可能性を受け入れることを難しくした．もし神が，考えうる限りの形態を創り出したという理由により，自然界にどんな断絶もないとするなら，どんな形態の絶滅でも神のパターンの首尾一貫性を打ち崩すであろう．詩人アレグザンダー・ポウプ（1688-1744）が，『人間論』の中で書いているように[4]．

> 存在の巨大な鎖！　それは神に始まり，
> 天のもの，地のもの，天使，人間，
> けだもの，鳥，魚，虫，
> 眼に見えぬもの，望遠鏡のとどかぬもの，
> 無限から汝へ，汝から無へ――
> 上なる力に我らがつづくとすれば，
> 下なる力は我らにつづいている．
> さもないと，完全な創造に間隙ができて，
> 踏段の一つが折れても，大階段の全体が崩れるのだ．
> 自然の鎖のどの環を破壊しても，――十番目でも，一万番目でも――
> 鎖は同じように壊れるのだ．

化石の記録という証拠が挙げられたとしても，絶滅を受け入れることは難しいとジョ

ン・レイは悟った．そしてこういった考え方は，18世紀を通じて変化の証拠を受け入れることをためらわせることになった．

存在の連鎖は，種を合理的な秩序に結び付けるうえで，可能な限り単純なパターンであった．種は各々似かよった仲間を2つもっている．1つは自分より上に位置し，もう1つは下に位置する．そしてよく似た種同士が同類になるよう鎖を再分することは，連続の原理であるがゆえにまったく恣意的であろう．18世紀初頭までには，恐るべき数の新種が発見されたために，博物学者は類縁関係のより複雑なパターンを考えざるをえなかった．しかし，連鎖の根元的な哲学は保守的な博物学者にとってまだ重要であった．彼らは自然と社会について固定的な階層イメージを支持していたからである．

シャルル・ボネ（1720-93）は18世紀中葉における［存在の］連鎖の概念の最も雄弁な主唱者の一人であった．そして，彼の考えを見れば，フーコーが古典派時代の関心の焦点と見なしていたことが了解できるだろう．神は規則的なパターンに従って世界を創造されたとボネは確信していた．しかし，彼は，そのパターンの中で我々人間のモデルは不完全であるようだと考えた．連鎖のイメージは自然のパターンの1つの可能なモデルであって唯一のものではなかった．結局ボネは鎖の中に「側鎖」を認めざるをえなくなった．これは，側鎖間に間隙を認めることになり，連続の原理を破綻させることになるだろう．ボネはまた鉱物界と生物界の間には大きな間隙を認めるようになり，かくして「生物学」という科学の一部門の誕生に道を開いた．彼は連鎖を好んだ．なぜなら，種の静的な配列という彼の考え方をみごとにとらえていたからであった．種は神によって創造され，生殖の基である先在する胚によって維持されていた．自然のパターンは永遠であった．地球の歴史の中で，他のものよりも遅れて物理的な存在となるものもあったことを，たとえボネが結局は認めたとしても．

存在の連鎖は棚を並べた分類体系の典型であった．その体系では，それぞれの分類棚は上は人類から下は構造をなさない鉱物までまっすぐに延びた1本の垂線上に配列されている．この分類の弱点は，人為的なことであった．つまり，連続の原理を維持するためにすべての自然のグループ間に「橋」を架けねばならず，トビウオは鳥と魚の中間とされ，一方サンゴ（つまり，当時「植虫類」と呼ばれていたもの）は動植物の間の間隙を架橋した．しかし，このような考えは，博物学者の学識が深まるにつれていっそう信じがたいものになり始めた．一方，外国ではその頃膨大な数の種が発見されつつあり，創造の計画が連鎖の概念ほどに単純だとは考えにくくなっていった．18世紀の博物学者が直面した難問は，世界に秩序を課そうとする人間の情熱と，著しく複雑なこの世界に真の秩序などありえないだろうと思わせる数々の証拠とを，いか

に折り合わせるかということだった.

b. 分類体系と分類法

この問題を扱うのに2つの方法があった. 1つは, 重要な一形質に着目してその差異に基づく分類体系を作り出すことであった. したがって, この種の体系のほとんどは, 課すべき秩序が人為的で恣意的なものであることを認める博物学者によって作られた. 彼らはそれをさらに改良していって真に自然な配列に近づけたいと願っていた. つまり神によって課された創造物のパターンと一致するものをめざしてはいたのだ. もう1つの方法は, すべての形質を考慮に入れて分類しようというもので, その結果生じる分類体系は初めから自然であった. 博物学者が密接に関係すると直感的に認識した種は, そのような分類法では自動的にすぐ近くに分類されたのである. 人為的な分類体系は, そのように自然に束ねられた種をばらばらにすることがままあった. なぜなら, 人為分類が基としている1つの形質に, すべての類似性が明白であったわけではないからだ.

分類体系支持者と分類法支持者の間の緊張は, 新しい機械論的世界観によって作り出された深い哲学的な問題を反映していた. 分類体系のアプローチの起源はアリストテレス学派の古い哲学に求められた. それは17世紀を通して表面上は拒絶され続けたものである. 真の知識は事物の本質を知ることに基づくとアリストテレスは述べ, それぞれ自然の事物が実際にどのようなものかという真の本質を表す内的特質を知るべきだとした. もし, 博物学者がそれぞれの種の本質を知るならば, その本質的な特質を比較対照することでそれらを分類できるであろう. しかし, アリストテレス自身そのような分類を提案したわけではなかった(2章参照). 彼は種の本質とはどんなものかを知ろうとする博物学者の能力に懐疑的であったようだ. チェザルピーノは, ルネサンス期に, 全植物の本質的な機能は栄養と生殖であると大胆にも述べて, 植物についてこの問題を解決した(3章参照). この栄養と生殖だけの知識で, 博物学者は本質に従って種を分類することが十分できた. 特にチェザルピーノは花や果実に焦点を当て, 生殖系の差異は分類という体系にとって真の基本に違いないと断言した.

チェザルピーノの提唱したグループ分けはそれほど成功したものではなく, 彼の考えは17世紀後半まで無視された. そしてその17世紀後半といえば, 新しい哲学の影響で分類学の概念的な問題に人々の注目が集まり始めた時代であった. 当時多くの博物学者は人為分類を提案し, その人為分類は, 植物学において植物の生殖部分が類縁関係を決定づける唯一の基盤であると見なすこともしばしばであった. 1694年カメラリウス(1665-1721)は植物にも性があることを示したが, それは性的部分の重要性を強調するだけのものであった. その分類体系の主唱者はフランスの植物学者ジョゼ

フ・ド・トゥルヌフォール (1650-1708) であった．1694 年の彼の著書『基礎植物学』は，簡単で適用もやさしい植物の分類を提案した．それはもっぱら花冠の形態に基づいていた．花冠に注目する正当性について問われたとき，トゥルヌフォールはこれに答えて，生殖システムは植物の最も重要な部分であると主張し，また，世界に課された合理的な秩序を我々が理解できるよう，種の本質を知る簡単な方法を創造主は与えているに違いないと断言した．

トゥルヌフォールの分類体系はただ 1 つの形質の類似性によってのみ定義された類別であったために，使いやすいものではあった．しかし残念なことに人為的であり，指標とされた形質以外はほとんど似てもいない種を一括りにすることもあった．またその一方で「自然なもの」と広く認識されているいくつかの分類群をばらばらにすることになった．ルネサンス期の博物学者たちはすでに，形質のほとんどが「類縁である」ように見える種で分類群を作り始めていた．そしてそれぞれの分類群は，「属」(genus, 複数形は genera) を形成した．そのような分類は，ライオンやトラやヒョウを「大きなネコ」としてひとまとめにするように，類似性全般に対する直感的な認識に基づいている．17 世紀の後半，ジョン・レイは，類縁関係のパターンを考えるとき，種のすべての形質を考慮に入れるような方法の探究を主張して颯爽と登場した．1682 年の著書『植物新方法論』の中で，レイはチェザルピーノの考えが重要であると認めたが，花や果実に加えて他の形質も考慮に入れられるべきだと主張した．レイの晩年には，同様の方針が動物界にも拡張された．

この方針を支持するためにレイが主張したことは，新しい機械論哲学では単純な 1 つのテストでこれぞ種の本質と言えるような特質を知ることはできないということであった．ジョン・ロック (1632-1704) のような経験主義哲学者によれば，我々の感覚は，事物の内的な本質ではなく物の外的な形質のみを我々に解き明かすのである．すべて自然の事物は構造をもつ物質である．したがってそれらの本質を示すような 1 つの特質があると前提することは，神が個々の被造物に神秘的な「署名」を記したとする古い考え方へと後退することである．それぞれの種の内的な本質は，できる限り事実に基づく情報を多く集めることによって間接的に研究されるだけである．それゆえ，分類は広い範囲の形質において類似性と相違性にその基礎を置かねばならない．フランスの植物学者ミシェル・アダンソン (1727-1806) ら他の博物学者は，18 世紀にレイのこの提案をとり上げた．

この手法を用いると，分類は可能な限り自然になると確信できた．実際ほとんどの人々は，属は類似性全般によって立てられるべきだとし，トゥルヌフォールはレイよりさらに「自然な」属（近代的基準で判断してだが）を認識した．しかしトゥルヌフ

オールの人為分類は属自体が単一の形質によって目(もく)および綱(こう)にまとめられるべきだとする想定に基づいていた．基本のパターンは，第一原理に基づく合理的な分析を適用することによって作られ，そしてそれに属を組み込んだ．類似性全般を探求するおおむね基礎となる分類法は，分類のすべての段階で使われるべきである，つまり属は似たもの同士を集めて目に分類されるべきだ，とレイは主張した．彼は，第一原理から下っていくのではなく，観察から遡って研究することによって自然のパターンを発見することを望んだ．理論的には彼の分類法はあらゆる形質を考慮に入れたという理由から，真実の自然の配列を紹介したことになる．しかし，それは実際には使用困難だった．なぜなら非常に多くの情報を詳細に調査しなければならなかったため，かなり経験豊かな博物学者のみが，ある1つの種がパターンのどこにはめられるべきなのか判断できただけだったからである．人為分類の大きな利点は，知識の領域が常に広がっている時代にあって，新たに発見されたどんな種も当てはめられるような，少なくとも基本的な範疇を作り上げているテキストを読み下せる人なら，だれでもその人為分類を使いこなせることであった．

c. リンネ

人為分類の勝利を決定的なものにしたのは，この実用性であった．その勝利を象徴する博物学者がスウェーデンの植物学者カロルス・リンネウス（1707-78）で，彼はカール・フォン・リンネとしても知られている．リンネは長いラップランドの探検旅行の後，オランダで医学を学んだ．その後，植物学の教授として故国スウェーデンのウプサラの地を踏んだ．彼の生涯の使命は，神の創造の秩序を解釈することによって博物学を刷新することであった．この刷新を可能にするために神は人間の理性でつかみうる手がかりを与えてくれたと彼は確信していた．リンネは，最終的には真に自然な秩序を認識したいと考えていたが，とりあえずは，人為的な体系を課すことによって混沌とした自然に秩序らしきものを与えた．彼の名著『自然の体系』の初版は1735年に出版され，その続版は動植物界の完全なる分類を達成するために，徐々に拡張，増補が図られた．

そもそもリンネは植物学者であり，ゆえに彼の人為分類では植物の性的部分すなわち花こそ重視すべき唯一の特性であるという当時の支配的な考えが，その基礎をなしていた．植物界は24の綱に分けられ，そのうちの初めの11は雄しべの数だけによって定義された．残りは雄しべの構造的な相違により決められた．そしてそれぞれの綱は，さらに雌しべの数や構造によって目に分類された．雄しべの数だけによって定義された綱のうちに，リンネは類縁関係の閉じたネットワークを作り上げた．つまり彼の分類は，存在するであろう綱と目の数をあらかじめ定めてしまった固定的な分類枠

であった．自然は人間の知性によってあてがわれた分類体系にすっぽり収まらねばならないだろう．そして我々の知識に何か欠落があるかどうかを決定することも可能であろう．すなわちその体系に設けられてはいるが，現実にはそこを占める種が知られていない分類枠がある場合のことだ．事実上もちろんその体系はこれほど固定的なものではなかったが，原則として，雄しべと雌しべの数に基づくリンネの体系は予期せぬものを入れる余地はなかった．なぜなら，創造主が創造しうるすべての構造は，その体系自体の格子棚つまりネットワークによって定められたからであった．

それぞれの目は多くの属を含むであろうし，また同様にそれぞれの属は密接に関係した多くの種から成っている．リンネは種の全体的な類似性という点から属を定義し，それぞれの種には2つのラテン名をつける近代的手法を導入した．この二名法は個々の種が属に割りふられることを要求している．つまり二名法では，初めの名前は属を表し，次の名は個々の種が何であるかを明らかにしている．属の関係は種の実際の名前で指し示されている．つまり，イヌは〈イヌ属・イヌ〉であり，（明らかに近い関係にある）オオカミは〈イヌ属・オオカミ〉である．植物名の近代的体系はリンネの1753年版『植物の種』にたどることができる．一方，動物名に関しては1758年のリンネの著書『自然の体系』第10版に始まっている．この分類体系の成功により，それを統制する博物学者の知的勢力が確かなものとなった．それぞれの種は，種の名前が初めて使われた唯一の「類型標本」に基づいて創設されることが認められるようになり，それゆえにリンネ自身の収集品は，リンネ協会の設立者であるジェームズ・スミスのような後続博物学者にとって重要であった．新しい種は，その発見者あるいは裕福なパトロンの名にちなんで名づけられ，このやり方は博物学者が情報や援助を仰いだ人々に報いるのに効果的だった．［逆に］リンネがいやな臭いのする植物に彼の宿敵ビュフォンの名をつけたときのように，敵対者が嘲笑されることもあった．

リンネの分類体系は広範囲の支持を得た．なかでもアメリカのような新興国で特に高い評価を得た．つまり，リンネの分類体系はその単純さゆえにヨーロッパの膨大な収集品を容易に参照できない博物学者に好評だった．そのような状況の中で，多くの同族の種のきめ細かな比較に基づく自然分類は実用的ではなかった．一方，リンネの人為分類は彼の書物を通して人々に学ばれていった．しかしリンネ自身の植物分類は，そのひどく人為的な特性がゆえにもっと自然な分類へと徐々に置き換えられ始めた．それは彼自身の望むところであった．その自然分類では，属を目に，また目を綱にまとめ，全体的な類似性を認識するということに基本が置かれていた．リンネの固定的な綱や目の枠組みは，もっと開放的で変更可能な体系にとって代わられた．したがって，自然分類では自然に対して自己満足的な秩序を無理強いすることはなかった．新

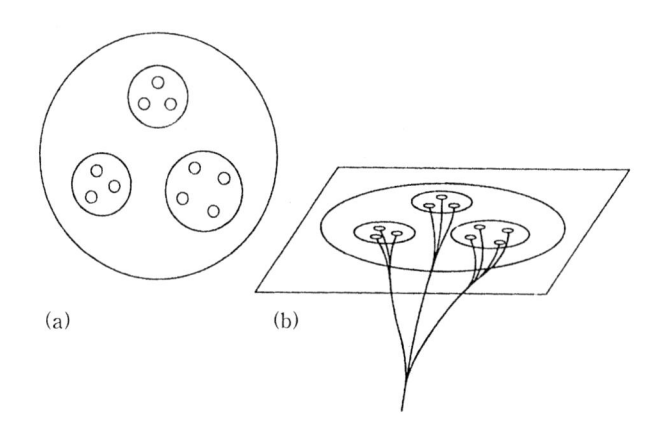

図 5.1 自然の分類群とそれらの近代的説明

　全体的な類似点によって種を分類する方法は，二次元的に表される類縁関係を伝える．これには，あらかじめ決まったパターンはなく，新しいものは分類の階層のどの段階にも加えることが可能である．種((a) の最も小さな円で表されている)は，まず最初属に分類され，複数の属が次にもっと基本的な類似性によって目に分類される（それぞれ次に大きな円に対応）．現代の植物学者は，属と目の間に追加された階級の科を使う．目は次に綱（ここでは示されていない）に分類される．分類を表している円の間には「オープンスペース」があるので，新しい種，新しい属，そして新しい目でさえこれまで知られていなかった種類が発見されれば，その体系に挿入されることが可能である．要するに，体系は「変更可能」である．

　1つ例を挙げてみると，イヌつまり〈イヌ属・イヌ〉は，哺乳類綱（哺乳動物），肉食目（肉食性動物），イヌ科（イヌの仲間），イヌ属の一員である．

　18世紀と19世紀初頭のほとんどの博物学者にとって，(a) で描かれている類縁関係は，神の創造計画に本来そなわっている類似点を表しており，なお正式のものであった．現代の生物学者はこれらの類縁関係を (b) で示されるように，進化の系統樹を経てきた断面図と見ている．種を分類するために使われる類似の度合は，それらが共通の祖先をどれほど近い時点で分け合ってきたのかによる．つまり，ある1つの属の種がかなり最近もう1つ別の属から分岐し始め，一方，1つの科を作り上げている複数の属はもっと遠い過去のある点で祖先を共有しているということだ．

種のほとんどは既存の属に入れられるが，時折まったく違ったものが見つかり，新しい属を作る必要も出てくる．分類過程で，どういうものが存在するのかあらかじめ定義されているわけではないので，博物学者はいつもまったく新しい物の発見に希望をもつことができるのである．

　当初のリンネの固定的な分類体系は徐々に廃れ，代わって，開放的で変更可能かつ

予測不可能であることが，分類のすべての階層で受け入れられる状況になった．特にフランスでは，ミシェル・アダンソンやアントワーヌ・ロラン・ド・ジュシュー（1748-1836）らによるもっと融通性のある分類法を適用して，より自然な類縁関係を作りだした．レイに続きジュシューは，胚の子葉数に基づいて植物界を綱に分けた［無子葉類として菌類，藻類，苔類，蘚類，シダ類，イバラモ類］．花の咲く植物では単子葉類と双子葉類の区別を確立し，それは今日でもなお基本とされている．綱を次に目に分類することは自然の類縁関係に基づいていた．その分類過程の柔軟性こそが，そのような類縁関係がとても複雑で合理的な体系による予測が困難なことを認めるのに好都合であった．新しい種は常に発見され続けており，少なくともそれらのいくつかは，今までに知られていない属や，未知の目にすらなった．

自然はしばしば予期せぬ，予測できないことをすることがわかり，古典派時代に典型的であった秩序に対する情熱は次第に醒めていくことになった．生物分類学者は，種をつなぐ人為的で規則的なパターンを探すのではなくて，自然は恐ろしく複雑だということを肝に命じて類縁関係の探求にとり組まねばならないと認めるようになった．つまるところ，類縁関係は創造主の心の内に定められたものとしてあるのではなく，分岐していく進化過程に起こる必然的な結果と見られるようになったであろう．

5.3 自然の経済

もし博物学者が目の前に繰り広げられる自然の限りない多様性を全体的に知ろうとすれば，種分類の有効な体系を発達させたのはまずは当然のことである．しかし，自然分類を樹立しようという大いなる努力にもかかわらず，これではまだ，自然の根本的なパターンを認識する方法として本質的に抽象的であった．種は個々の基準標本に還元され，次にそれらは外見上の特性にみられる類似点に従って配列された．種の生息地や生活様式は，認識を助けるものとして時折ちょっと話に出されるだけであった．しかし，自然界は物理的な形態の抽象的なコレクション以上のものであるとだれもが知っていた．生き物は環境および生き物同士との相互作用のうちに在った．18世紀の博物学者はそのことをよく知っており，これらの実際的な要因を考慮に入れた別の種類の秩序を認めようとした．創造主は，被造物である種が現実の世界で互いに影響しあう方途を予見していたに違いない．我々が今日生態学的視点と呼んでいるものの始まりは，「自然の経済」とたびたび表現されるものを理解しようとする初期の努力の中にはっきりと認められる．

自然の経済に対するこの関心には，その中で強調されるものに違いがあった．「経済」という言葉は，システムが誰かの物質的な利益のために合理的に秩序だてられている

ことを含意しており，人類は可能な限りどこにおいてもそのシステムを利用するものだという印象を作り出すことは容易だった．神は人類の生命を維持するために世界の経済を作り上げ，もし我々がふさわしいと考えるならシステムの変更にも喜んで応じた．しかし，他の博物学者たちは世界についてあまり開発的でない見方をとった．彼らにとってシステムの複雑さは驚嘆の源泉であり，とるに足らぬ種まで含め，あらゆる種に対して敬意を払わないではいられない気持ちにさせた．人間もシステムの一部分であり，農業を通して我々が作る適応は全体の美しさを損なうのではなくむしろその美しさを増すものである．現実の農業が機械化されるにつれて，伝統的な風景への敬愛の念が，さらに伝統的な生活様式への郷愁の念へと広げられた．

a．田園の調和

　動植物と環境との相互作用に理解を示した典型的著作は，ギルバート・ホワイト(1720-93)の『セルボーンの博物誌』である．これは1789年に出版され，もとはと言えば仲間の博物学者宛に書いた書簡を集めたものであった．ホワイトはイングランドの南部にある自分の教区の野生生物を観察し，彼の観察は，無垢な自然に対し今日我々が抱く崇敬の創始者として彼の名声を確立した．彼は森や野原のとらえにくい動物の描写とは別に，ミミズのようなつまらない生物によって演じられる重要な役割を誉め称えもした．そこには田舎の牧歌的な生きた描写があった．その中で，人間も他種の絶え間ない活動によって維持されている安定した自然の秩序の一部のようであった．しかしホワイトの住むイングランドは何千年にもわたり人間によって徹底的に変えられており，すでに人為の経済であった．また世界最初の工業国の住民を養うために，さらに効率的な農業技術を発展させるに及んで，イングランドは自然破壊の脅威にさらされつつあった．環境と調和して暮らす田舎の人々といったホワイトの牧歌的描写は，彼の時代特有のものというわけではなかった．事実彼の著である『セルボーンの博物誌』は，19世紀の初頭になって初めて一流作品としてその地位を獲得し始めた．その頃芽生えてきた懐旧の念が，産業革命以前の時代のすばらしさを凝縮した文学の人気をあおることになった．

　ホワイトでさえ植物についてのよりよい知識からもたらされる実用的な利点に気づいていた[5]．

> 　植物学者たるものは，一つ一つ不明な属の雑多な種の細かい相違を調べるよりも有用な種を熟知するよう努力すべきです．植物学者にして，自分の住んでいた地方の草土を改良できたならば，その人は社会に役立った人です．草のない土地を草の繁茂した土地にするためには，体系的知識をもった数巻の書物も贅沢では

ありますまい．「これまで一葉の草しか見られなかった土地に二葉の草を生やし得る人は，国家にとって最も有為な人といえると思います．

園芸家たちは実用的な目的からすでに種間の関係を徐々に認識し始めていた．18世紀の初頭，リチャード・ブラッドリー (1688-1732) は，昆虫の種がそれぞれの種に固有の植物をどのように常食とするようになるのかに気づいた．彼はかぶ畑の鳥を殺さないよう農民に警告した．それは作物を食い荒らす昆虫を鳥が食べるからであった．ブラッドリーは同時代の多くの人々と同様に，動植物のすべての種が，今日なら生態学的関係と呼ばれる複雑な網の中で互いに依存関係にあることを認識していた．しかしながらホワイト同様ブラッドリーも，人間は，作物に有害な生物を撲滅するために，その緊密なつながりに介入する権利を有すると確信していた．農民が単作に精を出すことによって害虫の増殖が加速されてきたかもしれないという事実に，その当時だれも思い至らなかった．

類縁関係のネットワークというこの自然像は，複雑で人間の干渉に抵抗するようデザインされていて，自然神学的な世界観の中に立ち現れていた．ジョン・レイらは，慈悲深い創造主はそれぞれの種に本能を授け，それぞれの身体的構造にふさわしい生活様式をもたせたのだと主張していた．いくつかの種は他の種を餌食にするよう創られており，餌食となる種の数が維持されていることでそれらは生きながらえているという事実を，レイは確実に認識していた．彼の後継者でありボイル講演の講演者ウィリアム・ダーラムは，1713年刊の『自然学的神学』の中で相互扶助のテーマを長々と展開した．それぞれの種は自然な生息場所をもち，それぞれ個体数を維持していた．なぜなら，その生物の生殖能力は，その寿命および捕食動物や他の自然災害がもたらす脅威とちょうど釣り合いがとれていたからであった[6]．

> 動物界のバランスはすべての時代を通じて一様に保たれている．あらゆる動物の増加と動物の寿命の間の不思議な調和と釣合によって，すべての時代を通じて世界は動物が多すぎるということなくうまく調節されている．

もし自然が本当にこのように安定なものなら，人々は己の干渉で自然を破壊する可能性があることについて何ら心配する必要はない．

b．バランスの維持

神によって定められた自然のバランスというテーマを，高邁な形に発展させたのはリンネだった．分類学者としてのリンネの名声がどんなものであれ，彼は自然環境に

おける種の生き様(ざま)に深く興味を抱いていた．神が創られた秩序という彼の見方からすれば，生態学的類縁関係は必然的に安定であると信じざるをえなかった．「自然の経済」と題された論文の中で，リンネは創造主がどのようにしてバランスの維持を保証するのかという包括的な説明を提供した．これは彼の学生のアイザック・ビルバーグによるとされるが，たぶんリンネ自身によって書かれたものである．

リンネや自然神学者の世界は機械的なシステムであったが，構成部分間のすべてのありうる類縁関係を考慮に入れた学識豊かなエンジニアによってデザインされたものであった．「自然の経済」は水文学的(すいもんがく)循環で始まっている．その中では，海洋からの蒸発作用は地球を育む(はぐく)雨となる水を供給している．降雨と排水との間の完全なバランスというイメージは，次にリンネが生物界へと拡張するモデルを提供するものだ．種はそれぞれ特有の獲物を主食とし，次にはその反対に他の種の餌食となる．ここにおいて食物連鎖の概念が成立するが，それは神の摂理が鎖の中のすべての環のつながりを保証しているという想定に結び付けられる[7]．

　　したがって，木の寄生虫が植物を食べる．イエバエと呼ばれるハエは木の寄生虫を食べる．スズメバチやジガバチバエはイエバエを食べる．トンボはスズメバチやジガバチバエを食べる．クモはトンボを食べる．小さな鳥はクモを食べる．そして最後にタカの類は小さな鳥を食べるのである．

捕食動物は常に被食動物よりその数は少ない．それゆえ被食動物が食べ尽くされることはなく，種の自然な生殖能力によってバランスが維持される．創造主のみがあらゆる種の恒久的な供給を保証できたのであった．

結局リンネの小論は，この精巧に考案された機械については，単に機能を観察すること以上に人類にはなすべき義務があることを強調した．非常に多くの種が我々にとり有用であるという事実は，創造主が我々を機械の責任者につけそれを我々のために操作させようとしていることを示している．自然のバランスは神意によって安定なものとされた．しかしそれは十分に融通性のあるもので，有用な種の数を増やし，迷惑な種を撲滅することを認めていた．つまり神は自然を人類に仕えるように創られたという確信の名残が，自然界の著しい複雑性に最もよく気づいていた博物学者になお影響しているのを，ここに見い出すのである．人間の干渉が自然のバランスを崩すという可能性はまだ考えられず，18世紀後半の台頭する工業化の波により，ようやくこの想定は問題を抱え始めた．

しかしながら啓蒙時代の博物学者は，人類の食物供給に脅威を与え続けたネズミや

昆虫の異常発生に気づいていた．初めこれらは神罰として退けられたが，時が経つにつれてそのような言葉で考えることは流行らなくなった．自然のバランスは完全には一様ではなく，バランスを維持するのに単に必要とされる数の範囲を越えて，1つの種が時に増加することがあるかもしれなかった．多くの種は，すさまじい捕食に対抗してその数を維持させるために強い繁殖力を与えられたが，そういった繁殖力は時折偶発的な要因によってバランスが崩れることを意味していた．しかしながら，自然の補償的メカニズムによって調和を回復する働きがまもなく始動するだろうと思われた．ビュフォンは著書『博物誌』(1756)の第6巻で野ウサギについて述べて，自然の多産性はそのような生物の激増を招きもしたが，捕食生物の増加が激増した生物の数をほどなく適当な数に減じると論じた．彼はまた，過度に増加した種は一時的に不妊となり個体数をもとの正常なレベルに減じるのではないかとも述べた．自然神学に対してしばしば批判はあったが，ビュフォンは，種は自然のバランスを維持する特性を授けられているという見解を認めた．

いくつかの異常発生は，実のところ自然のバランスに人間が干渉した結果，起こるべくして起こった予期せぬ副産物であったが，まだそうした認識は皆無だった．しかしいくつかの種の著しい多産性は紛れもない事実であり，この点の認識が高まることで，自然神学者が思い描く自然の揺るぎない安定性に揺さぶりがかけられることになった．生物は機械ではなく増殖能を有するシステムである．生命を環境がもたらす制約をたえず克服しようとする活力と解すれば，生物はずっとよくわかるのである．事実，18世紀後半の生理学では「生気論」(生命は純粋に機械的な言葉で説明できない独特な力であるという確信)が勢力を得て，純粋に機械的な世界観はついに崩れ始めていた．ダーウィン時代の思想家にとって，この点の理解に最大の寄与をなしたのは18世紀末1797年に出版されたトーマス・マルサス (1766-1834) の『人口論』であった．社会改革を求める急進論者の楽観的な予言を抑え込むために，マルサスは人類の繁殖能力がゆえに人口が常に食料の供給を凌駕する事態は避けがたいと明言した．この洞察は動物界に当てはめられたとき，自然神学の根底を揺るがす議論の到来を告げることになった．

リンネの世界観の静的な特性は，それぞれ種に固有の「生息地」すなわち生息場所という彼の概念によって説明される．自然の経済は明らかに地域ごとの系に分けられ，それぞれの系は特有な環境に適応した種から成っていた．あらゆる種において構造は機能に密接に適応しているので，当然のことながらたいていの種は生活様式に適合した地域に限定されるのであろう．しかしすべての種が特定の場所に閉じこめられたわけでないことも明白だった．ギルバート・ホワイトは，多くの鳥が越冬のために渡り

をすることをよく知っており,鳥がドーバー海峡やジブラルタル海峡を経由するルートをとって,広い海をまたぐことを避けながら北アフリカに渡るのだろうと述べている[8]。種は新天地に運ばれても生き延びるということがよく認識されるようになったことは,いっそう重要なことであった.植物園はその頃異国の種で溢れていた.とはいえ,それらは人工的な環境のもとでのことである.ところが,たとえばよく知られているようにウサギはローマ人によってヨーロッパに広められ,多くの新天地で非常にうまく棲みついてしまった.また普通のカエルは,17世紀後半にダブリンのトリニティー・カレッジの人たちによってアイルランドへもち込まれたと考えられた.ジャガイモや他の新世界の植物がヨーロッパで繁茂していることについては,誰もが知っていた.

c. 生命の地理学

ある種にとって適応的である環境が実際に生息する場所ではないことが,徐々に明らかになってきた.もし種のわずかの個体が繁殖地を作るために移入されるなら,多くの場合,利用を見込める場所が他にもあっただろう.いくつかの地域では実際の環境が長年のうちに変化するのがみられ,生物に重大な影響をもたらした.沼地が徐々に乾燥するにつれて新種がその場所に落ち着くことを,リンネは知っていた.それは同様の環境変化が起こるときはいつも見られる一定の結果であった.リンネは後退海洋理論の支持者であったので,特定地域に生息する生物に長い時間とともにそのような多くの変化が起こってきたことを,理解していたにちがいない.地球自体が変化を被っていることがわかってくると,生物界を静止系と見なそうとする博物学者には不都合が生じた.もし環境条件が変化するなら,少なくとも,種はふさわしい場所で生き残るために世界を動き回るはめになったに違いない.

永久的な移住の問題は,聖書にあるノアの方舟の話に関心をもつ17世紀の思想家によってとり組まれていた.もし,すべての現代種が方舟に乗って大洪水を生き延びた両親に由来するなら,洪水が引いたのち,地球のいたるところで大規模な移住があったに違いない.アメリカ大陸の発見は方舟の話をさらに難しくした.1つの理由として,ノアが方舟に乗せなければならなかった種の数をそのために大幅に増やさねばならないということ,またさらなる理由は,アメリカ大陸の種が中東のアララト山(方舟が上陸した伝説の地)からどのようにして移動できたのか理解が難しいことであった.ユーラシア大陸とアメリカ大陸の間にかかる陸橋が過去に存在したに違いないとするか,あるいは世界的な大洪水という考えをまったく受け入れないかどちらかであった.方舟に乗ったのはそれぞれの種でわずかばかりの数だったので,肉食動物はわずかに生き残った餌食となる種を,まもなく食べ尽くしてしまうだろうという指摘も

された．17世紀でさえ，何人かの大胆な思想家は，アメリカ大陸に生息する生物——先住民インディアンを含む——は別途創造され，彼らは洪水の影響を受けなかったと結論づけた．後退海洋理論の厳密な解釈が，比較的最近の大洪水の概念を受け入れにくくしているとリンネは理解した．しかし創造主への強い信仰が，聖書にあるエデンの園の話を彼に修正させたが，それは生物地理学の分野でよく似た問題を引き起こした．

リンネは，論文「居住地の拡大について」の中で，神はもともと1つの場所にすべての種を創造し，海面の下降によって陸地が出現するにつれて，それらはもとの場所から地球中に広まったのだと論じた．したがって種が創造されたもとの場所はすべての種にふさわしい生息場所を含んでいたに相違なく，そうだとすれば，そのような場所は熱帯地方にあり，またそこに高い山が存在したに違いない．なぜなら，その山の高度の高い斜面は，最終的には極地へ移住する種に適した寒い環境を提供しただろうと考えられるからである．これは，1回限りの神の創造という伝統的な見解と，適応および地上の状態変化に関する最新の見方とをうまく折り合わせる巧妙な方法であった．しかしリンネは，種が現存地にどのように，なぜ移ってきたのか説明しようとすれば当然生じる問題に無関心だった．すべての種はノアの方舟から広がったという信念を否定する議論は，リンネが考えたエデンの園の最新版に当てはめても等しく妥当した．そしてどちらかといえば，それらの議論はリンネのエデンの園にとっていっそう痛手であっただろう．なぜなら植物と動物の両方が広大な距離を越えて運ばれなければならなかったであろうから．

リンネの門弟たちが地球の全域の生物を収集し分類しようと海外へ出かけると，全動植物の単一の源を仮定する理論にはますます困難が伴った．ジョゼフ・バンクスやクック船長とともに南太平洋へ航海したダニエル・ソランダーの旅は，この収集計画のほんの一例にすぎなかった．リンネの弟子たちはまた，アメリカ，シベリア，日本といったさまざまなところで収集活動をした．彼らが本国へ送った標本のおかげで，ウプサラ大学のリンネの収集品は彼の死後，コレクター垂涎の的となった．［ところが困ったことに］さまざまな場所で見つけられた動植物は，はっきりと区別できる分類群を成すことが徐々に明らかになった．似かよった物理的状況がいろいろ異なる場所に存在するという事実は，動植物が同一であることを意味しなかった．環境に適応する必要から，種間には表面上の類似はあったが，しかしたとえばアメリカの動植物は旧世界の相当物とはまったく異なっていた．ビュフォンが述べたように，ピューマやジャガーは置き間違えられたライオンやトラではない．それらは明瞭にアメリカ種の大ネコである．博物学者がある明瞭な地域の植物相や動物相の研究に邁進し，本を執筆

することが徐々に流行するようになった．「植物相」という実際の用語ははっきりと地域的な意味を帯び始め，その区系(リージョン)（地域）の典型的な植物すべてから構成される生物学的単位を名指していた．

　明瞭な生物学的区系(リージョン)あるいは地区(プロヴィンス)という概念は18世紀後半に現れ，なかには種の分布を決定する過程を考え始めた博物学者もいた．ヨハン・ラインホルト・フォルスター（1729-98）はドイツの博物学者だったが，英国に移住し，クックの二度目の世界周航に同行した．彼はクックや海軍省と不和になったにもかかわらず，結果的には1778年に『世界周航観察記』を出版した．ある動植物は，環境，特に地域一帯の温度によって決まる単位を形成すると彼は述べた．その単位は，熱帯から寒帯へ移行するに従って，規則的な連続をなして次々と続いていた．熱帯には常に最も多くの種または最も壮観な種が存在していた．しかしこれに加えて，緯度よりむしろ経度によって支配された生物学的地区があった．たとえば，太平洋の島々では典型的なアジア種とアメリカ種の混合が見られた．また，たいていの島々には最も近い大陸の種とよく似た種（しかし，まったく同じではないこともある）が存在した．フォルスターは，生物学的地区の人間も含むように，これらの一般概念を拡張した．

　明確な植物地理上の区系という概念は，ドイツの植物学者であるカール・ヴィレノウ（1765-1812）によって，彼の著書『植物学の原理』（1792，英訳は1805年）で精緻化された．フォルスターが好んだ人類学的思弁の類をとり除くことによって，ヴィレノウは科学の明確な専門分野として植物地理学の創設に尽力した．彼は，区系の植物の特徴を決定するにあたり，地理・地質学的さらには生物学的要因の相互作用を認識し，適応という点からは完全に説明しきれない区系の下位区分としての地区の存在に注目した．彼は後退海洋理論の支持者として，広範囲に点在しながらも創造主が明確なひとそろいの種を形づくっていた山々を仮定することによって，リンネの提唱を修正した．陸の表面が拡大するにつれて種は広がり，周囲のなわばりにコロニーを作り，境界の部分で互いに影響しあった．ある地区に特徴的な種が，地球上のもう1つ別のところで発見されたという例外を説明するために，彼は，地質学的な大異変がいくつかの種をかなりの距離にわたって運んだに違いないと論じた．

5.4　変化の可能性

　自然神学は，自然の体系が完全に不変のものであるという確信を強化した．さまざまな種は合理的な秩序あるパターンに組み立てられることが可能だった．一方，機械論的なレベルでは，全体系は時計仕掛けのように動いた．もし，ある種が絶滅したり構造を変化させたりするならば，創造のパターンの中にも，また自然の平衡を保つ複

雑な食物網の中にも間隙があるだろう．どんな変化も創造主の意図からの逸脱を表すことになるだろう．

　しかし18世紀半ば頃までに，地質学者は地球自体がすでに大規模な変化を被ってきた証拠を提供し始めていた．後退海洋理論に対するリンネの主張からすると，彼はこの事態に気づいてはいたが，その考えを神の創造に関する彼自身の確信に合わせていただけであったことがわかる．植物区系あるいは動物区系の概念もまた，神の働きが分散して行われたことを仮定することによって，創造という考えを近代化する試みであった．しかし新しい地質学にまったく無関係のままではすまされなかった．地球に関するいくつかの競合理論は，地球の生き物が適応しなければならない環境のもとで独自の劇的変化のパターンをそれぞれ仮定した．化石は，いくつかの種が絶滅したかあるいは何か新しいものに変化したことを暗示した．18世紀の博物学者や哲学者の中には，生命自体が変化と発展の歴史をもつのではないかと思い始める者がいた．急進的な社会思想家は自然神学を擁護する保守的なイデオロギーに異議を唱えると同時に，自然の静的で階層的なモデルに疑いを差し挟むようになった．

　18世紀の後半には新しい立場が出現し，自然神学の支配に異議を唱えるように思われた．リンネのような保守的な人々でさえ変化の証拠に多少の譲歩をした．一方急進派の人々は，物質的な構造はすべて自然の力によってたえず壊され修正され続けているという理由から，不変なものは何もないという世界観を築き上げて御満悦だった．18世紀にダーウィンの「先駆者」がいたという主張は，少なくともいく人かの博物学者が，進化論的世界観を構築するために変化の証拠に十分気づいていたに違いないという想定に基づいている．確かに唯物論者の著述の中に，近代進化論のいろいろな側面を予期させるような一節を見つけることができる．しかし我々はそういった一節を文脈から切り離さぬよう気をつけなければならない．必要なすべての構成要素が著作の随所に見られるという理由で，18世紀のある人物が進化論をほぼ発見していたに違いないと未熟な歴史家は誤って考えがちだ．しかし今日の科学史家は，18世紀の博物学者たちが彼らの思想を展開した文脈を理解しようとする．そしてほとんどの場合，その文脈は我々自身のものとは矛盾することがわかる．ダーウィニズムの先駆とされる諸説は，歴史家の想像がもたらした人工物であり，急進的な啓蒙主義による発見を見きわめる本物の洞察ではない．

a．間隙を埋めること

　変化の概念は確かに18世紀後半さらに広まっているが，変化の導入のされ方は実にさまざまなかたちでありうる．本質的に静的とされる宇宙像を維持するように枠組み全体がデザインされた系についても，自然の変化を限定的に認めることが，しばしば

5.4 変化の可能性

起こってきた．たとえばシャルル・ボネは存在の連鎖の中でより高次のものは地球の歴史の比較的新しい時代になって初めて現れるようになったに違いないとしぶしぶ認めた．しかし神の創造パターンとして，連鎖自体は変化していなかった．つまり，1つのモデルがどんなものかわからなくても，どのようなもので〈ありうるか〉を前もって定めたパターンは存続した．たとえば分類枠の体系で箱のいくつかは最初から空っぽであっても，それらの箱は神が計画を定めた瞬間から，概念または可能性としてそこに存在しているというわけだ．ただしそのような[外枠が決まった内部での]変化は，近代ダーウィニズムによって表明されるような，あらゆる可能性に開かれた進化モデルとはまったく異なっている．ビュフォンのような唯物論者でさえ地球の歴史の見方を作るのに苦労していた．それは永遠の固定型，つまり物質世界にやがて顕在化するようになる条件を単純に待っている構造的な可能性として，種の概念を保つ歴史観であった．

1つの種を何かまったく違う種に変化させうるメカニズムについて，初めて真剣な提案が出てくるのは，やっと18世紀末のことであった．しかし，こういう提案は必ずしも化石記録から明らかにされた変化の最新の証拠を知った思想家によるわけではない．変移という仮説的なメカニズムが構築されえたのは，生理学で明らかになりつつある新しい考え，すなわち環境の変化に適応する生物の能力ともいうべき生物本来の活動性や創造性の中からであった．歴史的な発展の概念[化石記録]と日々の変化のメカニズム[生理学]とは，現代進化論の中で当然とされるような仕方ではまだまだ統合されてはいなかった．自然の静的なイメージが最終的に突き崩されるのは，これら歴史的発展と変化のメカニズムという2つの研究レベルが19世紀に統合されて初めて可能となった．

リンネは初期の著作の中で，創造以降新種は1つも生まれていないと断言していた．しかし後になって，創造主は時の経過の中で変化の可能性をいくぶん許したのではないかと気づき始めた．種はうまく特徴づけられた「変種」つまり種の生息地の外の違った土地の状況に適応した個体群を含むかもしれないとされた．しかしそのような変種はまだ同じ種のメンバーであった．なぜならそれは一緒にされれば交配して雑種を生じることが可能だったからである．そこでリンネは考えた．少なくともいくつかの場合においては，土地の状況に適応していく過程が遙か昔に過ぎ去ってしまったので，新しい形態が古いものと交配することができないのではないかと．新しい種はこのようにして形成され，親とは緊密に関係していたが，親とは異なっていた．

この考えは進化の近代的概念をわずかばかり予期させるものであったが，リンネにとって変化の可能性を認識する主たる方法ではなかった．リンネは，彼の植物園の中

で新種が生じていることに気づくようになっていた．それは明らかに，異なる2種間の交雑の結果であった．この発見を踏まえて，彼は結局次のように仮定した．すなわち，初め神はそれぞれの属にただ1つの種を創造し，現在観察されるものはすべて，神が創った元の種の間の交配によって時の流れの中で形成されたものであったと．これは，進化もなければ神の不変の計画という根本概念を脅かすこともない種の増加の理論であった．新種といえども決して本当に〈新しく〉はないのである．すなわち，それらは神によって創造された元の種の中にすでに存在していた形質の新しい組み合わせにすぎなかった．

b．ビュフォン

リンネの分類体系を用いた博物学者の多くは，これら後の思索にはまったく注意を払わなかった．しかし，新しい急進派の哲学に染まった人々にとって，神の創造という考えと妥協することはとうてい認められなかった．すべての急進派の中でも，リンネの強力な反対者であり，新しい自然哲学の最有力な支持者は，パリの王立植物園の園長ジョルジュ・ルクレール・ド・ビュフォン伯爵であった．ビュフォンの大著『博物誌』は動物界の完全な叙述を提供するよう意図されていた．それはパリの〈サロン〉に集う18世紀の思想と趣味に精通した教養のある知識人に訴える文体で書かれた．さらにビュフォンは，経験豊かな博物学者を協力者として擁し，世界中から流入してくる新情報の意味について基本的なコメントを付した．

ビュフォンは『博物誌』(1749)の初めの巻で，地球は衝突した彗星によって太陽から切り離され，熱で溶けた物質の球として始まったと主張した(4章参照)．それだけでなく彼はまた，自分の急進的なプログラムを地球上の生命の歴史に拡張しようとも決意した．彼は，リンネや他の分類学者が科学より神の創造を重視していることを非難した．彼らは神の計画の抽象的な単位として種を扱うことによって，今日物質世界に見られる構造を維持する自然過程を無視していた．たとえそのような計画が実際に存在しても，自然は非常に複雑なので，博物学者は観察した類縁関係を正しく説明したとは断言できなかった．つまり彼らが考えた体系は彼ら自身の空想の所産かもしれなかったのである．ビュフォンにとって，1つの種は抽象的な創造のパターンの中の一要素ではなく，それは生殖によって同一の基本構造が，時を通じて維持されてきた動植物の1つのグループだったのである．

1753年の『博物誌』第4巻でビュフォンはロバのことを述べ，ロバが馬と「類縁である」ということの意味を問うた．リンネの体系では「類縁関係」は神の創造計画における類似性に他ならなかったが，ビュフォンにとっては空疎な言葉であった．もしその言葉が現実世界で何か意味をもつとすれば，それは物理的な関係，つまりロバと

いう種は時を通じて退化してしまった馬から成るということを意味しなければならない．実際，類縁関係の概念は人間一族の中において示されるのと同じ含意を伝えなくてはならない．もし2人の人間が親類なら，それはその2人は過去のある時点で共通の祖先をもっていたことになる．ビュフォンは今日の進化論に相通じる理解を示そうとしていたと論じた歴史家もいる．しかし実際には，彼は，ロバが馬と類縁でないことを示すために大変苦労した．つまりそれらは2つの異なる種であり，それらの間にある類縁関係は表面的な類似点に固執する分類学者の心にのみ存するのだ．かくいう類似点は，純粋に恣意的なものであり，自然ではなく人間の知性の産物である．ビュフォンは，[『博物誌』の]自然の記述を人間に役立つ種から始めるという古いやり方に戻ることによって，手続き全体に対する軽蔑の意を表明した．もしすべての「類縁関係」が等しく想像上のものであるなら，これは，使うのには最適の体系であった．

　生殖は種の形態を世代から世代へ保つのに重大であった．しかしながらそれはどのようにしてできたのであろうか．子が親と同じ基本構造をもつことを自然はどのようにして保証したのであろうか．ビュフォンは前成説反対の急先鋒だった．前成説では，生殖の基礎となるすべての生物のミニチュアは神の創造によるものとされた．ビュフォンには，そのような説が新しい生物の発生を説明できるとは思えなかった．その説は，すべての構造が直接創造主に由来すると主張することによって，自然から本当の発生をとり除くものであった．ビュフォンは，胚は生殖システムの中で両親から受け取った「有機分子」から形成されると主張した．有機分子は母親の子宮の中で結合されるとき，新しい生物の体を形成するようにいくらか整理される．自然の力によってのみ駆動される物質粒子がいかにして生体の複雑な構造に物質粒子自体を配列できるのかを説明することは，機械論哲学に立ちはだかる大問題の1つであった．新しい構造が両親の種の基本形態をどのようにしていつも複製するのかを説明することは，さらなる困難を引き起こした．それについてビュフォンは次のように主張して，簡単に片づけた．種には，有機分子にそれ自体で同一の基本構造をどうにかして作らせるという「内的鋳型」が根底にあると．自然は限られた数のこういった鋳型だけを含んでおり，その鋳型は観察される識別可能な種に相当する．

　ビュフォンは，『博物誌』の続巻で着実に動物界の記載範囲を広げ，明瞭な種のランクではなくその数について少しずつ考えを変えた．第14巻(1766)の論文「動物の退化について」の中で，彼は，馬とロバあるいはライオンとトラといったかなり近い類縁関係にある形態は共通の祖先をもつことを受け入れた．実際にリンネがつけた属のひとつひとつは，うまく選び出された多くの変種を発展させた単一の種であった．その変種とは博物学者が誤って本当の種と呼んだものであった．ビュフォンは，この

点において同族の種間で生まれる繁殖可能な雑種についての報告書によって勇気づけられた．ただしその報告書はそれはどうやら誤りらしい．彼は，繁殖力がないという理由からラバには初め無関心だったが，もし繁殖力のあるラバが誕生するなら馬とロバは別個の種ではありえない．つまりそれらは単一の形態の中の単なる変種ということになる．こういうことが種それぞれの中で自然変化の範囲をかなり広げたが，それは種自体が別個のものであるという基本的事実を変えてはいなかった．馬という種と大ネコという種はまったく分離したもので，それぞれが内的鋳型をもっており，それらの間には何の関係もありえなかった．

「進化主義」へと向かうビュフォンの動きはこのように非常に限られていた．なぜなら，自然は絶対的に異なる有機体のタイプを数多く含んでいるという信念を拒絶していないからだ．その後の彼の主張で，おそらくもっと重大なことといえば，それぞれのタイプ内での「種」の増加を地理的な拡散の結果として理解しようとする彼のとり組みである．もし動物のある個体群が新しい環境で生きることを強いられるなら，個々の動物の中に変化が生じ，結局それが遺伝することになるだろうと彼は論じた．有機分子の供給が新しい境遇のもとで異なれば，「内的鋳型」の身体的表出は変化するだろう．これは新しい境遇への適応ではなく，不慣れな環境が生物に及ぼす直接的でしばしば退行的な効果であった．そのような変化は，地球表面の地質学的変化の結果として種が新しい地域へ移動できたときによく起こった．新世界にはそこでしか見られない多くの明瞭な種が存在することをビュフォンは認めた．それらは，今は沈んでしまった大西洋にかかっていた陸橋を通ってアメリカに渡来した旧世界タイプの生物の退化した生き残りかもしれないというのが，彼の最初の推測だった．新世界の劣った環境では退行が避けにくくなるのだという彼の主張は，優れた領土であることを証明したいアメリカの博物学者や学識者の反発を買った．

1778年の『自然の諸時期』と題されたビュフォンの補遺巻において，彼は，移住による変容という概念を，地球の漸進的冷却という彼の理論に結び付けた．マンモスやマストドンというようなゾウは，気候が今日よりもっと暖かかった頃北部地方に住んでいた．地球が冷えてくるにつれて動物たちは好ましい状況での生き残りをかけて南方への移動を強いられた．それでも北部地方にいた巨大な祖先と比べた場合，現代の熱帯産の形態は退化していた．アジアと北アメリカにはかつてつながりがあったため，祖先たちはその2つの大陸間を自由に往来した．しかし彼らは南の方へとせき立てられると，新旧世界の個体群が分離するようになり，それぞれのタイプは変化し，今日みられるような明らかに異なる「種」を生じた．1つの大陸で絶滅したタイプもあれば他の大陸で生き残ったタイプもあった．ここにおいて現代世界における動物学的地

c．唯物論と生命の起源

　北方地方に住む生物の祖先形は，それが神の創造によるものでないとしたら，いったいどのようにして存在するようになったのであろうか．ビュフォンは聖書の話のこの最後の痕跡を削除することを決め，そうすることで「自然発生」という古い概念，つまり生き物はある状況下では生命をもたない物質から直接誕生させることができるという確信を引き合いに出した．彼は当初英国人移住者ジョン・ターバヴィル・ニーダム (1713-81) と協力した．そして，滅菌された肉汁のビンの中に微生物が誕生していることを示すように思われる実験を遂行した．ビュフォンにとって，このことは親となる生物の子宮外でさえも有機分子が自発的に自己組織化して生きた構造を作り出すことの明らかな証拠だった．

　ニーダムの実験は前成説を支持する人々から厳しく批判された．それらの人々は，有機分子は生き物を作り出すというような創造的な力をもたないと思っていた．結局，ラザロ・スパランツァーニ (1729-99) が，ニーダムの実験材料が十分よく殺菌されていなかったことを証明することになった．しかしとかくするうちにビュフォンを含む多くの唯物論者が，自然は神の干渉なしに生き物を誕生させることができるという主張を正当とする証拠として，その実験をとり上げた．ある状況下（原始の地球がそうであった暖かい環境）においてはかなり大きな生き物が，無定型な物質から直接出現したかもしれないと彼らは思った．そしてここには，北方の大陸に住む生物の起源を説明するビュフォンの理論があった．人間の時代に先がけて強烈に暑い状況に適応した形態を生み出したさらに初期の自然発生についてもビュフォンは考えた．そのような形態は惑星が冷えるにつれて絶滅し，それが化石化して岩の中に残り，我々を当惑させていると．

　それぞれの生物の基本タイプである先祖成員の形成に関するビュフォンの説明は，共通の祖先からの進化ではなく自然発生であった．タイプはそれぞれ永久に他のタイプと区別されると彼は確信し，たとえば哺乳類の共通祖先の可能性にも否定的なままであった．それぞれの種はある点まで順応性を高めたが，その基本構造は自然の法則そのものによって決定された．その法則は内的鋳型の不変性によっていく分保証された．太陽系の惑星がそれぞれに適度に冷えたとき，今日地球上に生息する種と同一のものが自然発生によって誕生したとビュフォンは論じた．それぞれの種の形態はまさに自然の構造に組み込まれ，物理的条件が適切でありさえすれば，物理的な形を成す物質粒子の潜在的に安定な有機体を表していた．自然の構築は永遠不変のパターンに基づくという想定を放棄することが18世紀の博物学者にとっていかに難事であった

ことか，上述の例にまさる明確な事例もなかろう．唯物論者であった彼は，創世記の話を軽蔑し，変化する地球環境についても認識していた．しかしそれにもかかわらず，ビュフォンは，自分が描いている種が自然の秩序の永久的な姿であるという確信を断ち切ることはできなかった．

　基本的な自然の秩序の概念を捨てることに最も近づいたのは，より急進的な啓蒙主義の唯物論者だった．デニス・ディドロ（1713-84）やドルバック男爵（1723-89）は著述を通して既存の社会秩序を精力的に批判し，生成消滅する自然を通説との戦いにおける力強い武器としていた．1750年代から内々に出された多くの著作の中で，自然は不変で階層的な様相をなすのではなく自然の力の絶え間ない作用が，既存の構造を壊し続け，それに代わる新しいものを作り続けていると上述の2人は論じた．特にディドロは奇形動物の出現に興味をそそられ，正常な生殖過程のそのような撹乱を種の安定性を保証する力が自然には何もないことの証拠とした．ある偶然に生じた奇形生物が生き延び生殖することができ，そうして新しい種ができるかもしれないというのは，ありえないことだったのだろうか．ディドロは自然形態の起源についてエンペドクレスの見解を引き合いに出し，自然発生を試行錯誤の過程ではないかとした．自然発生では，生存するのに十分幸運な組み合わせのみが生き残り，今日知られる種の親となったのだろう．1770年，匿名で出版されたドルバックの『自然の体系』は，不変の秩序を欠き物質的な自然の絶え間ない作用のみの世界を描き出し，「無神論のバイブル」として知られるようになった．ここにおいて唯物論は，前世紀には潜行を余儀なくされていた汎神論者の伝統を復活させ，自然そのものをあらゆる創造力の源泉とすべきことを主張した．

　この急進的な哲学は，自然神学の基礎や神の創造に対する信念を脅かした．この哲学には，自然の発達は制限のない予測不可能なものであるとする進化論的見地の萌芽が見られる．しかしディドロやドルバックのような哲学者たちも生物の変化についてはどんな詳細な理論も示さなかった．彼らは新しい科学の業績に熱烈な興味を示したが，他にもっと大切な仕事があった．どんな場合でも，種の転成は，彼らの体系の重要部分ではなかった．自然は複雑な生きた構造すら自発的に生み出すと信じていたので，彼らは現代の種の多様性を説明する進化の広範な過程を仮定するに及ばなかった．いったん自然発生説が捨て去られるか，あるいは少なくとも生命の最も単純な形態の起源のみを説明することに役割が限定されれば，持続的な自然発達の理論のみが妥当なものになったであろう．その世紀の最後の数十年までに，この方向へとことはすでに動きつつあり，19世紀の自然諸科学を悩ます論争に道を開いた．

d. 自然の進歩

　これらの理論の最初期のものの1つは，エラズマス・ダーウィン（1731-1802）によって書かれた．彼は後にその名が進化論の象徴になる人，つまりチャールズ・ダーウィンの祖父であった．エラズマス・ダーウィンは著名な医者であり，18世紀後半の英国という新しく工業化された世界の中にあってその影響力を増し台頭しつつある中流階級の代表者であった．彼は自然をたえず発展する系ととらえ，生命が限界に挑み続ける自然像を詳述する数多くの詩を書いた．彼は転成理論に『ゾーノミア』（1794-96）の一章をあてた．それは生物界を治めている法の包括的な説明であった．エラズマス・ダーウィンの自然発展の考えは孫チャールズの理論を期待させるものだとしばしば言われたが，基盤はかなり違っていた．彼の理解では，生物は最も簡単な形態から起こり，変化する環境に対処して闘う個々の生物の努力を通して進歩してきたのだ．それぞれの世代は，その前の世代の努力を基礎として成立し，自己発展の増大分を進化の過程に付け加えたのである．

　エラズマス・ダーウィンの名は，その時代，詩人として知られた．彼は詩の中で，止むことなく活動的な自然という見方を，18世紀に典型的な韻を踏んだ二行連句に表現した．彼の作である『植物の園』（1789-91）の第二巻は「植物の愛」に捧げられており，リンネの生殖器による分類体系を擬人化と率直な示唆に富む言葉で描いた．1803年の『自然の殿堂』は，進化の理論をとり入れた[9]．

　　波の下で有機生命が始まった……．
　　かくして自然に発した親なき粒子が
　　命を育む地球に初めて生じた．
　　虫めがねにもみえざる原初の形態は，
　　泥の上を這い，水の中を突き進む．
　　次々と世代が替わるうち，
　　新たな力がより大きな肢体を得る．
　　幾種もの植物が芽を伸ばし，
　　ひれ，足，翼の世界を呼吸する．

ダーウィンはまた，自然の繁殖力が過剰であるために起こる生存競争を描いた．ただし彼がそれを創造的な進化の力と見なした証拠はどこにもない．彼の古典派的スタイルはまもなくロマン派の人々によって追いやられてしまうことになるが，彼の詩は科学と芸術の両方を兼ね備えた典型例である．

自然の発展に対するエラズマス・ダーウィンの急進的な哲学は，保守的な思想家たちの批判を引き出すことになった．しかしその根は，当時の医学的・心理学的理論の中にあり，博物学の中では直接的な影響をもたなかった．しかし同様の考えが，わずか数年後にフランスの博物学者によって展開された．彼の研究は18世紀の自然観の形成に寄与した全ての研究を，最終的に総合したもののように思われる．J. B. ラマルク（1744-1829）は研究者としての経歴を植物学者として始めたが，パリにある自然史博物館（フランス革命後ビュフォンの旧王立植物園から改組された）に所属し，無脊椎動物を記述するよう任命された．実際ラマルクは無脊椎動物の分類を大いに進展させ，生物学の歴史における地位を確かなものにした．しかし彼は晩年になって初めて，特に1809年の著書『動物哲学』において転成理論を展開し，その包括的理論で最もよく知られるようになった．

　種がいかにしてその環境に適応するかを説明したラマルクのメカニズムは，後にチャールズ・ダーウィンの自然選択理論に対する代案を探していた博物学者の注目するところとなった．しかし19世紀後半の「ラマルキズム」［ネオ・ラマルキズム］（8章参照）は，ラマルクの理論全体のただ1つの構成要素［獲得形質の遺伝］を全面展開したものだ．事実18世紀に行き渡っていた多くの概念を結合して作り出したラマルク自身の進化論的世界観は，19世紀［後半］に流行することになるものとは多くの点でまったく異なっていた．

　ラマルクの出発点は自然発生の概念であった．電気は生命の原初的な形態を生み出す小球体に生命を与える力をもっていると彼は見なした．もっと複雑な生命構造はかなり何世代もめぐる前進的進化によって生み出された．原則として，前進的進化は最も複雑なもの（人間）を最も簡単なものに結び付ける有機的形態の唯一の連続的パターンを生み出すだろう．ここに，おそらく我々は「存在の連鎖」の影響を見い出す．ラマルク自身は動物界と植物界に対応する2つの並行した階層を主張していたけれど，しかし，彼は博物学者として経験を積む中で，観察される種が直線的に配列されるわけではないことを悟った．そしてこの直線からの「逸脱」を説明するために彼が訴えたのは，生物が，変化する環境に適応する必要性であった．したがって，ある種の実際の構造は，複雑性の階層の中でそれが占める地位と環境の中でそれがなした適応とによって決定されるのである．

　種がどのようにして適応するのか説明するためにラマルクが提供したメカニズムは，後の博物学者によって「ラマルキズム」の名のもとに記憶される彼の理論の一部である．彼のメカニズムの本質は「獲得形質の遺伝」として知られている1つのプロセスである．なぜなら生物が一生のうちに獲得した形質はその子孫に伝えられるはず

5.4 変化の可能性

だと考えられたからである．もしこれが本当なら，重量挙げで強靭な筋肉を作り上げた男は，彼がそうしなかったときよりも，もっと強い筋肉をもったわが子の誕生を期待できるかもしれない．動物が新しい環境にさらされると適応するために習性を変え，また前よりいっそう体のいくつかの部分を鍛えなければならないとラマルクは考えた．こうした体の部分は大きくなり，次の世代はその発達をいくらか受け継ぎ，また同じ部分を鍛え続けることにより増強していくことになるだろう．この典型例がキリンである．キリンは木の葉を食べるために背伸びを続け，何世代も経ていくうちに長い首を発達させたという．この理論では選択はない．すなわち個体群のすべての構成員が新しい習性（たとえば，キリンの新しい食物の取り方）を獲得し，そして全員が子孫に伝える自己適応のプロセスに関与するからである．

　現代の遺伝学者は獲得形質は遺伝しないと主張する．なぜならある世代から次の世代に特性を伝える遺伝子に，獲得形質を刷り込むメカニズムがないからである．しかしラマルクの時代およびその後1世紀にわたり，生物学者のほとんどがそういうプロセスがあると信じていた．一般の人々は自分たちの人生の重要な結果は子供たちに伝えられると常に信じる傾向にあり，こういった想定の根拠の多くが誤りであると認めるのに生物学者は長い時間を要した．ラマルクの大革新とは次のようなことを認識することであった．もし過程が無限に継続可能なら，それは賢明で慈悲深い創造主によるデザインという伝統的な概念に代わるものを与えることができるだろう．［現に］種は適応していた．そうだとすれば生物に行動を変化させ，その結果その体構造を変化させる自然過程が存在したはずである．

　かつての歴史家の解釈は，ラマルクが同時代の人々から無視され嘲られていたとしていた．しかし今日我々の認識は以下のごとくである．自然に関する急進的な思想の流れは19世紀の初期を通じて活発であり続け，それは神によってデザインされたとする伝統的な静的世界像に挑戦する手段として進化の観念を必要とした（7章参照）．ラマルクは啓蒙主義の唯物論を次の世紀へと伝える伝達手段の1つであった．

　しかし，後世の思想家に与える影響の大きさにもかかわらず，ラマルクの理論は19世紀初期の科学において重要な鍵となる問題のいくつかを摑みそこねていた．彼が紹介した証拠は不十分なものだった．それは類似の結果を生み出す別のプロセス（自然選択）を彼が思いつかなかったからであった．さらに重要なことに，彼は化石の記録からようやく現れ始めている証拠に自分の進化の概念を結び付けなかった．自然はどの種も絶滅させることはないとラマルクは確信し，絶滅したと思われる化石については，古い種が現代世界ではまったく異なったものに変化した証拠と解釈した．またラマルクには進化の地理的要因を探る試みもなかった．彼は博物館の博物学者であって，

旅行家ではない．彼の適応の概念は理論的な原理から導出されたものであって，動植物が実際にどのようにこの世に生き残っているのかという注意深い観察から考案されたものではない．もし彼の考えのいくつかが後の思想を刺激する力をもっていたとすれば，それは地質学と生物地理学から現れる新しい証拠をとり込んでいく中で大きく変貌を遂げる概念環境があって初めて可能になった．

■注
1) このアプローチを用いた好例としては，Aram Vartanian, *Diderot and Descartes: A Study of Scientific Naturalism in the Enlightenment* (Princeton, NJ: Princeton University Press, 1953).
2) William Bligh, *A Voyage to the South Seas* (London, 1792), p. 5.
3) John Ray, *The Wisdom of God Manifested in the Works of Creation* (11th edn, Glasgow, 1744), preface.
4) Alexander Pope, *An Essay on Man,* epistle 1, in *The Works of Alexander Pope* (London, 1752, 7 vols), vol. 3, p. 18. 『人間論』上田勤訳 岩波文庫(1950).
5) Gilbert White, *The Natural History and Antiquities of Selborne* (London, 1789), p. 233. 『セルボーンの博物誌』山内義雄訳 講談社学術文庫(1992)；『セルボーンの博物誌』西谷退三訳 八坂書房(1992)；『セルボーンの博物誌』新妻昭夫訳 小学館(1992).
6) William Derham, *Physico-Theology* (3rd edn, London, 1714), p. 171.
7) Isaac Bilberg, 'The Oeconomy of Nature', transl. in Benjamin Stillingfleet, *Miscellaneous Tracts relating to Natural History, Husbandry, and Physick* (3rd edn, London, 1775), pp. 39-129, see p. 114.
8) White, *The Natural History and Antiquities of Selborne* (note 5), pp. 139-40. しかし，ホワイトはつばめが英国で越冬するという古くからの教えを捨てるのは難しいと依然として考えていたことに注意せよ．pp. 138-9 参照．
9) Erasmus Darwin, *The Temple of Nature* (London, 1803), canto I, lines 295-302.

6

英 雄 時 代

The Heroic Age

　19世紀は地質学の「英雄時代」と呼ばれてきた．その時代に地球の歴史の完全な輪郭が作られたからである．現代の科学者に馴染みの地質年代の順序は，すでに19世紀中葉には確立されていた．しかし，19世紀は地質学の英雄時代であっただけでなく，地球の表面全体が綿密な科学探査にさらされた時代でもあった．19世紀末までにあらゆる大陸の奥地，「暗黒大陸」アフリカの奥地でさえも，西洋の地理学者によって調査され，それ以前の探検家の発見が統合・拡張された．海洋の深さはその秘密を明かし始め，気象パターンそのものは国際的に組織された科学者たちによって研究されていた．19世紀は環境やその変化に関する我々の現代的理解が形をなし始め，学会ならびに学会誌(ジャーナル)，政府・民間基金の獲得競争とともに，科学者共同体の今日の形も整い始めた時代であった．

　歴史的事実の概略は十分明確であるが，詳細に関しては歴史家の間で多くの議論の余地が残っている．科学は，次第に大きな概念領域を引き継ぎ始めるにつれて，時代の社会的変動に巻き込まれるようになった．地質学が地球の創造に関する伝統的宗教観と対立する可能性は，すでに2〜3世紀前に明らかになっており，その後，科学が物理的事実を権威の唯一の拠り所として確立するにつれて，その対立は，ようやく治まっていくことになったという．しかし科学と宗教の間のこのような「戦争(ウォー)」という比喩的表現は，誤解を招きやすいと現代の多くの歴史家によって批判されてきている．確かに進化理論の出現は西洋思想史における一大革命であり，地質学は新しい世界観樹立のための基盤整備に一役を担った．しかし対立という隠喩に適合させるために問

題を過度に単純化したり，公のものとは独立して起こった広範な議論の展開を無視して，明白な論争ばかりに気をとられてきたのはあまりにも安易だったろう．

　国家の思惑によって，科学史家の関心は左右されてきた．英米の歴史家は，宗教がらみの議論が最も活発な領域に打ち込む傾向があった．なぜなら，その問題は知的な刺激に満ちているように思われるからである．そのようなアプローチは大陸ヨーロッパの歴史家を困惑させるかもしれない．大陸では19世紀の議論における宗教の役割は英米ほど決定的ではなかったからである．部外者がほとんど関心をもたない複雑な専門的事項を扱う場合を除けば，伝統的な諸価値と摩擦のない科学の領域は無視されてきた．たとえば海洋学や気象学の発達よりも，地質学の歴史の方がよく知られている．たとえ同じ人物や同じ組織が，それら3つのすべての分野に関わっていたとしてもである．科学はますます専門化していたが，多様な領域から提起される概念的な諸問題に相互作用がある限り，つながりは無視できないだろう．ところが現代の歴史家は1つの領域だけに集中して他を顧みないので，過去について蛸つぼ化し歪んだイメージを与えてしまっている．環境問題が顕在化するにつれ，地上のシステムの機能の解明をめざす科学の試みの中でも，これまで人気のなかった領域が注目されるかもしれない．

　個別の科学の中でさえ，歪みが生じてきており，現代の歴史学によって徐々にではあるが修正されている．「英雄と悪者」探しは，18世紀同様19世紀の地質学にも歪んだ解釈をもたらした．漸進的変化による地球の形成に反対する人は皆，「激変論者」の烙印を押され，聖書のノアの洪水の物語に一定の評価を与える者として非難された．現代の歴史家は，後知恵でもち込まれることになった偏見を正すことができ，かつて軽蔑された激変論者が今日なお正しいとされる地球の歴史の輪郭を作るうえで主要な役割を果たしたことを示してきた．また同様に意義深いのは，地質学的変化の速度をめぐる公然たる議論が必ずしも事を左右するほどの根本的問題ではなかったという認識であった．一連の地質年代を確立した技術，および山脈の形成を理解しようとする試みは，必ずしも宗教家の怒りを買うことなく大きな成果をあげた地質学の領域である．ここで，科学史はようやく，現代の自然観を確立した人々にとって重要な専門的問題に向き合うことになる．

　歴史家はまた，19世紀の科学の社会的発達も活発に研究してきた．18世紀には1つの基本的な科学者共同体が成立していたが，現代的な意味で職業的「科学者」が登場し始めたのは，19世紀であった（「科学者」という単語は1840年にウィリアム・ヒューエル（1794-1866）によって作られた）．科学者は，個別の学問分野を促進するための専門的な学会を組織し，科学の社会的役割を推進するために一般的な組織も設立し

始めた．いくらかは不本意ながらも，政府は科学的研究・教育を支持せざるをえなかった．世界がますます工業化する中で，科学者は自分たちこそが進歩の鍵を，それゆえ国家発展の鍵を握っていると主張した．しかしながら，彼らはその証拠として，科学的知識の理論的内容よりむしろ実用的価値を強調せねばならず，しばしば自分たちの本当の関心を政府に隠すことになった．

科学は本質的に唯物論的自然観を促進した．その自然観は，新たな産業社会の要求に非常によく適(かな)っており，知の探究を人間の精神とは独立した「向こう側」に存在する客観的世界に関する事実を収集する過程として考えたい人々に好まれた．唯物論という単純な哲学は，「実証主義哲学者」によって修正された．たとえばオーギュスト・コント（1798-1857）は，科学を，究極の因果関係を問う人間の思索に関係なく，自然過程を描写する試みととらえたのであった．そのような考え方は，自然支配をもくろむ人々の欲望とうまく適合した．

しかし，産業支配拡大の時代には，商業主義や物質主義［唯物論］的価値を拒絶する知識人が多くいた．機械論的世界観に対抗して，自然の精神的次元を強調する体系もあった．機械論とは対照的に，芸術におけるロマン主義運動は，人間の精神こそが重要であるとし，唯物論のちっぽけな世界など超越しようという精神の欲求を強調した．哲学的な「観念論」の多様な形態は，我々の自然観が「向こう側」から受け取る感覚の所産であるばかりでなく，その感覚を解釈しようとする精神的努力の所産でもあることを示そうとした．自然はそれ自体が物質ではない精神の明示，すなわち神の意志の直接的表明であるとまで示唆する哲学者もいた．そのような考え方は，科学と相反するどころか，科学の中に組み込まれ，しばしば新しい重要な先駆けの基盤として役立った．科学者は当時の大論争に活発に参加したが，彼らが常に唯物論側に加担したと想定するのは誤りであろう．

科学と宗教の間の争論を，社会の統治に関連して発言権を要求する新しい専門家・企業家階級の台頭の結果と見なすことはある程度可能である．貴族階級の権威に対する挑戦は，伝統的な道徳的諸価値に対する挑戦と必然的に関係していた．伝統的な権威者も価値体系を「近代化」しようとし，それゆえ科学思想の発達に一役を担ったことを決して忘れるべきではないが，職業的科学者はこの社会的大変動に巻き込まれ，ほとんどの場合改革側に立った．歴史家は近年，専門的議論，職業的関心，および政治的忠誠の間の相互関係を探究しようと試み，19世紀の科学史に最も活発に寄与してきた．そこで明らかにされたことは，多くの場合，増え続ける事実情報を説明する理論を形成する際，社会的背景が大きな役割を果たしたということであった．

6.1 科学の組織

　ヨーロッパ人が常に増加する産業力を蓄え，植民地化をとおして世界を制覇するにつれて，科学は物質界を支配する人間の知性を象徴するようになった．科学者は，政府や民間産業が物質的利益を願って，研究資金を供給するだろうと考えていた．19世紀初めに，国家資金による科学研究組織や国家支援による科学教育の近代システムが始まった．大陸ヨーロッパがその先駆けをなし，英国は遅れをとった．科学者は己の潜在的影響力に気づくようになり，最初の専門的学会を形成するよう協力し始めた．19世紀も後になると，科学組織は著しく近代的な形態を獲得した．アメリカもまた，産業力の拡大に伴って急速に追随を遂げた．

a．ヨーロッパによる地球調査

　18世紀末までに，ヨーロッパ諸国の多くは科学研究および教育を奨励し始めた．中央集権制度が発達したフランスでは政府が先導的な役割を果たしたが，多くのドイツ諸国もまた地質学を教える鉱山大学を有していた．1790年代，フランスの革命政府は（ビュフォンが園長を務めた）旧王立植物園を自然史博物館に改組した．これは，博物館であるばかりでなく教育機関でもあり，ラマルクと彼の宿敵ジョルジュ・キュヴィエ（1769-1832）はともにそこを本拠地にした（7章参照）．併設された鉱山学校は地質学を教育し，1820年代になると政府はフランス国内の地質図を作成する計画を後援した．フランスは目下のところ海外の植民地を欠いていたが，なお探検や海洋学を支援した．なかでも，1826年から29年にかけてのドゥルヴィ・デュモン（1790-1842）の航海は重要であった．パリにはヨーロッパ初の地理学協会があった（1821創設）．同協会は，後の数十年の間，北アフリカの植民地建設を促すうえで先導的な役割を果たした．

　19世紀初めの数十年間に，ドイツの諸大学は近代的な科学教育制度を作った．その制度では，結局のところ学生は，博士号を取得するために遂行するべき研究プロジェクトに専念させられた．ドイツの科学者も，社会の中で活発な役割を担う職業集団であることを自覚するようになっていた．1828年のドイツ自然科学者医師学会の会合は世界中の科学者をベルリンに呼び寄せ，英国その他において同様の国家規模の組織の設立を促した．1828年の会合を組織するのに尽力した地理学者アレクサンダー・フォン・フンボルト（1769-1859）は，地球の磁場に関する情報を収集する際に国際協力を推し進めた．

　英国は多くの点で大陸ヨーロッパに遅れをとっていた．その一因として，初期の資本主義経済下の自由企業体制が国家の介入を促さなかったことが挙げられる．もし科

学が産業にとって価値あるものなら,産業がその支払いをすべきである.数学者チャールズ・バベッジ (1792-1871) は,1828年のベルリン会議から戻り,『英国における科学の衰退』を著した.バベッジの呼びかけにも応じるかたちで,英国科学振興協会が1831年に設立された.同協会は科学者と一般大衆との伝達手段として役立ち,また,政府からの支援をさらにとりつけるためにロビー活動もした.これらの努力は磁気観測所網を帝国内に設立する際に実を結んだ.エドワード・セイビン (1788-1883) は,フンボルトの呼びかけに応じ,同協会を促して政府を地磁気の地球規模的研究に参加させた.観測所は(その兵站部が地図作成の任に当たった)軍の支配下に創設され,モントリオール,タスマニア,喜望峰,およびボンベイに設置された.国際的な科学協力の奨励は別として,観測所は新興国家が科学を促進するうえで重要な役割を果たした.

軍隊がセイビンのプロジェクトに関与したことは,科学と帝国主義との密接な関連を示す.英国海軍による探検支援は,19世紀も続いた.チャールズ・ダーウィンが乗船して世界を旅した軍艦ビーグル号 (1831-36) は,南米海域の海図作成を主な目的とする探検に従事した.たとえ世界の陸塊のほとんどが発見されても,英国産業に利益をもたらす交易ルートが安全に機能するためには,沿岸地図の作成はなお必要であった.ビーグル号の船長ロバート・フィッツロイ (1805-65) のような海軍将校もまた,気象学において活発な役割を果たした.大西洋から北極地方を抜けて太平洋に出る北西航路を探すためにいくつかの探検隊が派遣されたが,悲惨な結果を伴うときもあった.1845年のジョン・フランクリン卿 (1786-1847) の探検は完全に失敗したが,その大きな原因は英国海軍が現地の過酷な環境を生き延びるためのエスキモーの技術を模倣しようとしなかったためであった.死してフランクリンは英雄になり,彼の探検遺物の11年にわたる探究はカナダ北極海域の多くの探検へと続いた.

本国では,政府は英国地質調査所の創設をとおして科学支援に加担することになった.これは,地質学者ヘンリー・デ・ラ・ベッシュ (1796-1855) が政府の資金援助で南西イングランドの地質地図を完成した1830年代に,ちょっとしたはずみで設立された.デ・ラ・ベッシュは,首相ロバート・ピール卿 (1788-1850) との親交を活かして,最終的には全国土の地図作成を請け負う常設の地質調査所の所長の地位におさまった.この場合,科学を実際に応用しようとする請願は直接的であった.すなわち地質地図は有用鉱物の所在を明らかにし,国の産業を益するであろうと.1850年代から王立鉱山学校は地質学や古生物学を含む技術教育を施した.まもなくカナダ,オーストラリア,インドを含む大英帝国の大部分で地質調査所が設立された.

どのような地質調査の仕事も,基礎構造が決定される領土の正確な地図の存在に依

っていた．デ・ラ・ベッシュの努力は兵站調査所作成の地図の存在によって容易になった．兵站調査所は1745年のボニー・プリンス・チャーリーの反乱の鎮圧後，軍事目的用の国土の地図を作成するために設立された．帝国の遠隔地では，地図の作成は係争地域の支配を象徴しようとするヨーロッパ人にとって決定的に重要であった．インドの三角測量所はジョージ・エヴェレスト卿（1790-1866）のもとに19世紀初めに設立され，1856年ヒマラヤ山脈において世界最高峰を確認し，それにはエヴェレストの名がつけられた．この遠隔地の地図作成は英国政府が未征服の領土に諜報員を派遣して遂行させたが，ヨーロッパ人がその山に近づくまでには何十年もかかったであろう．

そのころ専門分化した科学協会が設立された．王立協会会長としてジョゼフ・バンクス卿はさらなる専門学会の設立を阻止したが，1807年のロンドン地質学協会の創設を妨げることはできなかった．その後数十年を経て，同協会は英国における科学的議論の最も活発な中心の1つになった．その会員は，自分たちの学問領域の専門的水準を自分たち自身で定義し始めるエリート集団であった．まもなく科学と博物学のさまざまな領域を専門とする学会が山のように作られた．

1830年に設立された王立地理学協会は世界の多くの地域の開発を促した．地質学者ロデリック・マーチソン卿（1792-1871）の主導のもと，同協会はオーストラリア，アフリカ（デビッド・リビングストン（1813-73）の旅行を含む），北極地方への探検を後援した．マーチソンは，探検を大英帝国の海外進出の手段と見なし，政府がおよび腰のときでさえ，請求者なき領土の併合を求めた．この活動に第一人者と目される科学者が関与したことは，地理学的・地質学的知識の拡大が西洋列強の帝国主義的野心と関係していたことを再び示唆するものである．初期の探検家の中には名声に執着する人物もいたが，19世紀も進むにつれて，地理学が1つの科学になるべきであるという要請から装備の充実した探検隊の派遣が行われた．

b．アメリカの巻き返し

合衆国においても，州および連邦政府は科学へのさらに明確な関与を打ち出した．1803年にトマス・ジェファソン（1743-1826）は，ミズーリ川に沿ってアメリカ大陸の西部を探検するようメリウェザー・ルイス（1774-1808）とウィリアム・クラーク（1770-1838）を任命した．合衆国の領土への関心を表す限りでは，探検は地域や［先住民インディアンを含む］生息物の重要な科学的情報をもたらした．その探検が軍の予算から財源を調達していたのは意味深長であり，合衆国陸軍はその後数十年にわたり西部探検に関与し続けた．1807年，アメリカ沿岸の海域を研究するために設立された沿岸調査所は，第2代長官アレグザンダー・ダラス・ベイチ（1806-67）によって活性化され，その後1844年に国家の最も有力な科学研究所の1つになった．しかしそれは，部門間

の競争に悩まされ続け，海軍水路測量局への編入の脅威とたえず闘わねばならなかった．たびかさなる政府の関与は利益同様問題ももたらした．すなわち研究資金を探す際，科学者は自分たちのプロジェクトが純粋に功利主義的目的をもつ人々に乗っ取られるという危険にたえず曝(き)された．

　同様の困難は地質調査の場合にももち上がった．19世紀の初期には多くの州が地質調査所を設立し，ニューヨーク州の調査所はとりわけ活発であった．しかし州議会は，埋蔵鉱物の新たな発見というような直接的な結果を要求した．もし州の財源によって科学に長期的利益を生じさせたいのなら，なおのこと純理論的なアプローチが必要であったが，それを政治家に納得させるのは困難だった．良い地質地図は世代を越えて探鉱者に有益だっただろうが，地質学者は個々の鉱物埋蔵量調査にのめり込む余裕はなかった．しかし地質学者が純粋に理論的な仕事に従事したかったり，活動の本質を隠さざるをえない場合もあった．ニューヨーク調査所のジェームズ・ホールは，ほとんど実用的価値がないにもかかわらず古生物学の著作を多数出版した．

　連邦政府はアメリカ大陸西部の探検をとりわけ積極的に奨励した．多くの異なる調査所が存在したが，それらは徐々に軍の支配から独立した．1869年から合衆国準州地質地理調査所はフェルディナンド・ヘイドン（1829-87）のもとに探検隊を派遣した．ヘイドンは政府や国際的な科学サークルとの付き合いがあり，影響力のある人物であった．彼の調査は貴重な情報を生んだが，未(いま)だ鉱業や他の産業的利益には少し距離を保った．イエローストーンの景観の驚異を報告し，そこに国立公園を設立するよう運動したのもヘイドンであった．頭の固い科学者でさえそのような地域を子孫のために保護する重要性を理解できたので，国立公園が1872年に法律で制定された．19世紀初期のロマン主義哲学者にとって，山は崇高の象徴であった．19世紀末までに輸送設備の向上のおかげで普通の人々が原生自然(ウィルダネス)で元気回復を図ることができるようになっていた．科学者は，自然保護の欲望が開発の欲望と衝突するときに生じる論争にますます巻き込まれていった（8頁参照）．

　アメリカではこれらの衝突は，多くの競合する科学協会の存在によって拗(こじ)れていた．合衆国地質調査所は1879年にクラレンス・キング（1842-1901）の下に設立された．まもなくキングの後を引き継いだジョン・ウェズリー・パウエル（1834-1902）は，1869年のコロラド川のグランド・キャニオン探検で名を馳(は)せていた．彼の調査所はヘイドンのグループとは独立して機能し，西部の地質学的・人類学的情報を積極的に収集した．その調査所は1886年にアリソン委員会による査察を受けた．同委員会は，政府の科学支援を評価するために議会によって設立された．パウエルの主張は，政府の科学は，長期的価値があるにもかかわらず私企業では範囲が広すぎて手に余るような問題

を調査する必要があるとして，自身の調査所を弁護した．パウエルは西部の広大な乾燥地域を灌漑するのは不可能であろうと警告し，森林破壊に抗議した．こうして彼は開発業者と衝突するようになり，1890年代には調査所が資金の制約を受ける事態に直面せねばならなかった．「巨大科学」への移行もまた，大衆の関心が高まりつつある事柄へと科学的・政治的競争を集中させて問題を生じた．

　産業化した西洋諸国の勢力増大と19世紀科学の拡大との間には密接な関連があった．しかし，この領域では過度に単純化しないよう用心せねばならない．科学者の中には，産業化や帝国の拡大に熱中する者もいれば，それに関心がない者や敵意を抱く者さえもいたのである．その頃には，多様な異なる関心をもつ人々が科学者になれた．それゆえ，彼らの動機をあまりにも杓子定規に一般化するべきではない．山は人類の創造精神にも似た野生を表出するように思われたので，ロマン主義運動は山々の探検を促し，多くの地質学者もまたそのような感情からまちがいなくインスピレーションを得ただろう．ドイツでは，F. W. フォン・シェリング (1775-1854) のような自然哲学者が唯物論哲学に異議を唱え，自然は精神的基盤に基づく一つの体系と見なされるべきだと力説した．ウィリアム・ワーズワース (1770-1850) やサミュエル・テーラー・コールリッジ (1772-1834) などの詩人は，霊的な力によって生命を吹き込まれた1つの調和的な体系として自然像を明確化した．現代社会では芸術と科学との相互作用は信じにくいが，19世紀初期にはロマン主義運動によって多くの科学者が，詳細な観察を超越してみようとしたり，宇宙を首尾一貫した全体と見なしうる包括的理論をつくろうとする強い衝動を抱いた．その時代の偉業のいくつかは，知識の実用的要望と地球規模の統合を求めるロマン主義的探究との相互作用から生じた．

6.2　新しい地理学

　自然について機械論哲学一点張りのやり方に対する反対は，19世紀初頭の地理学理論の拡大に明らかである．ドイツではカール・リッター (1779-1854) が，地理学的知識の統合を産み出した．地球は人間に理解可能な首尾一貫した計画に従い，神によって創られた体系であるというのが彼の大前提であった．このアプローチは後に1849年のアーノルド・ヘンリー・ギヨー (1807-84) 著『地球と人間』によってアメリカに導入された．科学者の中には，自然神学によって自然な相互作用の様式を追跡したいと望む者もいたが，この明らかに宗教的な要素は19世紀初期の科学に最も影響を及ぼした地理学者，アレクサンダー・フォン・フンボルトの著作ではそれほど明白ではない．

　フンボルトの影響力は絶大で，19世紀初めの環境研究を意味して「フンボルト科学」という用語を造り出した歴史家もいる[1]．フンボルトは，唯物論的自然観に挑む哲学者

と緊密に結び付いていたが、決して純粋な「ロマン主義」ではなかった。彼は事実に基づく情報の収集に努め、また、自然界の諸相をすべて一緒に結び付ける複雑な関係を理解するために情報の分析に努めた。フンボルトは地球の物理的・有機的環境の系統的研究を促進したが、彼自身としては地質学的作用因、生物、人間活動それぞれの相互作用を強調する新しい科学を確立したかった。環境を1つの統合的な科学ととらえる彼の洞察は、専門化推進の時代にあっては認められなかった。しかし、彼は地理学者、気象学者、海洋学者によって用いられる技術を率先して開発し、これらの学問領域間の関連を探すよう後継者に奨励した。

a. フンボルトと宇宙

フンボルトはプロイセンの貴族の出であったが、彼自身の考え方は断固とした自由主義であり、弾圧された諸民族の権利回復の運動をしばしば行った。彼はヴェルナーのもとで地質学を学び、プロイセン政府の鉱山視察官としてしばらく働いた。彼はカール・ヴィレノウやジョージ・フォースターのような生物地理学者の影響を受けた。彼らは、異なる地域の動植物の間に見られる差異を説明しようと努めていた（5章参照）。これはフンボルトの主要な目標の1つになったであろうが、彼はその問題にとり組むために物理的環境の諸相をすべて注意深く計測するよう促された。そのため旅行には、彼は気温、湿度、気圧などの数々の計測機器を携行した。

収集した事実に対するフンボルトの態度は、18世紀後半および19世紀初期にドイツで起こった知識革命によって形づくられた。イマニュエル・カントは、人間の精神は情報を五感を通して受動的に受け取るのではないことを強調した。すなわち、世界が知的であるために、我々は情報を組織だて、理解の枠組みをそれに課さなければならないと考えた。ロマン主義運動もまた、人間の精神と自然の霊的な次元とを結び付けようとした。フンボルトは作家で哲学者のJ. W. フォン・ゲーテ(1749-1832)と出会って、崇高の象徴としての野性的な自然像から明らかに影響を受けた。彼は、景観全般の印象を表そうとする芸術家の努力を、自然の関係を理解しようとする科学者に対する道標と考えた。彼はまた、景観と植生はどんな土地であれそこに住む人間に形成的な影響力を与えると確信もしていた。フンボルトは自然現象に張りめぐらされた関係を探究しようとする情熱を新しい反唯物論哲学から汲み取ったが、ロマン主義の芸術家とは異なり、彼は計測と実験を否定しなかった。自然の統合性の解明をめざす科学に、計測を組み入れた新しい種類の経験主義こそ、彼の本領であった。

フンボルトは、植物学者エーメ・ボンプラン(1773-1858)とともに1799年から1804年まで南・中央アメリカを探検して過ごした。領土の多くが未だ科学の洗礼を受けておらず、動植物や各地域の地質、気候に関する情報の収集にはほとんど無尽蔵の機会

であった．フンボルトは，アマゾン川とオリノコ川の両河川水系が上流でつながっているると確信し，孤立した地理学的単位として河川流域をとらえるブルアッシュの考え方に疑問を抱いた．彼はアンデス山脈のチンボラソをはじめとする火山に登り，ヨーロッパの探検家による最高到達記録を一時的に保持した．登山によって彼は熱帯雨林から雪線に至るまでの植生帯の断面図を見ることができた．フンボルトはまた，同地域の経済生活をも学び，奴隷制度の不法性を怒りをもって批評した．彼はヨーロッパに戻り，1827年にベルリンに移るまでパリに落ち着き，ここパリで彼は旅の成果の出版準備を進めた．この出版業務で最終的に彼の相続財産はすべて使い果たされることになった．

南米の地理学，博物学，経済学を網羅する30巻が出版された．フンボルトはとりわけ植物地理学の研究において多大な貢献をなした．彼はまた航海に関する『南アメリカ旅行記』を執筆した．それは多くの後の博物学者（ダーウィンを含む）を刺激して熱帯に誘った．フンボルトはベルリンに戻った後，地球やその生物の普遍的調査書を執筆する計画を思いつき，その中で環境を支配する物理学的，有機的，人的要因の間にある関係を明らかにしようとした．彼の『宇宙』第1巻は1845年に出版された．2，3，4巻はフンボルトの生存中に出版され，5巻は1859年の彼の死後，残された覚え書きから完成された．第1巻冒頭部分でフンボルトは自身の意図を明らかにした[2]．

> 生命の物質的要求との関係においてのみならず，人類の知的進歩に及ぼす一般的影響においても，物理現象の研究を考慮すると，最も高貴かつ重要な結果は関係の鎖に関する知識であることが判明する．その関係の鎖によって，すべての自然の力は一緒に結び付き，相互に依存する．そして我々の見識を高めたり喜びを気高いものにするのは，これらの関係を理解することである．

フンボルトは，自然の調和を超自然的な創造主によるデザインの印として説明しようとはしなかったので，時にその省略を批判されることがあった．純粋に哲学的な理由から，彼は，すべての自然現象の間にある相互関係を強調する世界観を示すために経験科学を用いたかった．

フンボルトは，自然の全体像の提示を真剣に考えることのできた最後の科学者であった．専門化が進む時代において，彼の野心は非現実的であり，アマチュアの熱狂によるノスタルジアとして批判されるときもあった．彼は学派というものを形成しなかったので，だれ一人として彼の世界的調査を継承完成する任務に就かなかった．しかしその後もフンボルトは19世紀を通して影響を及ぼし続けた．彼は多くの概念的道具

を提供し，それらは地球規模の環境のパターンを理解しようとする他人によって用いられた．彼は多くの若い科学者がその地球規模のパターン探しに熱中するよう促し，この種の研究を可能にする国際協力の枠組み創設に一役買った．ダーウィンをはじめとする当時の最良の思想家の多くは，フンボルトが強調するその種の関係を進んで探求し，自分たちの洞察を正確に発展させた．

b．フンボルト科学

フンボルトは地理学の多様な情報を表す技術をわかりやすく導入した．彼は，植生が土地の高度によっていかに変化するかを示すために，アンデス山脈を貫く垂直区分を描いた．彼はまた，気温のように変化するものの同値の点を地図上で結んでできる線を利用する先駆者となった．「等温線」は平均温度が同じ地点をすべて結ぶ一種の輪郭線である．等温線が記された世界地図によって，地理学的要因がいかに各地の温度に影響を及ぼすかを一瞥することができるし，世界の気象型の詳細な研究は容易になった．地球規模で等温線を描くことによって，フンボルトは大陸や海洋の分布は気候に重要な影響を及ぼすと認識することができた．大きい陸塊は南半球より北半球に多くあるという事実は，同緯度の地域であっても赤道の南北で気候が異なることを意味する．大陸奥地は海洋地域より寒暖の差が大きい．

フンボルトの努力の1つの成果は，地磁気の変化を研究する国際的なネットワークの創設であった．最終的にこの研究は，「磁気あらし」（磁場の強度の急激的変化）が太陽黒点の状態と関連があるということを明らかにした．これはまさに，フンボルトが期待した，見かけは別々の現象の相関関係の好例であった．同様の発達は気象学でも起こった．電信の導入は，広範囲の気象情報を同時に収集することを可能にし，嵐や他の気象体系がどのように地球上を進むかを示すことができた．ロバート・フィッツロイはダーウィンも乗船したビーグル号の航海から戻ったあと，この学問領域の第一人者となった．彼は1855年に気象局が設立されたとき，その担当となり，毎日の天気予報を発表し始めた．風速を測定する杯状風速計が1850年代にアイルランドのアーマー観測所長トマス・ロムニー・ロビンソンによって発明された．多くの天文観測所のように，アーマーもまた過去の気象記録を保存していたが，そのような大量データを処理することができないときもあった．1870年代までに，気象研究の国際的な科学的枠組みがすでに現れ始め，第1回国際気象学会議が1873年にウィーンで開かれた．

海洋学もまた地球規模で現象を研究しようという新たな意気込みから恩恵を受けた．多くの科学者が，海洋のさまざまな地域や深度で化学組成，温度，圧力に関する情報を収集した．海洋の深部に関する情報収集は，限りなく困難であった．温度計の数値が圧力の影響で狂うことが明らかになるまで，海洋深部の温度は摂氏4度より決

して低くならないと信じられていた．

　潮汐や海洋の潮流が徹底的に研究され，多くの物理学者が海水の動きの原因となる力について議論した．ジェームズ・レンネル (1742-1830) は，大西洋の潮流について最初の正確な地図を作成し，アメリカ合衆国沿岸調査所はメキシコ湾流に関する広範な研究を行った．動物学者エドワード・フォーブズ (1815-54) は，深度 300 ファズム (約 600 メートル) より深い所に生物は生存しないと主張し，その見解は英国海軍の調査船チャレンジャー号の 1872 年から 76 年までの航海によって論駁されるまで広く受け入れられた．チャレンジャー号の探検は，今日大きな価値を秘めた鉱物資源と見なされつつあるマンガン瘤塊の発見をはじめとして，海底に関する貴重な情報をもたらした．

　深い海底の最初の詳細地図は，アメリカの地理学者で合衆国海軍観測所・水海地理測量所所長のマシュー・F・モーリー (1806-73) が大西洋について作成したものである．1855 年のモーリーの先駆的な『海洋自然地理学』は，地球は聡明で慈悲深い神によって人類の利益のためにデザインされたという想定に基づいていた．彼は水深測定の新しい技術を考案し，彼の仕事は最初の大西洋横断電信ケーブルを敷設する際に非常に有益であった．彼はまた地球規模の風のパターンを研究し，多くの航路で大幅に時間短縮を可能にする手引書を航海者に提供することができた．海洋学者の中には，風がメキシコ湾流のような海流を産む原因であると信じている者がいたが，モーリーの意見は異なった．海流は温度に基づく海水密度の変化によって生じ，それは世界の温暖地域と寒冷地域の間に循環システムを駆動させると彼は主張した．モーリーは，暖流の湧昇が北極周辺の公海を作っているのだと信じていたが，その主張はフリチョフ・ナンセン (1861-1930) の船フラム号が 1893 年から 96 年にかけて北極近傍で氷の中を通過するまで反証されなかった．

6.3　地質学上の記録

　フンボルト科学の科学史的研究はいまだほとんど手つかずであるが，地質学だけは別である．ヴェルナーの学生として，フンボルト自身，現在の地球環境は長い歴史的変遷の所産であると認識していた．彼は岩石の地質学的連続について記し，新しい累層［地層を岩層に基づいて区分する単位］，すなわちスイスのジュラ山脈から名づけられたジュラ系を明らかにした．19 世紀初期の知の大勝利の 1 つは，今日「層位列」と呼ばれるもの，すなわち時を経て形成される順序に従って並ぶ岩石の累層の連続性を完成したことであった．1840 年代までに今日知られる地質年代の連続性は確立され，地表に曝されたどの岩石もその連続の中に位置づけることができた．その主題は「ダー

6.3 地質学上の記録

ウィン革命」の先駆けの役目を果たすため，歴史家の注目するところである．ダーウィンが地球上の生命の歴史について抱いた構想の中でも急進的要素と思われる問題につい力が入り，歴史家の解釈はしばしば歪められてきた．

ヴェルナーとハットンを論じる際に見られたように（4章参照），悪者と英雄に色分けしようとする傾向は，主題の捉え方を単純化しすぎている．チャールズ・ライエル（1797-1875）は，ハットンの漸進主義を復活させ，近代地質学の創始者の一人に数えられてきた．彼の反対者である「激変論者」は，聖書のノアの洪水を擁護しようとする悪い科学者として中傷されてきた．しかし近年の研究は，このような解釈が皮相的であることを暴いてきた．激変論者も，その時代の地質学的思考や近代の層位学の発達にヴェルナー同様，大きな影響を与えた．激変的規模で地球の運動を仮定するべき一見健全な経験的・理論的理由があったし，（英国でのみ強調されていた）ノアの洪水との関連も長く続いたわけではない．

その科学［地質学］の多くの領域は，地質学的変化の速度に関する議論をほとんど考慮することなく拡大された．それは英国ではなく大陸において最も顕著である．そこでは，ヴェルナーによって確立された伝統が後退海洋理論の崩壊後も生き延びた．フンボルトらは現在の地表を形成する際の地球の運動の重要性を認識し始めるが，それにもかかわらず，彼らは累層堆積の連続性を確立しようとするヴェルナーの伝統を継承しようとした．海水面の低下という基本的な緩やかな傾向は地球冷却理論にとって代わられたので，誤って「激変説」と呼ばれるものはヴェルナー説のプログラムの拡張を示す．地球の歴史における1つの〈方向性〉，すなわちある起源の後に変化が累積されて現在につながるという方向性がなお存在した．地球内部の温度が今日よりずっと高かった過去においては，地質学的作用因はもっと活発であっただろうということのみが期待された．ハットンのように，ライエルも「方向主義」を循環的すなわち変化の安定状態モデルに代えようと試みた．彼は激変論者に過去の猛威のイメージを無理に減じさせたが，地球は最初に形成されて以来一貫して変化してきたという基本的前提を揺るがすことはできなかった．

歴史家は今日，地質学的議論が起こった社会的枠組みをいっそうよく認識している．19世紀初期の英国では，「ジェントルマン専門家」集団が，ロンドン地質学協会を利用して自分たちを権威をもって論争に参加しうるエリート集団として定義しようとした[3]．もはやアマチュアは単なる事実収集家になり下がった．すなわち，理論的レベルの戦略を決定する将軍に監督される歩兵であった．専門家の中にはオックスフォードやケンブリッジのような非常に保守的な大学に職位をもったために，宗教と共存できる新しい科学を率先して考察せざるをえない者もいたし，そのような負担のない者も

いた．しかしいずれにしても初めから新しい地質学と産業・政府との関連を作り出そうという努力はほとんどなされなかったが，これは，ヨーロッパにおける大陸の状況と対照的であった．そこでは，国家による科学への介入はすでに十分確立されていた．アメリカにおいて，そして最終的には英国において，ジェントルマン専門家の時代は，教育や応用研究で生計を立てる職業科学者の時代に道を譲った．

a．化石と層位学

前述の19世紀初期の地質学の勝利は層位列の確立であり，それによって岩石のあらゆる層を地球の歴史の特有の堆積時代に割り当てることができた．ヴェルナーは，それぞれが堆積の特定の出来事と結び付く別個の累層を認識する先駆者であった．しかし岩石の累層の年代を定める場合，ヴェルナー派の人々は，堆積の各時代に独特の鉱物型を前提したためうまくはできなかった．1800年までに，鉱物学はそれだけでは不十分であることが明らかになった．なぜなら，同種の岩石が地球の歴史の異なる時代に堆積していたからである．しかし岩石層の鉱物の構成ではなく，その中にある化石によって堆積時期を最もうまく同定できるとすでに認識されていた．実質的に，これは動植物の個体群が時間の経過とともに系統的に変化してきたことを示唆した．ある化石は特定の時代に特徴的であり，たとえ鉱物の構成物がなんであろうとも，その時代に形成されたすべての岩石の中でその化石は見い出された．化石は起源に相当する時代の岩石を世界中で認識させることができたため，異なる地域の情報の相関から，岩石の累層の完全な連続性が確立できた．これは地球の歴史の地質年代の完全な連続性に対応した．

このように地質学は，自然の研究において時間的次元という新たな意味を与えた．これはそれ自体，機械論哲学の根底にある前提を修正した．しかし，いかに自然法則が不変であっても，地球自体が時間の経過とともに変化してきているので，当然研究は歴史家の手法に似たものにならざるをえない．すなわち断片的な記録から人間の過去を再構築しようとする手法である．ヴィクトリア時代には，進歩の観念への関心がますます高まっていくことに関連して，人間の営為の歴史的次元に新たに気づくようになった．考古学者と地質学者は，この次元をいっそう遠い過去へと広げた．地理学もまた重要であった．なぜなら異なる累層がいかにして地上に露出したかを示す地図と地質区分（岩石の歴史的連続と対応する）とが，関連していたからである．

英語圏の歴史家は，新しい方法論をウィリアム・スミス（1769-1839）の仕事と関連づける傾向にあった．彼は後の世代の層位学者によって「英国地質学の父」と称された．しかし近年の研究はスミスの役割の相対的重要性に疑問を投げかけ，「科学の英雄」という地位まで彼がもち上げられたのは，ヨーロッパにおいて後の英国の地質学者が

6.3 地質学上の記録

大陸の先駆者への借りを返したいという熱望から人為的になされたことを暗示している．一技術者・運河建設者であったスミスは，純粋に実用的理由から引き受けた実地踏査の過程で岩石を同定するために化石の重要性を認識した．彼の英国地質地図(1815)は数十年にも及ぶ研究に基づいており，確かに印象深い業績であった．しかし，スミスはヴェルナー学派の仕事を知らなかったし，見劣りする出自のせいで彼がジェントルマン専門家たちに真面目に受け取られるということはありえなかった．英国の層位学者は，後にどれほど否定したかったにしても，大陸の新手法に最も感銘を受けていた．スミスの地図は，実際的な英国地質学研究の長い伝統の中で頂点を極めるものであったが，新世代の専門家は積極的にその伝統とは手を切ろうとした．確かに階級差を越えていくばくかの交流はあったが，しかし愛国的感情から英国の伝統が大陸の発展に劣らぬことを認める必要についに迫られるまで中産階級が担う商業との結び付きを認めることは好ましいことではなかった．

化石に基づく層位学に最も意欲的な先駆者は，ジョルジュ・キュヴィエとアレキサンドル・ブロンニャール (1770-1847) であった．ブロンニャールはパリ盆地の岩石について研究した．キュヴィエは脊椎動物の化石の再構成で名声を築き (7 章参照)，地質時代を通じて連綿と連らなるたくさんの識別できる個体群があることを確信するようになっていた．彼はブロンニャールと共同して，パリ地域に堆積した岩石の連続層はそこに含まれる無脊椎動物の化石によって同定されるとした．同じ層が地表に現れるときはいつでも，そこに含まれる化石によって同定されえた．このように地表地図は，基底層の分布を示す縦断面と相関されえた．次にそのような断面の理想的断面図は，あらゆる層位が連続の唯一の位置を割り当てられる同地域の層位列を表すであろう．他の地質学者が自分たちの手法をヨーロッパの岩石へ，そして最終的には世界中の岩石へ広げようと躍起になるにつれて，キュヴィエとブロンニャールによる 1811 年の『パリの環境の地質の記述』は活発な動きを誘発した．

それまで岩石の二次的特徴として片づけられてきた化石は，今や正確な同定の鍵であった．しかし，地球の個体群が時の経過とともに系統的に変化し，その結果どの時代の岩石もまったく独特の化石の集合を示すと想定する場合に限り，この正確性はもっともらしかった．その技術はまた，含まれる化石がある累層から次へと急激に変化したという事実に依っているようにも思われた．ラマルクの進化論が示唆したように (5 章参照)，もし個体群が徐々に変化したのであれば，地質の記録にははっきりした断絶はないであろうし，岩石の年代を正確に同定することは不可能であろう．キュヴィエはラマルクの理論を退け，地質学的な激変によって引き起こされた大々的な絶滅に賛成することによって，その化石の個体群が急激に変化したという自身の主張を正

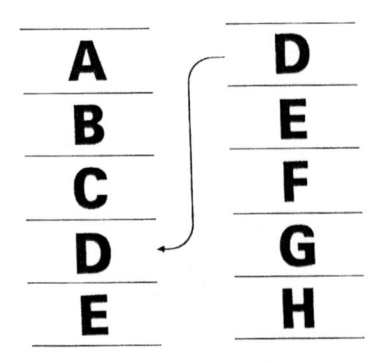

図6.1 層位列（コラム）の樹立.

　コロラド川のグランド・キャニオンのように，限りなく連続する地層を目にするときもあるが，地球の歴史をとおしてずっと堆積岩がそのまま積み重なっているところは地表のどこにもない．層位列(コラム)は堆積の連続がどのようなものかを理想的に表すが，多くの場所から引き出された情報によって構成されねばならない．
　この地理学的に多様な情報の相関関係は，化石による岩石の年代を同定することによって可能になる．もしABCDEという連続層がある地点で，またDEFGHが別の場所で発見されるならば，D，Eを（その中に含まれる化石を基に）同じ時代の層であると同定することができる．そしてそれによって，2つの連続層が相関関係をもち，AからHまでの全パターンが確立される．多くの場所からの情報を関連づけるこのような過程を繰り返すことによって，完全な連続性が確立される．上図の地質学的体系はそれぞれ，一連の層すべてから成る．その化石は互いに非常によく似ているが，隣接する体系の化石とはまったく異なる．

当化した．続いて新たな動植物が，変化を受けていない地域から移動してくるか，あるいは創造によって出現した．キュヴィエによる1812年の『地表の革命に関する論文』は激変論者の見解の先駆的な拠り所となり，「革命」revolutionsという用語はフランスの政治史においてすでに獲得された急激な変化という意味を帯びた．

b．古代の岩石

　キュヴィエとブロンニャールは地質学的に新しい第三期累層の研究対象として，後に受けた歪(ひず)みが最小限にとどまり，きわめて規則的に累層が積み重なっている一地域を活用した．しかし世界の他地域では，岩石層の堆積後に起こる地球の広範な運動によって累層はしばしば褶曲し裂けていた．岩石は古ければ古いほど，このような影響を受けやすかった．ある場所では，新しい堆積物が積み重ねられる前に古い岩石の塊が浸食されており，古い累層から新しい累層へという明らかな飛躍が見られた．古い化石は，同定するのに博物学者の全技術を駆使せねばならないほど奇怪な生き物であることもしばしばだった．岩石が化石をまったく含んでいないこともあり，その場合

6.3 地質学上の記録

には上下の化石を含む堆積物によって年代を定めねばならなかった．集中的な活動と議論の末に，今日受け入れられている地質学的連続性の大略は，1820年代から30年代の一連の英雄的な努力によって確立された．

最も重要な貢献のいくつかは，英国の地質学者によってなされた．彼らは，ヴェルナーが第二期の岩石（二次岩石），移行期の岩石（推移岩）と呼んだものから成る広大な地域が身近にあり，連続性の初期段階を確立するのに理想的な立場にあった．石炭紀の岩石は，石炭の主な堆積源として知られていたので，とりわけ重要であった．し

表6.1 地質学的累層の連続

新生代	現世／更新世／鮮新世／中新世／始新世／暁新世	第三期
中生代	白亜系／ジュラ系／三畳系	第二期
古世代	ペルム（二畳）系／石炭系／デボン系／シルル系／オルドビス系／カンブリア系	移行期
	先カンブリア時代	始原期

19世紀末までに，（地球の歴史における堆積の期間に相当する）累層に分ける層位列（コラム）の基本的な下位区分が現代的形式を帯びるようになった．ヴェルナー理論の大区分（第三期，第二期，移行期，始原期）は上記のように明確な累層に分けられた．（先カンブリア時代の非常に広範かつ古い岩石は20世紀に入ってからも問題を残した．）生物の歴史の3時代は，1841年にウィリアム・スミスの甥ジョン・フィリップス (1800-74) によって新生代，中生代，古生代（新しい生物，中間の生物，古い生物）と名づけられた．無脊椎動物の化石に基づいてフィリップスはその3時代を固定したが，それらは脊椎動物の歴史における哺乳類，爬虫類，魚類に支配されていた時代にもおおむね一致する．

かし石炭系の下（すなわち，それより古い）に，ヴェルナー説信奉者によって決して適切に調査されてこなかった累層の膨大な連続性が見られた．これらの岩石を解明した地質学者の中には，非常に回り道をして科学の世界に入った者もいた．アダム・セジウィック（1785-1873）は，地質学をまったく知らなかったにもかかわらず，ケンブリッジ大学のその科目の教授に選ばれた（英国における当時の科学教育の状況をよく物語っている）．ロデリック・マーチソンは元兵士であったが，妻の勧めによりキツネ狩りに代わる野外活動として地質学を始めた．彼らは，2人でウェールズのカンブリア系とシルル系の岩石が連続していることを突き止め，またデボン系の確立に多大な役割を果たした．後者［デボン系確立］はとりわけ注意を要する仕事であった．なぜならそれは，デボン系の岩石をスコットランドにある鉱物学的にまったく異質の旧赤色砂岩と同定するために化石を用いねばならなかったからである．

デボン系，シルル系，カンブリア系のような大区分は，それより古い累層が複雑な状態であるので，発見を待つ自然な存在ではなかった．原則として，（新しい〇〇紀に相当する）新しい〇〇系は，累層群が他の場所で発見される型ときわめて明確に識別される一連の関連する化石によって同定できる場合に限り確立された．化石を誤って同定する問題は別としても，2つの系の間の境界は激変説支持者の理論が示唆するほど明確に分かれてはいなかった．区分の制定過程に関する近年の研究は，その区分は関与する専門家の間の長々しく時に辛辣な論争の産物であったことを示す．マーチソンは後にセジウィックのカンブリア系を自分の下部シルル系にとり込もうとした．デボン系は，マーチソンと地質調査所の創設者デ・ラ・ベッシュの間の議論の解決策として作られた．これらの議論はまた，地質学という学問の特質変化の反映でもあった．すなわち，デ・ラ・ベッシュは地質調査所における自分自身の地位を守ることを切望していたし，一方，同調査所のデ・ラ・ベッシュの後継者としてのマーチソンの立場はセジウィックに対抗する運動に一時的な強みをもたらした．我々が今日当然のことと見なす地質年代は，当惑するばかりに複雑な岩石層の意味を理解しようとする専門家同士の社会的相互作用の所産であった．

カンブリア系をとり込もうとするマーチソンの試みは，知的帝国主義運動の一環であった．彼は，「彼の」系［シルル系］に属するとされる領土を可能な限り広くしたかった．これは当時の地質地図が担っていた重要な役割を反映していた．つまりひとたび地質学系が合意を得ると，各系が地表上に露出する所に従って分布図を作成することができた．マーチソンは世界の大部分を彼のシルル系で塗り潰すことにとりわけ積極的であった．彼は1840年代初めにロシアに赴き，その国の多くがシルル紀の岩石から成ることを示した．それによって彼は，その地域が英国の科学に「征服」されたと

主張して憚らなかった．このような軍隊の隠喩を用いるのは，偶然ではなかった．「占有されていない」領土を植民地化するために世界開発を奨励するうえで，マーチソンは地質学協会会長として指導的役割を果たした．英国の岩石には石炭や鉄鉱石が豊富に含まれているので，産業強国としての英国の偉大さはあらかじめ定められていたと，彼は確信していた．こうして英国の帝国主義的な国家像を推進するために地質学と地理学は結束するところとなった．

6.4 気候と時代

　層位学は地質学の1つの側面でしかなく，多くの問題は未だ答えのないままであった．堆積岩のさまざまな層が積み重ねられたとき，その状態はどのようなものだったのか？　堆積した後，どのような力がその岩石を変化させ，隆起して山脈を形成したり，浸食を受け渓谷を形成したのか？　地球は最初の溶解した状態から冷却したと広く推定されるようになったので，これらの問題は関連していた．このように初期の地質年代は，現在に比べて，もっと激しい地殻の変動を受け，またもっとずっと温かい状態であったに違いないと想像された．しかし，同じ問題に対してまったく異なる意味をもつように思われる別の現象も存在した．19世紀中頃は，北方地域の多くは比較的新しい地質年代に広範な氷河作用によって影響を受けたと認められていた．広範な氷河作用は，もし全般的な気温が間断なく低下していなかったら，ほとんどだれも予想できないようなものであった．氷河時代を説明するために，地質学者は内的熱源から外的熱源へと関心を移した．地球の最初の状態が何であれ，さらに最近の年代の気候は太陽から受け取った熱量の変化に支配された．

a．冷却する地球

　ビュフォンは，シベリアや北米で発見された「ゾウ」の遺骸に訴えて，自身の地球冷却理論を主張した(4章参照)．もし熱帯の生物がこのような高緯度地域にかつて生息していたとするならば，地球全体の気候は今日より暑かったに違いない．この特異な筋の証拠はあまり長くは続かなかった．キュヴィエは，マンモスとマストドンとが現存のゾウと違うことを示し，マンモスが温暖な気候に，あるいは寒冷な気候でさえも生息していたかもしれないことは明白であった．しかし過去の絶滅動物を気候変動の証拠として用いる一般原則は，もっともらしいままであった．博物学者は，特定の種が暑い気候に適応していたのかあるいは寒冷な気候に適応していたかどうかが通常わかる．そして，もし特定の年代からの化石のほとんどが「暑い気候の」種であるなら当時の気候が実際熱帯であったと推測するのは妥当なようだった．

　第三期初期の気候が現在より暑かったという証拠はいくつかあったが，過去の広範

6. 英雄時代

な熱帯の状態を示す最も明確な証拠は石炭層の化石植物から挙げられた．古植物学(絶滅植物の研究)の創設者は，パリ盆地でのキュヴィエの共同研究者の息子，アドルフ・ブロンニャール (1801-76) であった．1828年，ブロンニャールは地球上の植物の歴史を要約し，石炭紀にはヨーロッパ北部でさえ熱帯の状態であったと主張した[4]．このことから彼は，地表の温度の一般的低下を結論した．その主張は，地球は最初溶岩の球であり，徐々に冷却していったという通説と非常にうまく調和するように思われた．

物理学者ジョゼフ・フーリエ (1768-1830) は，(鉱山深部で示される気温によって明らかにされた) 地球の中心の熱は惑星全体がかつては今日よりずっと熱かったという推測によって最もうまく説明されると主張した．フーリエの議論は，地球冷却理論を支持するために広く用いられ，多くの地質学者は，地球内部から発せられる熱は今なお目に見えるほどの影響を気候に与えていると推定した．もしそうならば，ブロンニャールの石炭紀の化石が示唆するように，それ以前の地質年代はいっそう温暖だったであろう．ブロンニャールはまた，大気の組成にも広範な変化が見られたと主張した．大気は初め二酸化炭素の含有率が高かったが，炭素が植物に吸収されて石炭として地中に埋蔵されるにつれて徐々に除去された．高等な動物は，大気の状態が現在のようになって，ようやく出現したのである．

石炭紀の概して暑い気候は地球内部の高温の結果であるという推測は，激変説を攻撃するチャールズ・ライエルによって疑念がさしはさまれた．ライエルの『地質学原理』(1830-33) は，ハットンによる安定状態の地球という見解を甦えらせた．それは全般的な状態において累積的な変化は見られなかったとするものだ．地球冷却理論は地質の活動が今日よりずっと激しい規模であったという激変説側を支持するように思われるので，ライエルはどうしてもそれを論破したかった．そこで彼は，石炭紀には広範な熱帯の植生が見られたというブロンニャールの証拠を認めたが，全般的な高温は地球全体の冷却とはまったく関係ない他の要因の結果であったかもしれないと主張した．フンボルトは，陸塊の分布が気候に大きな影響を与えると示唆していた．ライエルは，地球の造山運動は地表をたえず上下させているので，大陸が徐々に出現したり消滅したりすると信じていた．もし地表の上昇期が赤道付近に陸塊を集中させるならば，陸は海より効果的に太陽熱を吸収するので，全体としての地球は暑くなるであろう．逆に，陸塊の南北両極圏への分散は，普遍的に寒冷な時代を生じさせるであろう．ライエルはこの理論を石炭紀に応用して，より高い気温は果てしない気候変動サイクルにおける単なる極値であると主張することができた．

ライエルの地球の歴史の循環理論はほとんど支持者を得られなかったが，彼の議論は実際ある効果をもたらした．地質学者は，過去に地表温度が高かったのは地球内部

からの伝導熱の結果であると単純に推定できないと悟ることになった．地球の地理学における変化は，気候変化にも同等に効果的かもしれない．いずれにせよ，地表温度は地球内部の熱によらないかもしれないという疑念がますます強まっていた．たとえ地球の中心が非常に高温であったとしても，当時物理学者は地表に伝導される熱量は太陽から受ける熱量に比べてわずかであると算定した．

19世紀後半の地球冷却理論の主要な唱道者は，後にケルヴィン卿の名で知られる著名な物理学者ウィリアム・トムソン（1824-1907）であった．1860年代以降ケルヴィンは，熱い地球が冷却しているに違いないという理由から，ライエルの安定状態理論を攻撃した．しかしケルヴィンでさえ，地表温度の最初の非常に急速な低下後には，冷却は気候にほとんど影響を与えなかったと認めた．地表への伝導熱量は太陽熱に比べて非常に小さいので，地球内部が冷却していくときでさえ地表は同じ温度に保たれる．そのため均衡がまもなくもたらされるであろう[5]．化石を含む岩石が堆積された期間は，地球の歴史の後半の段階を表すだけだったので，この後半の段階のどのような気候変化も冷却以外の要因によって説明されなければならない．ケルヴィンは，気温の維持過程が知られていない以上，太陽熱が減少しつつあるに違いないことを示そうとした．

b．氷河時代

この観点は，氷河時代理論の出現によって納得させられた．比較的新しい年代に極寒の状態があったとしても，地球の漸進的な冷却は地表温度を決定づけなかった．現代の地質学者は，ヨーロッパや北米の両北方地域が広範な氷河作用によって形成されてきた地表面上の特徴をもっていることを受け入れている．大きな砂礫層や巨大な「迷子石」の地層が存在するが，それは類似の岩石の最も近い露頭からかなり離れたところで発見される．しかし地質学者はこれらの現象を地球の激変的な運動によって引き起こされる大規模な大津波の結果と見なすのを好んだので，そのような地層の証拠の意義は最初は見過ごされた．砂礫層や迷子石は，それほど遠くない地質学的過去にヨーロッパを洗い流した大洪水によって生じた「洪積層」であった．今日作用していることが観察されるどのような原因によっても，それらを説明することはできなかった．

アルプス山脈の高地に住む人々のみが，岩石や砂礫を動かす現代の過程が〈過去〉にも存在したことを観察できる立場にあった．なぜなら，彼らは氷河作用によく通じていたからである．その地方の人々の間では，氷河は現代の限界線をはるかに越えて存在していたと広く信じられていた．砂礫や迷子石は別として，移動する氷河によって引き起こされたに違いない平行な擦過痕，すなわち条線のついた岩石が存在した．しかし，そのときアルプスの山々を探索している博物学者の中に，この主張をまじめ

にとり上げる人はほとんどいなかった．1830年代半ばにようやく，ジャン・ド・シャルパンティエ (1786-1855) とルイ・アガシ (1807-73) は，「洪積層」の多くが最近の地質年代における「氷河時代」の間にヨーロッパを覆っていた広範な氷床によって実際に動かされたという可能性を受け入れ始めた．

アガシは1837年に氷河時代理論について講演を行い，1840年に『氷河に関する研究』を出版した．それは，シャルパンティエの競合する著作よりわずかに先んじた．このためアガシの氷河時代理論は，シャルパンティエのものほど現実的ではなかったものの，かなり知れ渡るようになった．後者は，長期間不毛な天候が続いたあとの，山から伸びた実質的な氷床のみを仮定した．しかしアガシは，激変的な気温低下を仮定し，それによってヨーロッパの大部分が厚い氷層に覆われ，地上の全生物が絶滅したという（当然彼は創造説信奉者であった）．広範囲に岩屑をまき散らす氷河の運動は，アルプス山脈の二次的な隆起の結果であった．現代の基準ではアガシの解釈の多くは間違っているが，彼の敵対者の見るところでは，その理論は，地質年代を通じて地球が安定的に冷却していたという証拠にもかかわらずうまくやってもいた．アガシ自身，地球冷却理論を受け入れたが，その過程は継続的ではなかったと主張した．典型的な激変説支持者のように，彼は安定状態が長期間続く間に全般的な気温急低下が時々起こったと仮定した．それにもかかわらず，最後の気温急低下が今日より〈寒冷な〉状態を作ったという主張は地球冷却理論の基本論理に背くように思われた．

フンボルトや多くのヨーロッパ大陸の地質学者は，氷河時代理論に強く反対した．1840年，アガシは英国まで旅行して，スコットランドの氷河作用の証拠を発見したが，同調者を得ることはほとんどできなかった．ただウィリアム・バックランド (1784-1856) のみは，洪水説から転向した．ライエルは非激変的氷河時代の概念を短期間弄んだ．なぜならそれは彼の気候変動理論とうまく調和したからであった．しかし彼はまもなく前の立場に戻り，洪積層はヨーロッパが浅い海洋に覆われていた頃の氷山の溶解によって落下した岩屑であると説明した．部分的に転向したのはチャールズ・ダーウィンであった（生物学者としてより地質学者として当時は知られていた）．彼は，昔ウェールズ北部の渓谷で見過ごしていた現象の重要性について，氷河時代理論によっていかに彼の目が開かれることになったかを記している[6]．

> 昨日（およびそれ以前に），消滅した氷河によって残された形跡を調査する際，最も興味深い仕事がありました．死火山となっていても火山であれば活動ならびに膨大な力の証拠となる形跡を必ず残しているものだと請け合えます……．いま書いているここや宿屋の周辺の渓谷は，かつて少なくとも厚さ800から1000フィ

ートの硬い氷におおわれていたにちがいありません！ 11年前に丸一日その渓谷で過ごしたときには平凡な水と露出した岩石を見ただけだったのに，昨日は，氷河の氷こそなかったけれど，他のすべてのものをありありと読みとることができました．

しかし氷河時代という概念は，ダーウィン自身の持論の1つを覆すことになった．彼は，スコットランドにあるロイ峡谷の「平行な道」は，そこが海中に沈んだときに山腹に刻まれた海岸線であると説明した．ところがアガシの説明は異なり，その渓谷の入り口でせき止められた氷河が湖を生じさせ同様の効果をもたらしたのであろうとした．結局はその説明を，ダーウィン自身受け入れることになった．

ほとんどの地質学者がアガシの見解を拒絶し，マーチソンは洪水論の立場から，代案を非常に用心深く擁護した．1850年代，1860年代になって，すなわち氷河時代理論がアガシによる激変説的解釈から切り離された後に，ようやく地質学者の大多数が同理論を真面目にとり上げ始めた．物理学者ジョン・ティンダル（1820-93）をはじめとする多くの科学者による氷河の研究は，地質学的変化の作用因として氷河の力を明らかにした．英国地質調査所のA.C.ラムゼー（1814-79）は，スコットランドの山々に見られる多くの特徴はその渓谷が流水というよりむしろ氷河によって浸食されていたようだと主張し始めた．もしハットンやライエルの〈漸進的〉浸食理論が受け入れられるならば，ヨーロッパ北部の地表構造を説明するために氷も水も引き合いに出されねばならないだろう．水によって形成されるV字谷と氷河によって形成されるU字谷の間の典型的区別が認識された．広範な氷河作用の兆候は，北米でも研究された．ラ

図6.2

地質学構造を描くために使用された地球の地殻の仮説断面図の一部．ウィリアム・バックランド『自然神学に関して考慮される地質学と鉱物学』（ロンドン，1837），第2巻，図解1．

ムゼーは，地球の歴史のかなり早いうち，とりわけペルム紀における氷河作用の可能性を証拠だて，氷河理論をさらに広げた．

その頃には多くの作用が氷河時代と関連すると見られた．氷として水が大陸に移った分，海面は低まったであろう．土地自体が氷床の重みで沈んでいたかもしれないので，氷が融けた後に元の海面にまで徐々に上昇するであろう．これが，氷河時代の直後に一時的な海面上昇をもたらしたのだろう．後退海洋理論を支持するためにリンネらによって用いられたバルト海の漸進的低下は，この作用の現われであった．氷河時代に修正をみた気候は，実際の氷河作用地域の外側でさえ作用を生じさせた．アメリカの地質学者は，ユタ州のグレート・ソルト・レイクは一般的に湿った気候のせいで今日よりずっと大きかったことを示した．風で運ばれる土，すなわち「黄土」が同時代に世界の他の部分を覆っていた．

どうしてそのような広範でありながら，一時的な気温低下を引き起こすことができたのか？　アメリカの地質学者ジェームズ・ドワイト・ディナ（1818-95）による提案は，山脈の隆起は卓越風を偏向させて大陸の気候に影響を及ぼすかもしれないというものであった．しかしそれは，最後の氷河時代が比較的急速に終わったことと説明を折り合わせることが困難であった．実際，激変説的作用によらない地質学的な過程は，氷河期後の地球の劇的な温暖化を説明することができなかった．

それから，関心は気候変動を説明する手段として外的要因へと移っていた．ある仮説がジェームズ・クロール（1821-90）によって提示された．彼は，初めはアマチュアであったが，気候変動に関する天文学的な原因について論じた1864年の論文によって名声を得た．その後10年くらいの間に彼は自分の理論に磨きをかけ，1875年の『気候と時代』の出版で頂点を極めた．その理論は，フンボルト科学の魅力的な実践である．なぜならそれは，気象学と海洋学を含む複雑な気候メカニズムによって，太陽熱の変量と氷床の形成とを結び付けるからである．天文学的基盤によって，クロールは地球の軌道の変化は地表に届く熱量の変動を生むであろうと示唆した．受け取る総熱量は変化しないだろうが，夏と冬の間の季節的変動が周期的な極値を与えるよう変化しただろう．極端に変動する期間には，寒い冬が続いたであろう．それは1万1千年周期で北半球と南半球を交替させ，その最後の交替は25万年前から8万年前の間に起こっただろう．

クロールがいうには，寒い冬が続いたことによって地表に堅く氷が集積し，ひとたびその氷が積もり始めると，相乗効果がもたらされたのだと．氷は霧や雲を引きつけ，続いてそれらが太陽熱の透過を妨げ，最終的に風の循環が阻まれ，海流の循環も狂うことになった．クロールは，海流は海水の密度変化によって起こるというモーリーの

理論を攻撃した．彼は，メキシコ湾流は大西洋を越えて吹きつける風によって生じると主張した．寒い冬が続く中のある臨界点で，メキシコ湾流の原因である風が偏向し，海流は流れなくなり，海洋の水循環は断たれるだろう．北緯度地域に暖流が流れ込まなければ，寒い冬の効果は2倍になり，結果として氷河時代が生じるだろう．温かい冬が戻ってくるとようやくその循環が断たれ，前氷河期の状態は北方に押し戻されただろう．気候は諸要素の複雑な相互作用によって崩されたので，地球は太陽から受けとる熱のわずかな変化にも影響されやすかった．そのような状況下，地球は自己制御系としてふるまいはしなかった．すなわち，それぞれの変動は互いに相殺するよりむしろ互いに補強しあったので，気候は大きな変動を被りやすかった．他方，クロールは，太陽熱を分散する海流がなければ地球は永久に生息不能の地であろうと指摘した．

もしクロールが正しければ，氷河時代は一度限りの出来事ではなく，一連の氷河作用と温暖な状態とが交互に来たであろう．アーチボルド・ガイキー（1835-1924）は，氷河の砂礫の間にある植物の証拠にすでに気づいており，クロールの予想に応じて，弟のジェームズ・ガイキー（1839-1915）が温暖な「間氷」期の証拠を系統的に探究し始めた．1874年の『大氷河時代』の中で，ガイキーは4つの大氷河時代と，その後に続くそれほどの酷寒ではない期間を仮定した．20世紀初期にアルブレヒト・ペンク（1858-1945）やエデュアルト・ブルックナーは，その4つの主要な氷期にスイスの川や湖に由来する名前をつけ，一方アメリカの地質学者はその土地の証拠が最も明白である州に基づく名前を導入した．最近の研究によっていっそう多くの氷河時代が確立されてきたが，当時は4期が一致すると推定された．

しかしクロールによる氷河時代の年代測定には問題があった．ほとんどの地質学者，とりわけアメリカ人は，最後の氷河時代は8万年も前に終わったという主張をますます疑うようになった．野外の証拠は，せいぜい1万年から1万5千年前に終わる氷河作用の最も新しい型を示した．もし，この年代測定が有効であれば，間氷期の予測は成功だとしても，クロールの天文学的・気候学的な理論は間違っているに違いない．ヨーロッパの地質学者は，何かが天文学的理論から救われるかもしれないということに望みをつないだが，19世紀は混乱のうちに終わりをとげた．いっそう複雑な氷河時代理論が成功裏に確立されたが，何がそのような気候大変動を引き起こしたのかについてはだれも定かではなかった．原因究明への新たな取り組みは，20世紀の地球物理学者に残された（9章参照）．

6.5 山 と 大 陸

氷や水が現在の地表を形成してきたが，それは，何か他のことで隆起することにな

表6.2 20世紀初め地質学者に認められていた更新世の氷河作用の連続(上段が最新)

ヨーロッパ	北アメリカ
ヴュルム氷期	ウィスコンシン氷期
ティッド氷期	イリノイ氷期
ミンデル氷期	カンザス氷期
ギュンツ氷期	ネブラスカ氷期

両大陸に影響を及ぼす4つの氷河作用があったという想定は,この最も新しい気候変動の期間にはもっと多くの氷期が存在したという後の証拠によって崩されていった.

った地域から土砂を掘り削ることによってである.後退海洋理論は,地殻が不安定であることを示す証拠の増大に直面して,19世紀初めに捨てられた.山や大陸は海洋の消滅によってではなく,地表自体の隆起・沈降によってできてきた.海洋はある一定量の水をたたえ,水のある場所はいつでも一番くぼんだところに落ち着く.地質学史の伝統的な解釈では,この点を了解することに続いて,隆起・沈降の速度をめぐる議論がすぐさま沸き起こった.「激変説支持者」は,地球の運動は急激であると主張した.浸食もまたしばしば激変的であり,急激な隆起の結果として生じる大津波によって引き起こされた.この理論に対して,ライエルは「斉一説」という名のもとにハットンの漸進主義を復活させ,隆起も浸食も緩慢な過程であると主張した.かつて歴史家がよく言ったのは,ライエルは激変説駆逐に大成功をおさめ,生物界における漸進的進化というダーウィン理論の道を開いたというストーリーだ.

　実際のところ,状況はもっとずっと複雑であった.激変的隆起をあからさまに主張することは影をひそめたが,ほとんどの地質学者は,地球冷却理論によって予想されたとおり,過去の活動レベルは現在よりも高かったと信じ続けていた.斉一説対激変説の論争が英国に集中した結果,歴史家は大陸ヨーロッパやアメリカにおける地質学の理論化の主たる伝統を見落とすことになった.ヨーロッパの人々にアルプス山脈は重要な問題をもたらし,彼らの関心は山脈の存在へと集中した.他方,アメリカの人々は,アルプス山脈とまったく異なるアパラチア山脈の複雑な構造に関心があった.各国の科学者がそれぞれの国で最もはっきりわかる現象を説明しようとするにつれて,地質学的理論化は明確に国家主義的な特色を帯びた.

6.5 山と大陸

a．収縮する地球

　隆起の証拠がさらに明白な世界各地へヴェルナー学徒が赴くにつれて，後退海洋理論は崩壊した．フンボルトは，アンデス山脈での経験を通して，火山活動が山脈を造るうえではなはだしく重要であると確信した．レオポルト・フォン・ブーフ(1774-1853)は，アルプス山脈の研究を 1802 年から 1809 年の間出版した，彼はヴェルナーに対する献辞をつけているが，それらの本は山々が大規模な地球の運動によって隆起したことを確認することになった．フォン・ブーフはまた，中央フランスの死火山も研究し，地球の歴史をとおして広範な火山活動があったことを受け入れた．フンボルトやフォン・ブーフは自分たちを，ヴェルナー説反対者ではなく，支持者と見なした．そのうえで，発展の連続性を確立する仕事が進められるように，後退海洋理論の不要な重荷を地質学のプログラムから除いていった．その頃には，地質学者にはなすべき仕事が 1 つではなく 2 つあった．すなわち，積み重ねられた堆積岩の累層の連続性を確立し，多様な山脈を隆起させた地殻の変動の連続性も解明せねばならなかった．

　最初ヴェルナーの後継者たちは，岩石を溶解したり隆起させたりするのに必要なエネルギーを化学反応が供給したと想定した．化学者ハンフリー・ディヴィー（1778-1829）は，広範に及ぶ土地の熱作用は新発見のナトリウムのような反応性の高い金属が水や酸素と化合する所で引き起こされるのではないかと考えた．もし地球が最初にそのような金属を地下に大量に埋蔵していれば，空気や水が地中深くに浸透して反応が始まれば，激しい活動がここかしこに起こるであろう．火山活動はその周辺地域の隆起をしばしば伴い，地球深部の莫大な圧力を示唆するものであるとフンボルトは書き留めた．フォン・ブーフはこの考えを拠に，1815 年のカナリア諸島訪問後に提案した「噴火口隆起」理論を発展させた．彼は，広範ではあるが地域限定的な地下の熱作用は地表に溶岩を噴出させるか，あるいは積み重なる岩石すべてを隆起させて山脈とする地下の圧力領域を形成するであろうと想像した．隆起のまん中に起こる二次的崩壊は，その区域の中央に噴火口のような陥没をしばしば造るであろう．フォン・ブーフは確かに激変説支持者であった．それが証拠に彼は，迷子石［本当は氷河によって運ばれたもの］は隆起の垂直な力によってかなり遠くまで空中を投げ飛ばされていくかもしれないと考えた．

　地球という惑星はおそらく溶解した塊として形成され，その中心は強烈な高温のはずだと推定されたので，化学理論は徐々に廃れていった．19 世紀中葉には冷却する地球という考えと山や大陸の形成とを結び付けようとして，続々と理論化が行われた．その先駆者は，フランスの地質学者レオンス・エリー・ド・ボーモン（1798-1874）であり，彼は 1829 年の重要な論文で自分の見解を概説した．ここにおいて，徐々に地球

が冷却するという理論は，急激な隆起という概念と結び付けられた．この結び付きを可能にするのは，主要な山系のそれぞれが地殻の組織的なしわ形成の1つのエピソードを表しているという想定であった．地球が冷却するにつれて，その容積は減少したが地殻の表面積は不変であった．その結果，生じる圧力は褶曲によってのみ解消可能であり，その褶曲は，固い地殻の抵抗が緩むとき，突然の出来事として起こった．

エリー・ド・ボーモンの信奉者の一人，コンスタント・プレヴォ (1787-1856) は，造山過程を説明するために1つの類推を提案した．すなわち地球は，水分の減少による内部収縮によって皮にしわが寄るリンゴにたとえることができるというものだ．この理論では，フォン・ブーフの噴火口隆起において見られるような全体にわたる隆起はなかった．したがって適用される力は，垂直的というよりむしろ水平的であった．しわは隆起と同じだけ沈降もあり，そして地球の全容積が減少していたので，山はその周辺地域が沈下するにつれてそそり立ったまま残ると実際にいうことができた．1850年代，エリー・ド・ボーモンはフランスの地質学界においてかなりの影響力をもつに至り，彼の理論は教義として受け入れられた．エリー・ド・ボーモン自身，同時代の山脈は同じ地理学的方向性を有するかもしれないというフンボルトによって最初になされた提案を精密にすることへ進んだ．彼はそれから，地球を多様な山脈によって幾何学的に規則的な五角形に分けられるものとして描こうとした．

アメリカでは，横の褶曲というボーモンの見解はジェームズ・ドワイト・ディナがアパラチア山脈の複雑な構造を説明するのに用いた．地球冷却理論を説くディナは大西洋のような海底地域は地球の初期の歴史の間に収縮圧によって沈下した巨大な窪み，すなわち「地向斜」を形成すると主張した．海洋は，どこよりも速く冷却したために他より縮んだ領域を覆った．これは，大陸や海洋は冷却の初期段階以来維持されてきた地球の地理学的な不変的特徴であることを意味した．海洋の端はたえず大陸の浸食によって生じる堆積物で満ち，これが固まって岩石になり，その後周期的に褶曲して大陸の端に沿って山脈を造った．事実上アパラチア山脈は，北米東海岸が[周期的褶曲によって]拡張したところが浸食を受けた姿であった．褶曲という後からのエピソードも後の冷却によって引き起こされる横の圧力に帰せられたので，ディナの理論はエリー・ド・ボーモンのアプローチに続くものと見なされた．

大陸不変説は，当時のヨーロッパの地質学の大御所の一人，エドゥアルト・ジュース (1831-1914) によって却下された．アルプス山脈の構造はアパラチア山脈とはまったく異なり，別の類の説明が必要であるように思われた．1875年の『アルプス山脈の起源』および1883年から1904年にかけての『地球の相貌』の中で，ジュースが展開した地球規模的総合は，徐々に冷却し地質学的変化の速度が着実に減少していく地球

6.5 山と大陸

という概念に基づいていた．ジュースは冷却によって生み出される水平圧力が造山運動に非常に重要であることを認めた．しかし，その圧力は褶曲によるだけでなく，地殻が割れて一方が他方の上に水平に滑る「押しかぶせ断層」によっても減じられると，アルプス山脈の証拠を用いて主張した．全体としてアルプス山脈は比較的新しい地質年代において大規模に北方へ衝上した結果であった．それは，かなり突然の出来事であり，古い意味での激変ではないが，通常の地表の安定状態を妨げる造山運動の明確なエピソードそのものだった．ジュースは内部圧力による隆起の余地を残さず，たとえばアンデス山脈が火成論的力によって隆起したという見解に強く反対した．

ジュースは，地表の大陸と海の分割が不変であるとは信じていなかった．彼は海盆の形成を説明するために地殻崩壊の主要なエピソードを引き合いに出した．しかし海盆は徐々に堆積物で一杯になり，そのために大陸に海が侵入するほどに海水準が押し上げられると論じた．そして最終的には崩壊というもう1つのエピソードが起こって水を新しい盆地へと排水したのだろう．ジュースは，彼が「ゴンドワナ大陸」と呼ぶ古代の超大陸が内部崩壊によって分裂して今日の各大陸が生じたと信じていた．地質学的記録のある時点まで大陸間の化石の個体群が類似していたことを説明するために，遠い昔に大陸間の陸橋が存在していた可能性は広く用いられた．

b．浮遊する大陸

ディナの「大陸不変」説の支持者は，大陸奥地に海洋性堆積物が存在することを陸は時に浅瀬に侵入される程度に沈没することがあったかもしれないと想定して説明した．ただし深海の堆積物が乾燥地で発見されることは決してなかった．しかし大陸不変に関する説明には2つの可能性があった．おそらく大陸は地球の不規則な収縮の遺物であり，古代以来その場所に固定していた．ところが大陸の岩石が海洋底のものほど密度が高くない傾向があると認識されたとき，もう1つの可能性が生じた．大陸は地球全体をとり囲むいっそう密度の高い下層の上にあるので，永久に上昇したままの軽い岩石の塊であるかもしれない．

ディナとジュースを先駆者とする2つの競合的な理論は，19世紀末には困難に直面した．大陸が実際に深海底より軽い物質から成るという証拠の増加はともかくも，地球冷却を想定してみてももはや地質学者が要求するほどの収縮レベルを生じることは難しいと物理学者は怪しむようになっていた．この点は，英国の地球物理学者オズモンド・フィッシャー（1817-1914）による1881年の『地殻の物理学』の中で強調された．大陸不変はまもなく広範に受け入れられた（古代の土地は沈没し，その結果もともとあった大陸間の結び付きが断たれたという気が未だしていたのであるが）．

大陸はその下の密度が高い岩石の上を浮遊する軽い物質でできた筏のようなもので

あるという可能性は，アメリカの地質学者クラレンス・ダットン（1841-1912）によって広められた．1889年ダットンは，重力のために大陸がそれ自身の水平面の高さを保つ過程を意味するアイソスタシー（均衡）という用語を作った．このモデルに基づくと，もし浸食によって大陸から物質が剥ぎとられるならば，「筏」は軽くなり，それを埋め合わせるために上昇するだろう．逆に，堆積物が積もっていく場所は，その重みが増すにつれて陥没するであろう．アイソスタシーという概念は，大陸は実際海底ほど密度が高くない物質から成ることを示す証拠の増加に合致するようにみえた．「シアル」（アルミニウムの珪酸塩）という言葉は軽い物質用に，また「シマ」（マグネシウムの珪酸塩）は密度の高い物質用に造語された．

20世紀の初頭，アメリカの地質学者・宇宙論者トマス・C・チェンバリン（1843-1928）は，新たな統合を提案した．それは，大陸は不変であるが収縮しない地球上で，変化の循環が起こるというものである．彼は，大陸はほとんど水平になるまで徐々に浸食され，結果的に堆積物が海洋を満たし，海が大陸に侵入するのを許すことになると推定した．このような状況のもと，全体としての地球は温暖多湿の気候を享受した．その後，アイソスタシー力が大陸を上昇させ，山脈を造り，その山脈が乾燥地帯と多湿地帯という明確な気象パターンに分けた．その後，浸食と堆積の循環が再び始まる．

チェンバリンの理論は，19世紀の地質学の鍵となる想定が棄却された時代の所産であった．地球収縮モデルはかなりの人気を博したが，もはや持続できなかった．大陸はなお不変であると想定されたが，それらが一団となって地表を移動していくかもしれないと想像できるほどの理由はいまだなかった．チェンバリンの理論は広く議論されたが，地球冷却モデルがかつて享受した類の優位性を達成しなかった．全体的な地質学的合意はなかったが，そのような合意が望ましいとだれもが考えたわけではなかった．多くの領域で地球規模の描写の欠如を憂慮せずに，完全に適切かつ正確な仕事をすることが未だ可能であった．20世紀初期の地質学は，新たな統合が浮上するまでのしばらくの間，進路が定まらないままであった．

6.6 変化の速度

斉一説と激変説の論争は，19世紀地質学のどの歴史においてもかつては花形だった．激変説はその主目的がノアの洪水の現実性を擁護する理論として描かれた．この過去に入れ込んだアプローチは挑戦を受け，まもなくチャールズ・ライエルの斉一主義に敗れた．その斉一主義は，近代的，科学的な地質学の基盤を築いた．地質学はそこでついに宗教的偏見から自由になった．すなわち科学と神学の闘争におけるもう1つの勝利を表す「創世記―地質学」論争から解放されたのであった．これまで見てき

たように，この解釈は非常に近視眼的であることがわかる．英国以外では，激変説を聖書の創世記と結び付けようとする試みは見られなかったし，英国の激変説信奉者でさえ，自分たちの科学が宗教によって拘束されないように注意した．もう一方のライエルの斉一主義代替案も完全な成功ではなかった．ライエルは過去の地質学的活動の激しさをそれほど強調しなかったが，ほとんどだれも彼の循環あるいは安定状態の代替案を受け入れなかった．

a．激変説論者の地質学

キュヴィエやフォン・ブーフらは，地表に影響を与える「革命」［広範な地殻深部の運動］は激変的であったという見解を促進した．しかしこれは，聖書の地質学への愚かな回帰ではなかった．氷河時代理論の出現する前には，表面的な現象の多くが，大津波や大地震のような激しい出来事による以外，説明できないように思われた．そんなことでもなければ巨大な迷子石の大移動をどうして説明できるというのか？　キュヴィエはまた，連続する地層においてある化石群から別の化石群へと明らかに急激な移行が見られることにも注目した．これが環境の急激な変化に伴う，急激な絶滅でなくてなんだろう．急激な革命が安定時期の後に起こるという理論は，その広い含意が何であるにせよ，諸事実の最も明白な解釈を表すように思われた．

激変説には確かにイデオロギー的含意があり，それはしばしば漸進的な社会改革の要求に抵抗しようとする保守主義者によって支持された．安定期間によって区切られるまれな隆起（大変動）を主張することによって，社会進化を唱道する改革主義者に好まれる漸進的変化のモデルを彼らは切り崩すことができた．しかし，保守主義者が激変をなんとか聖書の文字どおりの真実と結び付けようと躍起になっていたと考えるのは滑稽であろう．キュヴィエは聖書重視の地質学の説明者であるどころか，最後の激変を世界的な大洪水とすることにはっきりと否定的で，遠い過去に関する伝統的な話に代わるであろう歴史の新しい科学として古生物学を始めた．

激変説と宗教との関連が作り出されたのは英国においてであった．その中心的人物は，1819年にオックスフォード大学地質学講師に任命されたウィリアム・バックランドであった．オックスフォード大学は英国国教会の保守主義の中心であり，バックランドは自分の科学が受け入れられるようにするために，聖書へのあからさまな挑戦を最小にとどめる方法を探さざるをえなかった．彼にとってキュヴィエの激変説は格好の機会を提供した．もし最後の激変が普遍的な大洪水として表されるならば，ノアの洪水の話は擁護された．バックランドはヨークシャーのカークデイルにある洞窟で最良の証拠を発見した．洞窟は泥で埋まっており，そこには英国ではもはや発見されない動物の骨が埋まっていた．バックランドはキュヴィエの古生物学的技法を応用して，

洞窟はハイエナの巣であったと示すことができた．その歯形はロンドン動物園のハイエナの檻で採取したものと完全に一致した．彼は，ハイエナの繁栄時代が，洞窟を泥で埋め尽くす激しい洪水によって終わりをとげたと推定した．ほかにも同様の洞窟が知られていたので，バックランドは洪水は普遍的であったと推定した．1823年の彼の『大洪水の遺物』は，地質学が大洪水の現実性を確認したことを公表するものであった．

バックランドでさえ，自分の科学を宗教的見解より完全に下に置くことはなかった．ハイエナの骨に関する彼の仕事は，キュヴィエの技法の応用モデルであり，いかにして洞窟が泥で埋まったかを洪水は唯一説明するように思われた．バックランドの過ちは，関連するすべての現象が単一の激しい出来事によって起こったと想定したことである．しかし彼がいう大洪水は，長い歴史をとおして地球に影響を与えたに違いない一連の激変の最後であった．バックランドの理論と聖書の創世記との共通点は一点のみであり，真の神学的な保守主義者が嫌悪したことに，その点以外の創造の全般的な歴史が修正されていた．洪水論者は激変説の役割を少し担っていただけであり，徐々に地球が冷却して地殻に激しい収縮が起こるというエリー・ド・ボーモンの理論の人気上昇に伴って洪水論者はまもなく失脚した．激変説論者は超自然的な原因に訴えたという一般的な神話は，実際根拠がないのである．

b．自然の斉一性

チャールズ・ライエルは1820年代初めに激変説信奉者として地質学を始め，バックランドの立場を攻撃するようになったのは1820年代も終わりになってからのことであった．彼は英国国教会に籍を置いておらず，バックランドの理論と関連する社会保守主義に反対した．ライエルは，バックランドが地質学と聖書を結び付けようとしているのに不安を感じ，『大洪水の遺物』で仮定された大洪水が正しくないことを示す証拠を探した．彼は，ジョージ・プリット・スクループ（1797-1876）による中央フランスの死火山の研究によって激変説に代わる斉一主義者の可能性に目覚めることになった．スクループは，それらの死火山が単一の噴火によってではなく，長い浸食期間に散らばった一連の溶岩流によって作られたと示した．膨大な時間の想定によってのみ，地質学者はそのような現象を説明することができた．

そこでライエル自身，ヨーロッパ最大の火山，エトナ山を研究するためにシチリアまで赴いた．そこで彼は，山の大部分は溶岩のゆっくりとした堆積によって造られ，溶岩の最後のいくつかが有史上で起こったと示すことができた．いまは植物が生い茂った二次的な円錐形［側火山］に覆われた火山の斜面を見下ろして，彼は以下のように記した[7]．

6.6 変化の速度

　この火山はまるでヨーロッパ中に正当かつ壮大な時の概念を与えるように立っている．エトナの多くの場所から，オークやマツが生い茂りさまざまな形の噴火口をもつ火山群を見下ろす眺めほど美しいものは他にない．……その数が時の流れを明確に示唆する．
　木が生い茂る大きな山々が消滅するに要する年月は，非常に膨大であっただろう．有史の期間は少しもその長さを減らしはしないだろう．また，山腹からこれら多くの噴火口を取り去るまでもなく，その期間の繰り返しはさかのぼって数えられるにちがいない．しかしそうするうちに，我々はこの大きな塊全体をわずかに少なくするだろう．

エトナ火山は人間の基準では計り知れないほど古かった．しかしそれは地質学的に非常に若い岩石の上に載っており，その年齢は地球自体に比べれば取るに足らないものであることを示した．ライエルは，地震がしばしば地表の隆起や沈降を伴うことを証明するために，地震の研究も行った．地中海地域はローマ時代以降かなり沈降し，その後隆起したという証拠があった．もしそのような「通常の」過程が何百万年という長い年月に及ぶ作用であることを想像できるならば，それらで山脈や大陸自体の隆起を説明することができるだろう．
　こうしてライエルは，洪水論攻撃の最良の方法は激変説そのものにゆさぶりをかけることだと考えた．そこで彼は，地球が今日目の当たりにしている変化以外の激変的変化を被ることはなかったというハットンの見方を復活させて応じることにした．山々は激しい隆起によってではなく，膨大な時間をかけて効果が蓄積されるありふれた地震によって造られた．渓谷は大津波によってではなく，長い年月をかけて起こる風雨や流水の緩慢な崩壊作用によって掘削された．地表がいかにして現在の状態になったのかを説明する手段として，悠久の時間が激しさにとって代わった．この点は，1830年のライエルの著作『地質学原理』第1巻においてはっきり強調された．フンボルトらの報告書を参考にして，彼は次のように記した[8]．

　我々は，1回の地震でチリの海岸が100マイルにわたって平均約5フィート隆起することもありうるだろうと理解している．これくらいの揺れが2000回繰り返されれば，その結果として長さ100マイル，高さ1万フィートの山脈がつくられるかもしれない．もし，1世紀に1回だけこのような激変が起こるならば，それは最も初期の時代からチリの人々が経験した出来事の順番と矛盾がないであろう．しかし，仮にそれらの出来事全部が次の100年の間に起こるならば，地域全

体の住民は絶えてしまうにちがいなく，動植物はほとんど生き残ることができず，地表は廃墟となることだろう．

　ライエルは，ヨーロッパ北部の洪積層は最近の地質年代の比較的小さな地表低下によって海が陸に侵入した結果できたのだと説明した．氷河が溶けて，迷子石や岩屑が堆積したのだろう（彼はもう1つの可能性である氷河をほんの一時気にかけた）．堆積層の化石の個体群における一見突然とも思われる変化は，どの地域であれ連続的な堆積の間に経過する長い時間によって説明された．ちょうど岩石層が別のものの上に直接載っていたからといって，堆積は激変による以外には途切れなかったと想定すべきではない．状況が変わって長い間の堆積を妨げるかもしれない．また堆積が再び始まったとき，その個体群は環境のどのような漸進的変化にも呼応して変化しただろう．ライエルは，連続する個体群の間にはしばしば確かな連続があると示した．すなわち，ある種は「激変」を生き残り，またある種はとって代わられ，実際激しい絶滅がなかったことを示唆した．

　もちろん制限的な激変は，状況の異常な組み合せの結果として可能であった．ライエルは北米を訪れ，ナイアガラの滝の現在位置は，エリー湖とオンタリオ湖を分かつ断崖を貫く峡谷の浸食で，川が到達した地点によって決まることを観察した．滝は徐々に峡谷を広げながら後退しつつあり，そしてついにエリー湖に到達したときには，水はどんどん放出され，何百平方マイルもの乾燥地がむき出しになるだろう．これは「激変」に数えられて当然であろう．しかしその影響は予言可能であり，また厳密に局地的であろうとした．

　ライエルは，過去を再構築しようとする際に地質学は観察可能な原因に頼る場合に限り真の科学たりうると主張して，自分のアプローチを正当化した．他のどんな方法によっても，我々はまさに空論に陥ってしまうだろうし，超自然的原因によって考えるようになりさえするかもしれない．『地質学原理』は，歴史的導入で始まっており，それが今日に至るまでの誤解の原因になっている．激変論者が過去の原因を現在とは異なるものと推定しがちであるのは，彼らが聖書の直解主義のような非科学的影響を断つことができないからだと，ライエルは考えた．現在知られる程度の激しさで作用する，現在知られる原因によって，過去は説明されるべきであるという規則[現在主義]に固執する場合に限り，地質学者は確実に空論を避けることができるだろう．

　問題は，この規則によってライエルが，かつてハットンがそうだったように，時を経ても発展はありえないという歴史の安定状態理論を無理に採用したことであった．最も遠い時代でさえ，今日とまったく同じ条件（地震，浸食作用等）にさらされたに

違いない．自然過程の斉一的な活動は徐々に地球の表面的な特徴を変化させるが，全体的な様相はいつも同じままである．我々が今日観察するものとは異なる状況の「始まり」があったならば，それは現代の地殻を構成する岩石が形成される前に時の霧の中に消えているに違いない．

このようにライエルは斉一主義者の手法を厳密に適用し自縄自縛に陥った．すなわちそれによって彼は時の経過とともに，少なくとも科学的研究が可能である地球の歴史の期間においては，蓄積されるどのような発展をも否定せざるをえない窮地へと追いつめられた．初期の地質年代の温暖な状態が地球内部の高温の結果であるという主張を押さえ込むために，ライエルは大陸の上昇・下降を経て起こる気候変化理論を展開した．それは変動が有りうる状態であって，安定的な傾向ではなかった．ライエルは，化石記録は生物の単純なレベルから複雑なものへの生物全般の進歩について明白な証拠を提供しないという主張さえした．もし中生代のような自然状態に戻れば，爬虫類がもう一度地球を支配するかもしれない．ハットンのように，ライエルは，創造主によってデザインされた世界という観念に囚われていった．つまり世界は創造主によって生物の生息場所として限りなく長い間維持されるようデザインされたと彼は考えた．科学と宗教との関連を断つどころか，彼は独自の方法でその保存に努めた．

ライエルの漸進主義の議論は，確かに影響力が大きかった．彼による最も重要な改宗者の一人はチャールズ・ダーウィンであり，彼はビーグル号航海中にアンデス山脈の隆起を直接に研究し，山は長期連続的な地殻の変動によって隆起したという明白な証拠を見い出した．ビーグル号は，1835年にチリのコンセプシオンを訪れたが，それは町が地震によって壊滅状態になった直後のことであった．ダーウィンは，そこの土地が海面よりわずかに上に隆起して，貝類が土手の新しい高潮線の上にとり残されたままになっていることに注目した．彼はまた，その地方の山々のさまざまな高度の山腹に，海岸であった物的証拠である丸石，貝殻等を発見し，隆起が小刻みに進行していたことを示した．ダーウィンは太平洋諸島のサンゴ礁を説明するために，漸進的沈下という概念を用いた．サンゴは浅瀬にしか生息できないので，地表の激変の低下はそれらを一掃するだろう．土地の漸進的下降のみがサンゴに地表近くで生育し続ける機会を与え，ゆっくり沈んでいく島の周囲にたえず環礁を形成させるだろうと考えられた．

激変説信奉者自身，地質学的変化の作要因はその当時観察されるものと同種のものであることを受け入れた．さらにライエルの議論に直面して，彼らは徐々に初期の地殻の変動に帰せられた激しさの規模を縮小した．彼らが受け入れられなかったのは，遠い過去においてさえ〈現代の激しさで作用する〉既知の原因のみに頼るライエルの

完全な斉一主義的体系であった．これは，地球の歴史の安定状態モデルを選んで，発展理論を完全に拒絶することを求めるだろう．地質学者の大多数は，もし地質学的過程が過去においてもっと活発に活動していたことを疑うべき良い理由があるならば，科学者はこの可能性を自由に調査すべきであるとまったく正当に主張した．地球冷却理論は，地球内部の温度に沿って活動レベルが低下するという発展的アプローチに，もっともらしい枠組みを与えた．19 世紀後半の地質学者は，ある点においてのみライエル信奉者であった．漸進主義的な尺度は受け入れられたが，大多数の理論は，地質学的活動の全般的レベルに限定すれば，過去はある程度現在とは異なるという想定に基づき続けた．

C．地球の年齢

おそらくライエルの立場に内在する弱点を明白に示すのは，19 世紀終盤に物理学者によって加えられた攻撃である．1860 年代，地球冷却理論はウィリアム・トムソンことケルヴィン卿に強力に擁護された．ケルヴィンは，もし地球内部が熱ければ，それは徐々に冷却するに違いないと強調した．彼は，空間に放射された熱を補いうるエネルギー源はないと想定した．彼は地球内部の構造や温度をいろいろ想定して，地球が溶岩の球であったときから，ほんの 1 億年たっただけであると算定した．ライエルは，斉一的な活動過程によって現在の地殻の状態が築かれるのに必要な時間を算定はしなかったが，ケルヴィンが推定していた時間より確かにずっと長い時間を必要とした．ケルヴィンの算定の細部に疑問を投げかけてさまざまな努力がなされ，他の科学者は異なる物理学的過程に基づいた同様の算定を個別に行った．いずれにせよ議論の基本的論理は，明晰そのもの，すなわち物理学の示すところは，すべての熱い物体は冷却する傾向があるということだ．それゆえ実際の時間の尺度が何であれ，地球の内的エネルギー供給を，ライエル理論に示されるように，際限なく維持することはとうてい無理であった．

地質学者の大多数は，物理学が示す時間の尺度を受け入れた．実際，堆積速度に基づく地質学的算定がケルヴィンの数字を支持するように思われるものも存在した．一般的な想定は，過去をさらに徹底して知れば，地質学的な活動規模が，おそらく実際には激変ではないにしても今日よりずっと活発であった期間を書き記すことになろうというものだ．海盆の崩壊や地殻の破砕を説明するために，冷却は決まって引き合いに出された．過去のある時点において火成岩の大規模な湧昇の兆候も見られた．アーチボルド・ガイキーはイギリス諸島における古代の火山活動論の証拠を研究し，スコットランドやアイルランドで発見された火成岩の巨大な岩床は火山からではなく，溶岩が水平に広がった割れ目から噴出したことを示した．同様の効果は北米においても

注目されていた．このようにガイキーはケルヴィンの見解を受け入れ，過去には地下深部の活動規模が大きかったということに賛同した．

19世紀終盤になってようやく，地質学は反撃し始めた．ケルヴィンは最終的に自分の算定をわずか2400万年にまで減じた．その点では，ガイキーでさえ，自分の科学は物理学者の要求をおとなしく飲むことはできないと言明せざるをえなかった．地質学は物理学の計算とは独立した地質学筋の証拠を有していた．地殻によって明らかにされた堆積作用や造山活動の規模はあまりにも大きかったので，それほどの短期間に圧縮することは無理だった．同時にトマス・チェンバリンは星雲説に代わる別の仮定を発展させた．星雲説によれば，地球は決して溶解していたのではなく，小物体の「冷たい」集合体として形成されたのだという．内部の熱源が何であれ，それは当初の溶解した状態の残余ではなかった．いずれにせよ19世紀末までに，古典物理学の基盤はすでに非難を受けていた．放射能の発見は，エネルギー方程式にまったく新しい要素を導入した．1900年代初め，地球の中心核における放射性元素の崩壊が何十億年もの間の地質学的活動にエネルギーを供給すると立証される前に，ケルヴィンの論理は失墜した（9章参照）．

19世紀の地質学は優れた業績で学問的地位を築いた．層位列［コラム］およびそれと造山活動の主要なエピソードとの相互関係の確立によって，地球の歴史について1つの枠組みが作られた．そしてそれはそのままそっくり現代へと引き継がれることになろう．地球の現在の構造は景観の驚異や鉱物の豊富さにもかかわらず，自然変化の長い過程によって形成されてきたことは，そのときにはもう周知の事実であった．それとともに神の深慮を引き合いに出すことはいつの間にか影を潜めてしまった．しかし地殻内部で起こる活動すべての実際の原因は，まだ知られていなかった．19世紀をとおして支配的であった理論は崩壊したが，いまだ新しい統合の兆しはなかった．放射性熱のような新たに発見された効果は，地球内部の状態が理解される前にその状況に組み込まれねばならなかっただろう．ライエルは何百年もかけて起こる漸進的変化を強調したが，その理論は物理学における革命によって寿命を延ばした．しかし，地質学的変化の地球規模のメカニズムを打ち立てるには，ライエルも彼の敵対者も予期しえなかった過程の想定が求められたのだろう．

■注
1) たとえば Susan F. Cannon, *Science in Culture: The Early Victorian Period* (New York: Science History Publications, 1978), chap. 3.

2) Alexander von Humboldt, *Cosmos: A Sketch of a Physical Description of the Universe*, transl. E. C. Otté (London: Henry G. Bohn, 1864, 5 vols), vol. 1, p. 1.
3) 「ジェントルマン専門家」という用語はマーティン・ルドウィックが使用している。彼の著作 *The Great Devonian Controversy: The Shaping of Scientific Knowledge among Gentlemanly Specialists* (Chicago: University of Chicago Press, 1985).
4) ブロンニャールの論文は翌年英訳された。'General Considerations on the Nature of the Vegetation which Covered the Earth at the Different Epochs of the Formation of its Crust', *Edinburgh New Philosophical Journal*, **6** (1829): 349-71.
5) William Thomson, 'On the Secular Cooling of the Earth', *Philosophical Magazine*, 4th ser., **25** (1863): 1-14, p. 8. 他の物理学者は，すでにこの点を指摘していた。たとえば地質学協会会長ウィリアム・ホプキンズによる強調は，'President's Address', *Quarterly Journal of the Geological Society of London*, 8 (1852): xxix-lxx, see p. lviii.
6) Charles Darwin to W. H. Fitton, June 1842, in Frederick Burckhardt and Sydney Smith (eds.), *The Correspondence of Charles Darwin*(Cambridge: Cambridge University Press, 1986), vol. II, pp. 321-2. この手紙の写しは，バックランドによってアガシに送られた。バックランドは英国科学振興協会の1842年の会合で，マーチソンに反対してその手紙を引用した。
7) From Lyell's notebook of 1829, as quoted in Leonard G. Wilson, *Charles Lyell: The Years to 1841* (New Haven, Conn,: Yale University Press, 1972), p. 253.
8) Charles Lyell, *Principles of Geology: Being an Attempt to Explain the Former Changes of the Earth's Surface by Reference to Causes Now in Operation* (London: John Murray, 1830-3, 3 vols), vol. 1, p. 80.

7

哲学的博物学者たち

The Philosophical Naturalists

　地質学と同様に，植物学や動物学も 19 世紀を通じてその領域を拡大した．遠い異国の見聞がまとめられ，次々と新しく発見された種がヨーロッパの科学者に紹介された [空間の広さ]．博物学者は，化石の記録の調査から，さらに時間の長さにも気づくようになった．現代の動植物の種がいかに多様であろうと，それらは地球の歴史を通じて互いに順次置き変わってきた一連の個体群の中の最後のものであった．歴史家は，進化論の出現を，時空間における種の多様性を説明する最高の科学的成果ととらえた．「ダーウィン革命」は，すべてを自然過程の所産として説明しようとする近代を，記載と分類の時代から分かつ分水嶺と見なされる．この科学革命は，西洋文明の価値に劇的な変化を引き起こした．慈悲深い創造主の存在を信じることに代わって，たとえば「最適者生存」という表現に反映される冷酷な態度が表明されることになった．

　このとき，自然を概念化する方法に確かに大きな変化が起こった．しかし現在歴史家はダーウィン理論の出現を，新旧 2 つの思考方法を分かつ分水嶺としてだけとらえることに疑念をもっている．進化論の出現は，どうやらもっと入り組んだ過程であることが判明してきている．論争の火種は，ダーウィン時代に先立つ数十年を通してラマルクの進化論のような初期の思想によって形成された．他方，現代の生物学者が最も革新的と見なすダーウィンの思考の諸局面は，必ずしも当時の人々に関心をもたせるものではなかった．進化論に集中するあまり歴史家は，広範な同時並行的な時代の展開を見落とすことになったが，それは，西洋文化が自然界をどう視覚化するかに関わることであった．自然を研究し支配しようとする欲望は，欧米の新興工業国のイデ

オロギー的中枢を成した．博物学者は，ダーウィン理論とは直接関係しない多くの方法で，世界を理解可能な秩序に還元しようとしたのである．

ダーウィン理論は，新しい方法で生物を自然環境に結び付けた．適応は，神によって設計された固定的な状態ではなく，1つの過程と見なされた．しかし19世紀には，適応の重要性を最小限にとどめようとする博物学者もいた．自然の秩序に対する彼らの研究は，自然は環境に対処する日々の問題を超越した調和的関係を表しているはずだという伝統的信念の「近代的」焼き直しを依然として示すにとどまった．自然はく合理的で〉創造的な力の顕れであるという観念論者の見解は，生物相互の関係，および生物の空間的時間的分布の様相を明らかにしようとしたダーウィン以前の多くの努力を支持するものであった．

これら「哲学的博物学者」は，自然の秩序を，物理学者に知られた自然法則の中にではなく，生物の構造の多様な形態を結び付ける普遍パターンの中に探し求めた．そうした普遍パターンは創造主の合理的思考の紛れもない産物と見なされた．ダーウィンは，唯物論的代案を復興させることでこのアプローチに異議を唱えた．自然選択はいくつもの観察可能な過程を通して個体群を環境に適応させる．それは神の深慮とは無縁の過程である．しかし，ダーウィンの努力にもかかわらず，進化論はまず普遍的な秩序の探求に没頭していくことになった．19世紀も末になって初めて，生命を理解するためには，特定の領域を占有している生物すべての間の複雑な相互関係を考慮すべきことが次第に明らかになった．

自然界の研究をするには，まだ多くのさまざまなアプローチがあった．野外博物学者は田舎で収集活動をしたり，または遠い異国へ探検に出かけ標本を本国へ送ったりした．もっぱら分類に身を捧げた者もいたが，地理的な問題や，種とその環境との関係に興味をもつようになった者もいた．しかし，多くの新種，特に高等動物は，博物館や解剖室で働いたり野外で冒険することのない比較解剖学者によって記載されなければならなかった．この段階では，博物学と解剖医学との間には強い関連があった．ダーウィン以前における進化論の最も活発な論争は，医学校で行われた．解剖学者にとって秩序の探求は，異なる種の構造間にある基本的な関係の発見であった．このようなアプローチは，複雑な生態学的関係の理解とは無縁であった．化石の骨から絶滅種を復元する作業は，たいてい博物館で働く人々によってなされたが，彼らは，時間系列に沿う発達を連続的な種の間の純粋に形態的な関係の展開と見なしがちであった．

「生物学」という言葉は，19世紀の末まで使われることはなかったし，たとえ使われたとしても，近代的意味ではなかった[1]．地質学においてと同様生命科学においても，

専門科学者集団の出現に伴い専門性が大いに高まった．19世紀は，主としてアマチュア的「博物学」から「生物学」という専門科学への移行期と見られてきた．しかし，この截然たる区別は，多くの関連要因を考慮に入れてはいなかった．博物学は確かに強力なアマチュア的要素をもっていたが，[それでも]そのような博物学は19世紀いっぱい続いた．ただし，19世紀初期でさえ，リンネの分類学の伝統を受け継ぐ人々と哲学的博物学者の双方を含むかなり多くの専門家がいた．彼らは，単にカタログを作るだけではなく，それ以上の意欲をもっていた．こういった専門家が増えるにつれて，学問に漠然とした統一性をもたせる手段として，進化の考えがもち出された．こうして，「生物学」というまず最初の科学が形成されるかに見えた．しかしそうした努力はほとんど無駄なものであった．なぜなら別々の学問分野は，統一性といったお題目に影響されることなく進展していく傾向にあったからである．

専門的な関心が，新理論に対する科学者の態度をしばしば形成し，政治上敵対する立場は，自然の秩序について異なるイメージを形成した．進化論の宗教的含意をめぐるよく知られた論争は，ますます工業化する社会の内に張りめぐらされた社会的緊張を示していた．中流階級や労働者階級の関心が既存の社会秩序に挑戦するとき，科学はしばしばイデオロギー闘争の象徴的な場となった．ダーウィン進化論は，中流階級の思想家によって支持された理論の一例である．なぜなら，それは彼らが好む社会的枠組みに類似した自然を明確に描いていたからである．保守的な人々は独自に自然の秩序を描くことに関心をもち，そこでは神の定めた創造計画の枠内でのみ変化を認める秩序観が好まれた．

7.1 知識と権力

原生自然(ウィルダネス)へのロマン主義的な情熱は，自然を，探求し分類・記載すべきものとするもっと実用的な態度とも共存していた．19世紀の自然探究アプローチは，物事達成の鍵として困難に果敢に取り組む中流階級の影響下にあった．博物学者たちは，心身両面ぎりぎりのところで，膨大な仕事量を引き受けた．枚挙し名づけたいという衝動は，ヴィクトリア時代の人々の自然支配願望の主要部分であった．自然の見かけの多様性に秩序を課す科学の力の象徴として，種にはラテン名がふさわしいとされた．彼らはまた，きちんとラベルを付け配列された標本の陳列棚を好んだ．より大きな規模では，博物館や博覧会が人気を得て，世界的な覇権と秩序への情熱とを提示する公的な装置となった．知識の探求は，人類にとって実用面で有益でもあった．地質学が鉱業を支えたように，動植物の研究は，農夫，漁師そして猟師に有益であったであろう．

a．専門家とアマチュア

　パリの自然史博物館は，教育・研究のモデルを提供して文明世界の羨望の的であった．ここに動植物学者の専門家集団は始まり，欧米ならびに植民地のいたるところでやがて活躍することとなる．しかし，野外研究のレベルでは，専門家とアマチュアの間にそれほど厳密な区別はなかった．大きな博物館で行われる比較解剖学の学問的討論に門外漢の参加は望めなかったが，野外博物学者は標本や調査のためには地元のアマチュアが頼りだった．こうして，両者のより緊密な相互作用が確保された．一般大衆は知識を渇望しており，書物に対する大きな需要が創出され，博物学協会の形で地方組織が，また鳥類学というような特殊な分野に充てられた国の機関などの枠組みが望まれた．1810年以降，蒸気印刷の導入が書物の価格を引き下げ，専門家たちは，拡大を続ける市場に向けて書物を書くことによって生活の糧を得ることができた．彩色図版は裕福な人々のものであったが，挿絵を印刷する安価な方法もまた開発された．動植物はますます迫真性をもって描かれ，J. J. オーデュボン（1785-1851）の『アメリカの鳥類』（1827-38）のような作品は，今日なお名著の地位を保っている．

　他の技術的な発展は，自然に対する関心のあり方を変化させた．より優れた殺虫ビンの登場で，神経質な人々も標本を集めるのにそれほど不快な思いをしなくてもすむようになると，昆虫学はさらに流行するようになった．鉄道が敷かれ，一般の人々が海辺や田舎に出かけられるようになったため，博物学小旅行が社交行事となった．海岸へのアクセスは，海草や貝殻を収集する情熱を掻き立てた．また浚渫技術の向上によりアマチュアでさえ海底を住処にしている種を収集できるようになった．植物学者のために，ナサニエル・ウォード（1791-1868）は，「ウォードの箱」を発明した．その箱の中では，植物はガラスに密閉されて育つことができた．これが，1840年代に導入されると，世界各地の珍しい種を環境の変化から守って船で運べる新たな可能性が出てきた．ウォードの箱の中でシダが一番よく育ったので，シダ栽培の熱狂が起こり，中流階級の家々はこぞってシダの寄せ植えを飾った．飼育ケースや水槽も相ついで同様に流行した．

　博物学の目まぐるしい流行は，動植物研究者に直接何か影響を与えたわけではなく，強いて言えば，彼らに書物を著すよう促したくらいであった．しかし，間接的には科学とその可能性に対する大衆の関心が大きく膨らんだため，専門家の世界も政治的な事柄と無縁なままではありえず，明確な形を成すに至った．パリからもたらされたモデルに基づく「巨大科学（ビッグ・サイエンス）」は，資金を必要とし，出資源として当てにできそうなのは政府しかなかった．政府によっては，資金提供に積極的に関与する国もあったが，英国のように気乗り薄のところでは，何かをしなければならないということを政治家に

納得させるために，中流階級が圧力をかける必要があった．研究と発表を統括する学会は，政治論争の場にもなりえた．伝統的な社会秩序への挑戦は，科学支配を求める闘争の中で明らかになり，歴史家はこの闘争が科学の諸制度をどのように発展させたかについて認識し始めた．さらに重要なことは，どの科学理論が受け入れ可能なのかを見きわめるに際し，そのイデオロギー闘争が人々に影響を及ぼしたことも我々［歴史家］が十分に評価し始めたことである．科学理論はイデオロギーを帯びたものとなり，かくしてある特定のグループが，何を科学知識に対する合法的貢献として認めるかについては，社会的関心に左右された．

パリ博物館（人々には，植物園として知られている）［自然史博物館］は，異国の標本展示にかけては一博物館を越えていた．それは，ビュフォン時代の旧ジャルダン・デュ・ロワ（王立動植物園）を母体として革命政府によって作られたものであり，物理科学を除くすべての科学研究を発展させるための主要機関になった．それは，なお動物園と植物園の双方を合体したものであるが，当時すでに広範な研究と教育機能をもっていた．そこには，12の教授職があり，それぞれに高等教育を受けた助手がついていた．教授の中には世界的に知られた人物もおり，彼らは大勢の聴衆を前に講演をしたり，論争の余地ある問題をめぐる公開討論に参画したりした．ラマルクは無脊椎動物を任されてきており，もう一人の生物変移論者であるジョフロア・サンティエール（1772-1844）は脊椎動物を扱った．すべてにわたり最も影響力があったのは解剖学教授ジョルジュ・キュヴィエであり，彼はフランスの科学教育再編という任務を通してかなりの政治権力を手中に収めた．キュヴィエは，博物学を物理学や化学に比肩する科学にしたいと考え，また，この新しい科学のための経験的基盤を確立するために，彼は比類なき標本コレクションを築こうと決意した．拡大するナポレオン時代のフランスの権力を背景に，キュヴィエはヨーロッパで入手できるものすべてを利用できた．

19世紀半ばに先進的だったのは，ドイツ語圏の生物学者たちであった．科学研究と教育はドイツの多くの大学で重要であった．もっとも，その組織は厳格で教授に大きな権限を与えていたが，有能な人物が教授の座につけば，大きな発展の機会となりえた．ドイツ人はさまざまな生命形態の構造を調べ記述するため，精巧になった顕微鏡を使用し，特に形態学や発生学の分野で力を発揮した．19世紀を研究テーマとするとき，英語圏の歴史家はダーウィンの研究に専念したり，進化論の賛否両陣営の生物学者の初期の仕事にとり組んだりした．しかし，ここにおいて，これら19世紀英国の科学者が最初はフランスをそして後にドイツを手本としていかに当てにしていたかを認識すべきである．専門的な生物学が，19世紀末まで英米では栄えなかったのに，大陸ヨーロッパでは繁栄していたのである．リチャード・オーエン（1804-92）やT. H. ハ

クスリー (1825-95) 等，英国の有力な生物学者のいく人かは，意識してドイツの生物学を手本とした．そんな中でダーウィンの独創性は次のような事実の中にあった．それは，裕福なアマチュアとして，彼は解剖室のみならず野外でも研究することができ，生物地理学と形態学から得た情報を総合的に扱うことができたという事実である．

b. 科学と政治

キュヴィエは甚大な影響力をもっていたが，すべてについて自己流を押し通せたわけではない．そのため，転成論者のような対抗集団も，彼らの言い分をとうとうと述べることができた．これらは最近まで歴史家が無視してきたことである．種の転成のような新しい考えは，政治的な含みをもっていた．なぜなら，それらは一般に科学と社会の両方にある既存の権力構造への挑戦を象徴していたからである．パリ博物館は，新しい科学の基礎的原理をめぐる研究や熱い論争の中心であった．したがって 1815 年にナポレオン戦争の混乱が終結すると，パリが博物学者の集まるメッカとなったのも不思議ではない．保守的な科学思想も急進的な科学思想も，パリで話を聞いてインスピレーションを受けて，故国に戻った博物学者や解剖学者によって，広められた．19 世紀半ばには，徐々にドイツが生物学の分野における知的主導権を握ることになったにしても，パリには動植物の科学研究を促進する理想的な枠組みがすでに確立していた．

英国では，科学を貴族階級の支配下に置こうとする保守派の人々と，もっと大衆に科学を広めようとする急進派の人々との間の政治論争で，フランスのモデルが焦点となった．大英博物館には，博物学のコレクションがあったが，これらは保存状態が悪く，博物館の芸術的な所蔵品に比べて低く見られていた．管理者側は，博物館を研究機関としてではなく国宝の収蔵庫と見なしていた．そして，大衆が博物館に出入りすることも制限していた．スペースの問題は，博物館が 1820 年代の終わりに現在の場所［サウスケンジントン］に移されたときいく分解消されたが，博物学はなお芸術や考古学とスペースを分け合った．1835 年の公的調査で，パリ風の研究博物館を求める急進派の要求が公表されたが，科学者は芸術に従事する有名人より一段低くあるべきとする根強い伝統があった．1856 年に解剖学者のリチャード・オーエン (1804-92) が自然史部門の管理者に任命されるに及んで，研究機能は増大した．オーエンは世界的な名声を博し政治家と緊密な関係にあったが，彼でさえ図書館長には頭が上がらなかった．オーエンは，博物館にもっと広いスペースの新しい建物を求めて，長く困難な運動を繰り広げ，1880 年代に現在の自然史博物館への移転を取り仕切った（8 章参照）．

動物学協会は，英国植民地の所有物の展示ケースの役割を担うものとして 1826 年に，ロンドンに設立された．それは，貴族階級のスポーツ［狩猟］への関心と合致し，

7.1 知識と権力

リージェント公園内の動物園は,初めは会員とその同伴者に入場制限された.狩猟は国内では貴族階級の娯楽であり,大きな獲物を狩ることは植民地領での白人男性の優位を象徴していた.動物園で異国の動物を展示することは,世界を支配する工業国の力を公に示すことであった.しかし,研究に従事する博物学者は大型の獲物だけではなく,異国の種全般に興味をもっていた.一方,急進派はさらなる研究の推進と動物園の門戸開放に尽力した.新発見で名を上げるか,あるいは理論武装に使える材料を探している解剖学者にとって,異国の動物の解剖ができることは非常に重要であった.リチャード・オーエンは,オーストラリアの英国植民地から本国へ船で運ばれた新種の記載によって,少なからぬ名声を得た.彼は,爬虫類と哺乳類の中間形として,なんとかしてカモノハシを使いたいというフランスの進化論者の願いを挫くことができた.なぜなら彼だけが多くの標本を参照できたからであった.

急進派と保守派の論争は,単に科学の質や,また,必要な研究資料の入手に関わることだけではなかった.科学の社会的枠組みを支配する闘争で,どのような立場をとるかに関連して,理論的な問題全般についても意見は対立した.中産階級の改革支持者や,さらに急進的な意見をもつ人々は,権力や影響力の伝統的な源泉[たとえば国教会とかオックスブリッジとか]によって支持された「旧式の」科学の信用を剥奪するために,最新の思想を用いた.保守派は神による自然の階層という概念を脅かすような考えに譲歩することなく,理論的見解を刷新しようとした.彼らにとって,新理論は唯物論の意味合いをもっており,19世紀の前半,彼らは急進思想の拡大阻止に成功した.既存の社会機構の支配は,この論争においてきわめて重要であった.すなわち結果として,改革支持者はいく分かの譲歩を迫ったが,既存の階層制度を崩すことはできなかった.最近の歴史研究が示すところによれば,1860年代と1870年代のダーウィン説信奉者が勝ちとることになる戦いは,それより前の世代の改革支持者が戦い,敗れたものであった.進化論は新しい脅威などでは決してなく,保守派勢力が数十年間戦い続けてきたものであった.

植物学では科学知識の実用化の見通しはより大きかったけれど,理論的論争はそれほど深刻ではなかった.ジョゼフ・バンクス卿は,有用な種をある地域から別の所へ移植しようとする先駆者となった.そして,彼は英国の海外植民地での利益を高めるために,キューにある王立植物園での自分の地位を欲しいままにした.しかしバンクス没後,英国政府は植物学研究の国の中心となる庭園設立に何の手だても講じなかった.やっと1839-40年の社会的な非難に押されて,ようやくキュー植物園の初代園長としてウィリアム・フッカー(1785-1865)が任命された.ウィリアムと彼の息子で後継者であるジョゼフ・ドルトン・フッカー(1817-1911)のもとで,キューは異国の植

物を研究する便宜が図られるようになり、まもなく世界的に重要な中心的存在となった。J. D. フッカーは、南極やヒマラヤへの探検で植物を集め、まもなく（ウォードの箱に入れられた）植物は世界各地から洪水のごとく集まった。経済植物学の博物館が1847年に開館し、その後数十年に及んで、キューは大英帝国中に有用植物を広めるのにきわめて重要な役割を演じた。

合衆国では、国立植物園は、1838年から42年の間にチャールズ・ウィルクス（1798-1877）の指揮のもとで行われた太平洋［諸島］の探検旅行によってもたらされた種子や植物を活用するために設立された。同じ頃に合衆国特許局（パテント・オフィス）は、南部諸州の農業の活性化のために熱帯の植物を使うことができるかどうかに関心をもつようになった。特許局は、また、土地の栄養素の枯渇を防ぐ手段として化学に目をつけ、土壌分析に化学を用いることを奨励した。ドイツの化学者J. フォン・リービッヒ（1803-73）の著書『農業と生理学に応用される化学』は1841年に翻訳され、農業に自分たちの技能を用いようとする化学者たちを奮い立たせた。昆虫学を害虫防除に応用できることが判明してくると、それは経済的な役割も果たすことになった。ニューヨークの州立農業協会は、防除の新しい方法をめざして昆虫の生活史を研究するために、1854年昆虫学者のエイサ・フィッチ（1809-1879）を雇い入れ、彼は、化学殺虫剤の実験にも従事した。このようにして、政府が環境科学にかなり広範囲に関わるための土台が、その後数十年で築かれつつあった。

7.2 自然のパターン

種の分類は、野外および博物館のどちらで働く博物学者にとっても、なおきわめて重要であった。種間の類縁関係を作り上げたリンネの人為分類は、可能な限り多くの形質を考慮した自然分類に、今やとって代わられた。この先、歴史家は分類に関する論争が、類縁関係を決める原理ではなく、分類技術の実用的な応用をめぐる意見の相違にいっそう関係してくると考えて、興味をなくす傾向にあった。しかし実際には、分類学をめぐる論争の中で膨大な著作が蓄積され続け、そしてある特定のグループの分類方法をめぐる意見の相違は、自然な類縁関係の意味について、さまざまな哲学的立場を反映していた。

「類縁関係」を遺伝的な意味で解釈することによって、進化がその問題を解決したと考えるのは、状況を単純に見すぎている。ダーウィンは、分類を動植物の系統を表すものと論じた。つまり近縁の種には、基本的な類似性がある。なぜなら、それらはそれほど遠くない共通の祖先をもつからである。しかしこれで問題が解決したわけではなく、多くの博物学者はその問題に関するダーウィン流アプローチを受け入れなかっ

た．動物学者や植物学者は系統の「樹」の概念を歓迎するどころか，類縁関係は適応圧のもと無限の分岐過程の産物であるというダーウィンの考えに抵抗した．

この主張は，分類学の歴史に関するミシェル・フーコーの解釈と対立する（5章参照）．フーコーの論じるところによれば，人間知性によって決められた概念格子の上に種を割り振る自然の類縁関係という「古典派の」見方は，1800年前後に破綻したとされる．この変化の最も顕著な徴は，存在の連鎖（すべての分類枠が一列に並べられた最も単純な格子）を，類縁関係が無限に枝分かれしていく系に置き換えたことであった．フーコーは，この発展をジョルジュ・キュヴィエの仕事と関連づけた．キュヴィエは存在の連鎖を否定し，類縁関係の樹状モデル開発の先駆けとなった．たとえ転成論（トランスミューテイション）に反対であったとしても，この意味で，確かにキュヴィエは近代のダーウィンの自然観を先どりしていた．しかし19世紀の博物学者がキュヴィエの観点もダーウィンの観点も両方ともいかに拒絶していたかについて，フーコーが悟らなかったのは残念である．実際，自然の類縁関係は予言できないという考えに反対しようと多くの努力がなされた．存在の連鎖の概念は，生物体の階層構造というもっと柔軟な概念に代えられた．一方，博物学者の中には直線をなす鎖を環状パターンに基づく均一な閉鎖系に置き換える者もいた［後述マクレー参照］．

科学者共同体の中では，人為分類から自然分類への移行でさえ一律の仕方で完成されたわけではなかった．英国の植物学者は，ド・ジュシュー（1699頃-1777）のいう自然の分類技法に反抗したまま，新しい世紀の幕開けを迎えていた．しかし，自然分類に問題がなかったわけではない．形質のすべてが類縁関係を決定する際に考慮されるべきであると論じる博物学者もいれば，形質のいくつかは他の形質より，より基本的であり，考慮に軽重をつけるべきだと主張する博物学者もいた．

この問題は，動物界の分類において重要となった．すなわち19世紀の初頭，動物の分類をめぐって根本的な論争が起こった．キュヴィエの主張がその時代どんなに成功していたかについて，たとえフーコーに誇張があったとしても，彼がキュヴィエをこれらの論争の中心人物と認めているのは正しい．キュヴィエは，分類の指標として比較解剖学の役割を開拓した人であった．その際野外での収集家の貢献を犠牲にして博物館で働く博物学者の役割をもち上げた．彼はパリ博物館での自分の地位を用い，新しいアプローチを普及させた．そのアプローチの中では，動物は外見によってではなく解剖により明らかにされた体内の類似性によって分類された．体内構造の重要性は，いくつかの場合においてすでに受け入れられていた（そうでなければ，鯨やイルカは哺乳類ではなく魚として分類されただろう）．しかしキュヴィエは体内構造を動物界全体の分類の中心に据えた．彼は，「特徴の従属」の原理を主張した．いくつかの特徴は

他のものよりさらに基本的であり，それらは類縁関係の程度を決めるときに，最重要視されるべきものであった．キュヴィエは脊椎動物の場合には実際には骨格に注目したけれども，理論的には神経系を最も重要な構造と見なした．

a．連鎖，樹，そして円環

1812年に，キュヴィエは存在の連鎖を解体するためにこの技法[特徴の従属の原理]を用いた．動物界は，最も低い形態から人類につながる一列の種のパターンを表していない．その代わりに，完全に独立した4つの「部門」，つまり体制の4基本型があるとし，それらの1つ1つは，体内構造の共通のパターンによって識別できるとした．その1つの型の中の個々の種は同一基本パターン上の変化形にすぎない．4つの型とは脊椎動物（背骨をもつ動物），軟体動物（カタツムリ，タコ等），体節動物（昆虫を含む節で分けられた動物，ミミズ，甲殻類），そして放射動物（ウニのような円形の身体プランをもった動物）であった．それぞれの型(タイプ)はリンネの分類では，綱，目，科，属，種に分けられ，その型は分類学上の階級の中で最も基礎的な分類をなすものであった．キュヴィエによれば，4つの型は端的に異なるが等しく成功した身体プランを有するものである．また脊椎動物をもって最上位に位置づけるべきでない．なぜならそうすれば古い存在の連鎖と変わらなくなってしまうだろう．それぞれの型内の種は原型が少しずつ変わったもので，その1つ1つは特定の生活様式に適応したものである．適応できる範囲は無制限なので，類縁関係は枝分かれしした樹枝状のパターンとして表すことができ，まったく新しい（そして予測不可能な）動物の生活形態が発見されたときはいつも，新しい枝が加えられた．

4つの型は，現代の「門(もん)」に相当する基本，つまり動物界の最も基本的な区分である．ただし体節動物と放射動物は，多様性の真の範囲が明らかになるに従い細分化された．こうしてキュヴィエの分類は，種がさまざまな適応圧の下で共通の祖先から分岐するというダーウィン流の進化論に暗示される枝分かれの類縁関係を先どりするものであった．しかし，キュヴィエは比較解剖学者として自分の研究で大きな名声を勝ち得たが，多くの博物学者に次のようなことを納得させることはできなかった．それは彼らが自然の類縁関係の全パターンを予言でき，それゆえ発見されるのを待っている欠けている種を予言できるという望みをすっかり捨てるべきだということだった．単一系列の存在の連鎖という概念は捨て去られた．ラマルクでさえ，植物界と動物界という対応する2つの並列的な階層を考えた．しかし歴史家が考えていたよりもラマルクの後継者はずっと多く存在していて，少なくとも主な綱の配列において連続的な列をなす類縁関係は動物界では明白であると論じ続けた．たとえ，各々の綱の中での配列が枝分かれしていようとも綱自体は上下に伸びた一続きの連続体を形成している

と考えられた．

この立場は，J. B. ボリー・ド・サン・ヴァンソン（1778-1846）によってフランスで，またロバート・E・グラント（1793-1874）によって英国で論じられた．一列の連続体という考えを擁護する彼らは，直線的な配列を，生物が最も高等なもの，すなわち人間へと昇っていくための梯子として理解する進化仮説の支持者だった．4つの型の間にキュヴィエが立てた厳密な区別は，梯子のような解釈が正しくないことを示そうと意図されたもので，激変的な絶滅という彼の理論も同様に梯子の解釈を否定する意図であった（6章参照）．しかし急進派は直線的階層構造を温存しようとしてラマルク理論の精神を生きながらえさせ1830年代に至った．彼らは，キュヴィエが既知の綱の間，そしてまた型の間に存在すると主張した間隙をつなぐ中間形を探した．単一系列論者が爬虫類と哺乳類のつなぎとして使おうとしたカモノハシ——それは卵を産むが授乳もする——の分類をめぐる論争はこういった問題から起こった．オーエンはキュヴィエの非系列的見解の忠実な支持者だった．そして，彼は，カモノハシを（中間形ではなく）哺乳類の仲間にしっかりと入れておくために，カモノハシが卵を産むものであるということを棚上げして乳腺をうまく強調した．

直線的階層の概念に重要な付け加えをすると，J. F. メッケル（1781-1833）とエティエンヌ・セール（1786-1868）によって提唱された「並行法則」があった．19世紀の初めは発生学が大いに進展をみた．発生学は生殖の機械論的概念に挑戦し，前成説理論を倒した．並行法則は，比較発生学を生物界の統一パターンを探ることに結び付ける手段であった．生きている有機体の主な種類を分類するのに使われた生物の複雑性の段階は，個体の発生パターンと一致する，とメッケルとセールは確信した．たとえば，人間の胚はいくつかの段階を踏んでいく．つまり，まず魚の成体構造に近づき，次に爬虫類の成体構造に近づき，その後やっと哺乳類の形を獲得する．このような生物の類縁関係モデルにおいては，下等動物は単に人間の未熟なものである．つまり下等動物も同じ段階を経て進化するが，その過程のより早い段階で成熟してしまう．

ラマルク主義者は，主な分類群の類縁関係を定義するために，前進的な階層の考え方を用いた．適応はこの階層を歪めるかもしれなかった（ラマルク自身そう思った）．しかし，それは二次的な要因であり類縁関係の唯一の決定要素ではなかった．しかしながら，直線的階層は，目下検討中の唯一の可能性ではなかった．もし存在の連鎖という考えが唯物論者によってとり入れられたなら，自然の秩序が合理的な創造計画の存在を明かすと信じた博物主義者たちは，もっと複雑なパターンを引き合いに出すことをむしろ好んだであろう．

このアプローチが最も著しく現れたのが，1819年，昆虫学者ウィリアム・シャープ・

マクレー (1792-1865) によって提唱された五円環説である．マクレーは，その当時ドイツで盛んだった観念論運動に影響され，合理的に秩序だてられたパターンが種々の明らかな違いを裏付けていることを示そうと決心した．より高次の分類学の範疇はすべて，自然に円環をなす5つの副次的な単位に分けられると彼は論じた．動物界は（4つではなく）5つの型に分けられ，それぞれが5つの綱から成った．綱は各々5つの目に分けられ，またその5つの目がそれぞれ5つの科に分けられ，そして，その科がまたそれぞれ5つの属に分けられ，最後にその属が各々5つの種に分けられている．ここに示されるのは，自然のプランを示すための非常に複雑だが厳密に構成されたモデルであり，存在の連鎖のごとく拡張・変更の余地のない閉鎖系であった．類縁関係は全部で5つと決まっているので，ある特定のカテゴリーがそのときの我々の知識に欠けているかどうか判断がついたし，またどのような種類の新しい生物が最終的にその間隙を埋めるために発見されるのか，おおよそ予測をつけることができた．

　自然の類縁関係に関するマクレーの見解は，生物の世界が合理的なプランに従って構成されていることを前提にしていた．彼の分類体系は当時隆盛をきわめた昆虫学の分野でかなり人気を博した．それは鳥類学者のウィリアム・スウェインソン（1789-1855）によって鳥に応用された．彼は広範囲にわたり執筆活動をし，よい挿絵のついた著作を多く生み出した．五円環説は英国外では特に広くはとり上げられることもなかったが，マクレーとスウェインソンの想像の産物として即座に退けられることもなかった．自然にはなにか基本的なパターンのようなものがあるとほとんどの博物学者は考えた．たとえ円環がパターンの表象にあまりに人為的すぎるとわかっていたとしてもである．1840年代までに博物学者は，平面上で類縁関係を描き出したが，円環を順序立てて並べることなく，地理学の地図に似た類縁関係のイメージを生み出した．このやり方は，自然の類縁関係に無限に広がりをもたせることと矛盾しなかった．もっとも，ほとんどの博物学者は，生命がただ適応圧に応じて発展してきたとなお認めたがらなかったけれど．

b．形態と機能

　キュヴィエの体系は，拡張の可能性を残しているものであった．なぜなら彼は，種はそれぞれ特定の生活様式に適応した基本的な型の変化形だと考えていたからである．種の形態すなわち構造は，その機能によって決定され，同様に，機能は環境や生活様式によって決定された．どのような新しい変種が発見されるのかを予測することは不可能だった．というのは，動物の種が生きていくためにどのような方法を採るかは際限なく考えられたからであった．どのような分類体系の中でも適応が構造の唯一の決定因子になるが，そのような体系は，自然が調和よく規則的に構成された類縁関

係の格子どおりに創られたという考えと，矛盾するであろう．キュヴィエはこの適応論者つまり功利論者のアプローチに完全に傾倒していた．彼は動物の体制の4つの基本型を区別したが，それぞれの型内の基本的な統一性が神秘的な意義をもつというどのような示唆も否定した．その型は，動物の体制のある基本パターンが他の考えられる形態よりいっそう有効であるという理由で存在した．それで，種はすべてこれらのパターンのどれか1つに必然的に基づいていた．

　キュヴィエ自身，このアプローチの神学的含意を使わなかったが，デザイン論を支持する英国の博物学者によって熱狂的にとり上げられた．1世紀前に，ジョン・レイは，生を満喫するよう生き物を設計した慈悲深い神の存在を示すために，形態がみごとに機能に適応していることを挙げた．フランス革命の脅威により，保守的な勢力は，啓蒙主義唯物論者のいう無神論に対抗して一致協力するようになった．創造主の存在を証明するための知的な議論は，既存の社会的階層を維持したいと願う人々の間で再び盛んになった．こういった情緒的環境の中で，デザイン論は今しばらく延命が図られた．その最も雄弁な主唱者は，英国国教会の牧師ウィリアム・ペイリーであった．彼の『自然神学』は1802年に出版された．ペイリーの主張には独創性が少しもなく，博物学に対する彼のアプローチにも少しも新しいものはなかったけれど，彼は有機的構造の〈有用性〉について強調し，それが，貿易と商業に基礎を置く富裕な社会的エリートの新鮮な共感を得るところとなった．英国の博物学者の多くは牧師でもあったため，彼らは，研究した動植物の種を神の職人技の実例として記載することを，強く望んでいた．

　前世代のデザイン論の支持者たちのように，ペイリーは獲物を殺すに適した構造をもつ種が存在するという事実に直面しなければならなかった．自然法則によって支配されている世界では，生は生殖と死を必然的に伴うにちがいないと彼は確信していた．このような状況の中で，捕食動物は[あらかじめ食うことによって]事実上その獲物の苦しみを減じていると考えられた[2]．

> 獣は野生状態，自然状態では何事も自分でする．自分の強さ，速さ，四肢，五感が失われると，絶対的な飢え，あるいは食べ物の不足によって徐々に身体が衰えていく惨めさを味わうことになる．食うか食われるかという今の体系を変えるなら，そのときには衰え，年老い，飢え，無力な，助けのない動物で溢れかえる世界を見ることになるでしょう．

このようにペイリーは自然の獰猛さを容認し，何か抽象的な形態パターンで種を互い

に結び付けるのではなく,食物連鎖の中で種がどのように相互に影響しあうのかという点から結び付けた.

キュヴィエによる生物の適応の強調は,ペイリーの功利的なデザイン論に見せかけの科学的権威を付与することになった.真面目な博物学者は,新種の体内組織に関する解説に,かくも複雑な生物の構造をデザインした創造主の技量への言及をちりばめることができた.このアプローチは1830年代を通して栄え,デザイン論の例証となる連作がブリッジウォーター伯爵 (1756-1829) の遺言で委託された.8編の『ブリッジウォーター論集』は,それぞれの専門領域に見られる神のデザインに関して,権威をもって語ることのできる専門家によって著された.不幸にも,その『論集』はあまりに多くの実例の列挙で読者をうんざりさせる傾向にあった.それらの著者中には,折しもフランスで議論されている有機的類縁関係研究の新しいアプローチに気づいている者もいた.急進的な解剖学者はそれらのアプローチに導かれて,キュヴィエの権威に挑戦しようとしているところであった.

この新しいアプローチは,エティエンヌ・ジョフロア・サンティエールの「先験的解剖学」[超越論的な解剖学的構造]の思想に焦点を定めたものであった.ラマルクへの共感はあったけれど,ジョフロアはまったく違った立場からキュヴィエを攻撃した.彼は,直線的階層の概念を捨て,もっと柔軟な方法を好んだ.つまり生命形態の外見上の多様性を合理的に説明する基本的統一性を求めた.1818年から22年にかけてジョフロアは『解剖哲学』の中で,次のように論じた.すべての脊椎動物を体制のただ1つの型に帰す基礎的類似性は,単なる工学的効率以上の何かを反映している.型の統一は,脊椎動物すべてがただ1つの基本プランの表面的な変形にすぎないことを暗示していた.つまり同じ基本動物形が,多くの表面的な方法で変形されてきたのである.ジョフロアにとって,表面的な適応は,体構造の基本的な統一性ほど重要ではなかった.すなわち,形の変形を支配している法則が重要なのであって,その結果生じる構造が動物を環境内で生かすのに役立つ機能ではないのである.4つの型は,形態のより根本的な統一に訴えることによって相互に連関させられると主張することで,ついにジョフロアはキュヴィエに正面きって挑戦した.形態と機能に関して相対的な優先権をめぐる論争は,結果的にヨーロッパ中で解剖学を二分することになった.

ジョフロアの挑戦は,純粋に知的なレベルの問題を越えた意味を有した.1820年代までに,キュヴィエは社会秩序の静的なモデルを擁護するために,静的な自然像を好む保守的な政治姿勢と結び付いた.種の漸進的な変移を主張するラマルクの理論はこの自然像を脅かし,キュヴィエに不快感を与えた.そして構造の類似性の意義についてジョフロアが採った非常に異なるアプローチは,形態か機能かという同じ論争を再

燃させた．1820年代の終わりまでにジョフロアは，1つの動物形態は，自然過程によって別のものに変移しうると述べていた．それはわずかな変形の蓄積ではなく，成長過程の突然の転換による変移である．その結果個体の発生は，基礎的なパターンの新しい変形体として成熟するために新しい方向に進むのである．環境変化が新しい成長パターンへの変移のきっかけとなったとき，化石の記録の中で見つけられた絶滅ワニは，現代のワニの親戚へと変移することになったのではないだろうかと彼は述べた．彼はまた，爬虫類の鳥への変移も同様のメカニズムで生じたとほのめかした．よく似た種間の「類縁関係」は，変移という自然過程に由来する真の遺伝的つながりを反映していると示唆することによって，先験的解剖学は唯物論の主張を復活させた．ジョフロアは，ある構造から別の構造への「跳躍」つまり突然の移行による進化という新しい概念を社会に広めた．

キュヴィエとジョフロアのそれぞれの支持者の間における論争は，1830年代と40年代を通じて激しいものであった．保守的な人々の科学的思考が時代遅れであることを示そうとした急進派の人々によって，先験的解剖学はとり上げられた．英国では，ジョフロアの立場は，ロバート・グラントやもう一人のスコットランドの解剖学者ロバート・ノックス（1793-1862）によって支持された．このノックスは，バークとハレの殺人事件［死体を解剖クラスに売りとばすために十数人を殺害したバークとハレの事件］への関与について，後に疑惑を招いた人物である．生物の類縁関係の意義をめぐる議論は，通常ダーウィンの『種の起源』に関する論争と結び付けられるのであるが，実はその議論はダーウィン自身が自分の進化論を初めて展開し始めたまさしく1830年代後半に，自然史博物館や解剖学校で繰り広げられていた．古い秩序に挑戦する概念的基盤は［進化論とは］違っていたが，先験的解剖学はダーウィニズムの時代に進化論と関連することになるような問題提起をしていた．ライバルの解剖学者たちは，新しく発見されたカモノハシのような移行的形態が暗示するものを論じ，また人間の身体構造がいかに類人猿とのつながりを示しているかを論じた．

英国では，とりわけ新しい解剖学が脅威に感じられた．なぜなら権力と影響力をもつ伝統的な人々は，ペイリーのデザイン論にすっかりはまり込んでいたからであった．このため宗教の特性がその論争に付け加わった．そして急進派の人々は，伝統的な道徳性の基盤を転覆させようとする無神論者の烙印を押された．しかし，新しいアプローチはあまりにも多くの支持者を引きつけたため，にべも無く捨てられるということはなかった．科学と医学に関する保守勢力は，彼らの権威の知的基盤を守るために，自分たちのアプローチを近代化する方途を探った．医学関係機関の中で伝統的な権力の要の1つをなす王立外科医師会は，1836年に若く有望な解剖学者リチャード・オー

エンを教授職に指名した．オーエンはまた，比較解剖学にとって標本の重要な源泉であるその博物館の責任者も任された．先験的解剖学の革新面を組み入れた方法でデザイン論を近代化するという挑戦をとり上げたのは，オーエンだった．

ドイツ思想の観念論的要素が，別の自然の統一性を発達させたという事実によって，オーエンの仕事はやりやすくなった．ロマン主義の芸術家たちが，情緒的レベルで唯物論に挑戦した一方，物質世界は深遠な精神の本質の投影にすぎないと〈自然哲学〉の支持者たちは論じた．〈自然哲学〉は，ローレンツ・オーケン（1779-1851）らによって，生物界における型の統一性にすでに適用されていた．オーエンは，唯物論者を打ち負かす方法として，対抗する大陸ヨーロッパの影響が潜在的な価値をもつことをまもなく認め始めた．観念論者にとって，全世界はその創造主の心の中にある合理的パターンの表出であるので，自然な形態は調和と基本的な統一性を示すべきだと期待されていた．マクレーは，この統一性を類縁関係の円環的体系と認識し，他方オーエンは各々の集団内での型の統一性は，創造主の合理的な行為を表すと論じ始めた．類縁関係は転成によって生み出される物理的なものではなく，神の知性の中に存在する観念的なものであった．

1846年，オーエンは著書『脊椎動物の原型と相同に関して』の中で，基本的な脊椎動物のパターンつまり原型を仮定した．そして神はさまざまな種を創造するために，それを縦横に変化させたのだと主張した．個々の種がその環境に適応することは神の深慮の印であるというペイリーの主張は正しかった．しかし種はすべて合理的な計画の構成要素であると見なされる基本的パターンの存在を明らかにすることは，同様に重要であった．オーエンは『四肢の本性について』というもう一冊の本で，ドイツ観念論における彼の立場の源泉を明らかにした[3]．

> 私は「Nature」という言葉をドイツ語の「Bedeutung」という意味で使った．それは，前もって決定されたパターンに関係するものに属するある部分の本質的な形質を意味しており，プラトン宇宙論の原型的世界の「イデア」に一致するものである．その宇宙生成論の原型的つまり根本的なパターンは，動物すべてがもっている特殊な力と行為のすべての変化を助長する基礎的なものである……

オーエンは，同一の構造がさまざまな目的に応じて適応している事例を示すために「相同」という言葉を導入した．コウモリの翼とネズミイルカの水掻きは相同的である．なぜなら，それらは哺乳類の前肢に典型的である骨と同一の基本的パターンを示しているからである．いくつかの場合において，創造主が基礎的パターンの一貫性を図る

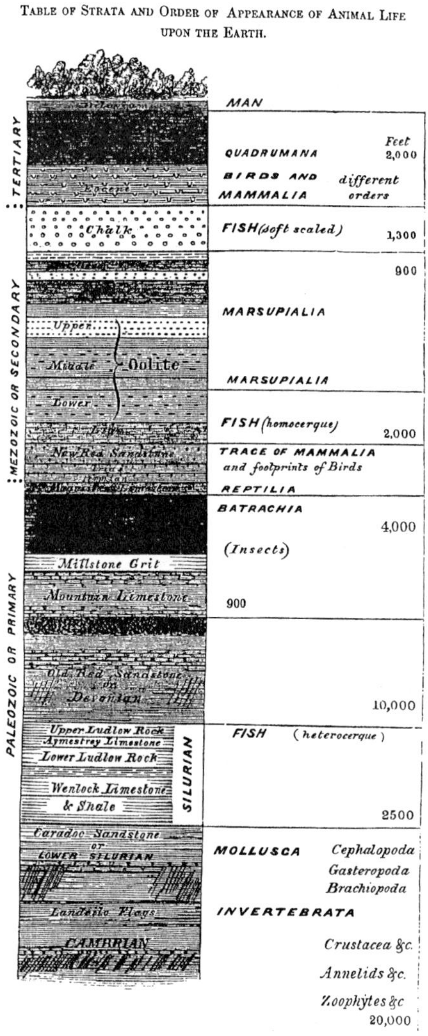

TABLE OF STRATA AND ORDER OF APPEARANCE OF ANIMAL LIFE UPON THE EARTH.

TERTIARY		MAN	
		QUADRUMANA	Feet 2,000
		BIRDS AND MAMMALIA	different orders
	Chalk	FISH (soft scaled)	1,300
			900
MEZOZOIC OR SECONDARY	Upper	MARSUPIALIA	
	Middle Oolite		
	Lower	MARSUPIALIA	
	Lias	FISH (homocerque)	2,000
	New Red Sandstone	TRACE OF MAMMALIA and footprints of Birds	
		REPTILIA	
		BATRACHIA	4,000
PALEOZOIC OR PRIMARY	Millstone Grit	(Insects)	
	Mountain Limestone		900
	Old Red Sandstone or Devonian		10,000
	Upper Ludlow Rock / Aymestrey Limestone / Lower Ludlow Rock	FISH (heterocerque)	
	Wenlock Limestone & Shale	SILURIAN	
			2500
	Caradoc Sandstone or LOWER SILURIAN	MOLLUSCA	Cephalopoda Gasteropoda Brachiopoda
	Landeilo Flags	INVERTEBRATA	
	CAMBRIAN		Crustacea &c.
			Annelids &c.
			Zoophytes &c 20,000

図 7.1

層位列．リチャード・オーエン『古生物学すなわち絶滅動物とその地質学的関係の系統的概要』(エディンバラ，1860) 第 1 頁の反対側に掲載．

ために，適応の効果は損なわれている場合があり，そのため形態は機能より重要であった．

オーエンは，基本的パターンに関する先験論者の探究を引き継ぐことができた．しかし，類縁関係が物理的というより観念的だったので，彼は脊椎動物の異なる形態間の間隙を強調することによって，キュヴィエが行った転成論論駁に従った．人間と類人猿は，ともに神によって創造されて脊椎動物という形態を共有している．しかしオーエンは人間が決して類人猿から進化しないことを明らかにするために，解剖学的な違いを強調した．世界は観念的なレベルで統一されているが，脊椎動物の原型という物理的な現れは，それぞれが創造主の意志の明確な産物であった．キュヴィエの分類体系の場合と同様，自然の統一に向けたこのアプローチは開放系をなしていて，はめ込むべき基本パターンの別のものが新しく発見されると，そういうものを入れる余地が常にある．生物の類縁関係を示す最良のモデルは，枝分かれした樹であって，直線状の階層ではなかった．

オーエンはこの点を説明するために，ドイツの発生学者K.E.フォン・ベア（1792-1876）の並行法則に対し，1850年代，挑戦状を突きつけた．1828年フォン・ベアは，人間の胚は魚や爬虫類の成体に相当する段階を経るわけでは決してないことを示した．あらゆる生物の発生は，非常に一般化された構造から始まり，そして，特定の種を識別するさらに特殊化した特徴が成長過程で付け加えられていく．成長のほんの初期段階では，魚も爬虫類も哺乳類もその胚は，実質的には区別できないかもしれないが，それらの発生はそれぞれ異なった方向へと進み，それらがさらに明瞭な特徴を獲得し始めるやいなや，それらが属す綱が定まる．初期胚は基本原型の物理的な現れである．一方，明瞭な特徴が付加されることは，徐々に進む適応的変化を表している．適応可能な形態はきわめて多く，発生のパターンは1つのところからさまざまな方向に多くの枝が伸びていく1本の木として表される．それは決して直線状の階層をなすものではない．

枝分かれした類縁関係のモデルは，結局オーエンを進化論の限定的な形へと向かわせることになった（下記参照）．しかし，ダーウィン以前の時代であり，彼は注意深くこの意味するところについては隠した．彼にとって，地球上の脊椎動物の連続性はすべて神の計画の顕れであるという考えに揺るぎはなかった．それらは創造主の精神の合理的な力によって首尾一貫した全体へと統合されたが，自然過程によっては決してつなげられることのない明確な部分に分けられた．1840年代というかなり緊迫した雰囲気の中で，オーエンは転成理論を正当化するに十分綿密な類縁関係を主張する急進派の企てをしっかりと阻止することによって，保守的な先人たちの立場を守った．

7.3 植物の地理学

　種を記載し分類する解剖学者は，有機体が環境内でどのように機能しているかについては，皮相的な興味をもつだけだった．博物館での仕事が，今日我々が生態学的類縁関係と呼ぶ研究を奨励することはなかった．環境の役割に対する関心は，物理的な領域と有機的な領域の間の相互関係を研究したフンボルトに続く博物学者に由来する．分類学者の中には単なる分類を越え，さまざまな種の地理的分布を調査したいと考えている者もいた．どのような種類の種が特定の地域に住めるのかを決定するのに，環境の影響を明らかにするデータを表にする方法を，フンボルトは彼らに示した．世界に秩序だった外見を課そうとする衝動の一部として，19世紀の科学は，地理的変異が一見して確認できるよう，すべてが注意深く並べられた莫大な数の情報を作り上げた．しかし，問題に関するこのアプローチは単に記述的なものであった．地質学の発展に刺激を受けたわずかな博物学者は，環境における近年の変化に関する情報を用い，数値データによって明らかにされた多くの著しく異常な事実を説明した．ここにおいてようやく，1つの科学が出発点に立ったのだった．それは，長い時間を越えて作用する自然過程によって，地球とその生物の現状を説明しようとするだろう．

a．植物学上の地区

　18世紀に世界規模で植物分布の研究が行われたが（5章参照），植物地理学の真の創始者は，アレクサンダー・フォン・フンボルトだった．彼は南アメリカへの旅行（1799-1804）で収集した豊富な情報を参考にし，物理的な環境がどのようにして植物の地理的分布を決定づけたのかを研究し始めた．1807年の著書『植物地理学に関する論考』の中で彼が明らかにしたことは，山を登るにつれて異なる標高で見い出される植生の帯と地球をとりまく地理学上の地帯との間には，等価の関係があることだった．高い高度の植物は北極の植物相に等しく，それら2つはともに寒冷の状態に順応していた．地球上の植生の地帯は温度と降水量によって決定され，それぞれの区分の中で，植物はすべて，置かれた状況に対しよく似た適応を示していた．しかしながら，それらは同一ではなかった．つまりそれぞれ違った大陸で，それぞれに適応した種がかたまって生息していた．このようなはっきりとした地理学上の地区（プロヴィンス）の存在は，気候という点からは説明されえなかった．

　地理学上の地区の概念は，ある程度普及したかもしれない．なぜならそれが人間性（ヒューマニティ）を有する国々に相当する生物学的等価物と解されたからである．折しも，19世紀初期は［南米等において］，民族主義的感情を色濃く反映した時代であった．フンボルト自身，自分が訪れた地域の先住民に興味を示した．そして，環境が動植物にどう作用するの

かに関する彼の見解は、人間社会がその土地の状況にどう順応したかを研究したことから影響を受けたかもしれない。社会思想家は国勢調査やさまざまな統計的研究の流行とともに、人間という集団についての情報の収集に深く関わった。それは経済的・社会的な力を合理的秩序らしきものに還元する努力がなされたときのことであった。フンボルトは、さまざまな地域で見つけられる植物相の特徴を示すためによく似た技法を導入した。彼は、[植生の]どの地帯で集団がどのような割合で草やその他の主な植物によって作られているのかが、読み手に一目でわかる一覧表を用いた。そのような一覧表は、どの地域でも見られる多くの植物に関するたくさんの情報収集を必要とした。19世紀の半ば過ぎ、植物同様いろいろな種類の動物に対しても同じ技法を広めるために努力がされた。それで、博物学者たちは生き物の地理的な分布についてかなり多くの情報を入手した。

　植物学では、この技法はスイスの博物学者オーギュスタン・ド・カンドル(1778-1841)と彼の息子のアルフォンズ(1806-93)によって広められた。1820年のオーギュスタン・ド・カンドルの著書『植物地理学入門』は、種の生息地(ステーション)すなわち生息場所と種の生息範囲(ハビテーション)つまり実際の分布範囲(レインジ)との間の区別を強調した。生息場所の概念は、ある環境を伴う地域に1つの種を閉じこめる力に注目したもので、その概念は後に生態学的研究において特に重要になった。しかし、それぞれの種の実際の分布範囲もまた、生息場所[自生地]によらない要因によって制限された。そして、後者は明確な地理学上の地区の存在に関係した。ド・カンドルは、こういう地区の存在を説明するには博物学者が種の実際の起源という問題にとり組む必要があると考えた。彼はこの点について、問題は科学研究の範囲を超えていると考えていたが、彼は1つの属に属する種の数について地理的な変化を研究し、たとえばフランスでは平均1つの属に7.2個の種が入っているし、一方、英国では2.3個の種が入っていることを示した。島では、なぜこのように少ないのか（属自体の数に関しては、必ずしもそうではなかった）という疑問は、海という障害物を越えて移住する機会は限られていたという点から、後に説明されることになった。1855年のアルフォンズ・ド・カンドルの『理論植物地理学』は植物の地理的分布のあらゆる側面に関する情報を多く提供した。

　英国では、ヒューエット・C・ワトソン(1804-81)が、スコットランドの高地で高度に伴う植物相の変化にとり組み、国を挙げての植物調査への道を開いた。その調査により、英国は多くの植物地区に分けられた。結果として、彼は植物分布の研究ではもう一人の開拓者と衝突することとなった。それは、マン島の博物学者エドワード・フォーブズであり、彼は自分自身のまったく別の研究にワトソンの地区という概念を流用した。フォーブズは19世紀初期の英国の植物学界では輝かしいスターの一人であ

り，弱冠39歳の彼の死は科学上の悲劇と見なされた．彼はドイツ観念論に深く影響されており，その思想学派の特徴である自然のパターンの類を追求した．1841年のエーゲ海への探検の後，フォーブズは海洋の動物相が水深によって層に分けられると提唱した．それはちょうど山の斜面を上っていく植生の帯にまさしく相当するものだった．フォーブズは，300ファゾム（およそ550メートル）の深さ以上では，生物は見られないと主張したが，その考えは，1870年代のチャレンジャー号の探検まで決して反証されなかった．彼はまた，海の温度によって決まる海洋生物の世界的な層を考えた．1846年，英国の島々の植物学や動物学に注意を転じ，その際，彼は現在の分布状態を歴史的に説明しようと努める中で，ワトソンの地理学的地区の修正版を使った．

ワトソンとフォーブズの間の議論は，単なる優先権論争以上のものであった．それは，地理的情報を集めるという目的をめぐり，基本的な意見の不一致を映し出していた．ワトソンは単なる分類学以上をめざしていたが，地理的研究に対し本質的に記述的なアプローチを採用し，どのようにして生き物が現時点に出現するようになったのかということに関しては，理論的な解説を進めるうえで要点がわからなかった．それがわかったのは，非常に多くのデータが入手できたときであった[4]．

　　過去について想定される条件を参照して，現在の見かけの関係を因果的に説明する仮説を作り出す．こういう仕事を楽しむ独創的な精神の持主は，もし現在を説明する適切なデータが与えられるなら，もっと容易におそらく正しい結果を生み出すであろう．そしてそのとき，彼らは，植物地理学や植物地質学の歴史を単にでっち上げるのではなく，発見するかもしれない．

これは，暗にフォーブズを批判したものであった．しかしフォーブズには，弁解する理由が見あたらなかった．なぜなら，彼はまったく新しい方法で植物地区という概念を使っていたからである．彼にとっては，その植物地区は記述的な単位としてではなく，純粋に自然な言葉でそれらの存在を説明する歴史的過程の産物として理解されていた．

b．歴史生物地理学

フォーブズはチャールズ・ライエルの研究に刺激を受け，歴史生物地理学に邁進することになった．地質学におけるライエルの斉一説は，地球の現状を説明するために観察可能な過程を用いることを強調していた（6章参照）．『地質学原理』の第二巻で，ライエルは大量絶滅という激変説論者の考えに挑戦する手段として，地理的分布について語った．彼は地球の表面は長い年月にわたり徐々に変化すると確信し，そのよう

な変化は生物を囲む物理的環境ばかりでなく新天地への移動の可能性にも影響をもたらすだろうと考えた.もし山脈のような地理的な障害物が徐々に壊されたなら,動植物の種はそれまで締め出されていた領域に移動可能な地点ができるだろう.もともと2つの分かれた地域に生息するものが,新しい場所に侵入できるチャンスがあるだろうし,それらの生息地が他者の侵入によって脅かされることになるかもしれない.

ライエルは,年長の方のド・カンドルの研究を参考にすることができた.ド・カンドルは,安定した「自然のバランス」といった古い考え方はもはや維持できないと悟っていた.個体数の激増に耐えるいくつかの種の能力は,均衡の理論の支持者からはおおむね無視されてきたが,このような現象の意義は,いまやトーマス・マルサスの著書のおかげで知られるようになった.1797年の『人口論』の中でマルサスは,人類が食物供給量の増加を上まわる速さで増殖する潜在能力をもつことを説いた.これに

図7.2

地質学的変化を示すために用いられたプゾーリ(イタリア)のセラピス寺院.チャールズ・ライエル『地質学原理』(ロンドン,1830-3,全3巻)第1巻,口絵.円柱の黒い帯は海洋生物の作用によるもの.寺院はローマ人によって建設された後,海に没し再び水面上に現われた.

7.3 植物の地理学

よってマルサスは貧困と飢餓が避けられないことを示唆していたので，この主張は広く議論された．博物学者にとって，マルサスの洞察は，自然を神による調和の賜とする想定を脅かすものであった．種はすべて，同じ領域を占有しているライバルを犠牲にして，同じ種を増やそうとする潜在能力をもっているとド・カンドルは理解した．それぞれの種の分布範囲は，その種が潜在的なライバルより速く繁殖できる場所により決まってくる．なぜなら種はその状況によりよく適応するからである[5]．

> ある地域の植物はすべて互いに闘っている．偶然に，ある特定の場所に生え始めたまず最初の植物は，そこを占有している期間が長いということで，他の種を排除する傾向にある．つまり，より大きなものがより小さなものを枯らし，最も長い住者が短期間のものにとって代わる．より実りの多いものが徐々に自分たちを土地の支配者にしていく．さもなければ，その土地はもっとゆっくり増殖する種で満たされただろう．

ライエルの考えでは類縁関係のより競争的なモデルは，生物地理学に関する彼の歴史的モデルにとって密接な関係をもっていた．地理的な障害物の崩壊により，2つの種がお互いそれぞれの側から競い合うようになり，勝者は，それらがもともとそこに生息していたものよりうまく適応した領域全体を占有すべく広がっていった．

ライエルは決して進化論者ではなかったが，それぞれの種はたった一度だけ作られたと確信していた．同一種が2つの離れた領域を占有しているのが見られたとき，それぞれ別の場所で独立して種が作られたと考えるよりは，一方の場所からもう一方の場所へ種が移ってきたと見る方が，道理にかなっていた．ライエルはそれぞれの生物地理学的な地区を「創造の中心地」と見なした．そこでは，その地区特有の新種が，時あるごとに作り出され，そしてその中心地からできる限り多くの領域を求めて広がった．主な海洋はそれぞれ地区を定める最も長い境界線を形づくったが，それらでさえ永久のものではなかった．そして生物の移動は，陸地と海の分布状態が現在とは異なる地質時代初期には可能だった．

フォーブズは，英国の島々に生息する動植物の分布状態を説明するために，このアプローチを利用した．彼は5つの植物地帯を区分したが，5つはそれぞれ，さまざまな大陸の産地から移動するという独立の出来事によって確立してきたと示唆することで，ワトソンのアプローチを越えた．一時的にイギリス海峡のような障害物が除かれたり陸を結ぶ新ルートが開かれたりする地理的な変化によって，種の移動が可能になった．今日では大西洋になっているが，ある時期，植物がスペインからアイルランド

へ移ることのできる陸地があったと彼は仮定した．おそらく彼の最も説得力のある仮説は，英国の多くの山々にはスカンジナビア半島の北極地域で見られる植物とまったく同じものが生えているという事実を説明するよう意図されていた．気候が今日よりかなり寒冷だった頃，北ヨーロッパの多くは浅い海で覆われていたとフォーブズは考えた（氷河期理論に対するライエルの代替説）．もしそうなら北極地方の植物は，南の方に向かって，氷山に運ばれ，今の山脈に相当する島に根付いたであろう．そして陸地が隆起し気候が改善されたとき，北極地方の植物はそれらがもともと生えていた状態によく似た環境の中で生き残るために，山の斜面に沿って頂へと退却した．

広々とした海によって隔てられた領域を占有する種の例が多くあった．そして1850年代には，種の移動を説明するために有史以前の陸橋を引合いに出すことが流行するようになった．植物学者のJ. D. フッカーは，ニュージーランドと，南アメリカと，遠く離れた南の島々とのそれぞれの間に見られる植物の類似性を説明するために，南極の大きく広がった陸地を仮定した．アルフォンズ・ド・カンドルは，ヨーロッパはかつて現在の大西洋の位置に広がっていたと想定し，フォーブズの考えを継承した．他の研究者たちは，いくつかの種がどうして北アメリカとヨーロッパの両方に生息するようになったのか説明するために，大西洋を横切って陸地を延長した．そしてこの仮説を支持するために，陸橋は人類出現のはるか以前に水没していたはずだったのに，アトランティス伝説［プラトンの作品に現れる，神罰によって海底に没した大西洋上の島］に公然と訴えた．アメリカの植物学者であるエイサ・グレイ（1810-88）は，それほど非現実的な考え方はとらず，種の移動はぐるりとアジアを横切って起こったと信じる方を好んだ．1870年代の優れた海底測深調査が，大西洋と他の主要な海洋をわたる陸地を創るのにはとてつもなく広大な隆起を必要とするだろうことを明らかにするまで，水没したアトランティスの話はかなり口の端に上った．

北極地方の植物の広がりを説明するフォーブズの理論の公表は，ライエルの有名な弟子であるチャールズ・ダーウィンにとって，大きな失望であった．ダーウィンは，同じ種が異なる地域に自由に出現できるという考えにライエルともども反発した．なぜなら彼の進化論では，それぞれの種の出現は1回限りの歴史的な出来事とされたからであった．フォーブズとは独立に，彼はヨーロッパの山々で見られる種を説明するのに北極の植物相の拡張を考えてみた．彼の進化論を概説した1844年の『エッセー』は出版されなかったが，その地理学関係の部分で，ダーウィンは，一般にもっと寒い気候の時代に北極地方の植物は適応が難しくなった温帯性の種を駆逐して南の方へ広がったと考えた．そして気候が改善されると，その状況はもとに戻されるだろうと考えた．

現在のような温暖な気候に徐々に変化していくことによって生じる自然で必然的な結果とは何であろうか．氷と雪が山々から消えるだろうし，南方のさらに温暖な地域原産の新しい植物が北方へと移動し北極地方の植物にとって代わると，その北極地方の植物はいまでは裸になっている山々を這い上り，また同様に現在の北極海岸へと北上するだろう．

　ダーウィンの理論は，ライエルの原理を拡張したものであった．なぜならそれは，たえず変化する環境に対し活発に奮闘するものとして種を紹介しているからであった．種は氷山によって単純に運ばれる代わりに，できる限り多くの占有領域を拡大し，状況変化がライバルに味方し始めたときだけ後退した．しかしながら，フォーブズの論文の出現によってダーウィンはその話題に関して別の発表をするという考えを削がれてしまった．

　ダーウィンはこの場合氷山を利用しなかったけれども，動植物がさまざまな偶然の出来事によって海洋を渡って運ばれたかもしれないという可能性にかなり興味をもった．彼は鳥の足にぴったりとくっついた泥の中で種子がどのように運ばれて行くのかを研究し，そしてまた種子がどれくらいの期間塩水に浸されていても繁殖力を保てるのかを実験した．流木は，しばしば植物や動物でさえも乗せて大きな川を下り海へと自然に流れることもあるという情報を，彼は集めた．また，移動を説明するために，海底の大きな隆起を仮定する必要はないと考えた．彼は，多くの場合大洋に浮かぶ島々には偶然にもその島々に最も近い本土から種子や小さな動物が運ばれてきていると確信した．同様のプロセスを用いれば，それぞれ関係のある種が，遠く離れて広がる陸地にどのようにして出現したのか説明できた．ダーウィンは1840年代と50年代を通じて，この問題に関してフッカーとの議論に明け暮れた．結果的に，ダーウィンはおおよそ自分の考え方にフッカーを口説き落とした．しかしながら，ダーウィンの見解とその時代の人々の見解には，別の決定的な違いがあった．要するに彼は次のように信じていた．ある1つの種が数多く新しい土地に運ばれると，その種はたとえそこの現状が以前いた場所の状況と同じでなくても往々にしてそこに落ちつくと．そして，その場合孤立した個体群が新しい環境に適応し，ついにまったく異なった種に変移していくと．

7.4　生命の歴史

　ダーウィン進化論の主たる根拠は生物地理学だったが，彼と同時代のほとんどの人には，地球上の生命の歴史のどんな調査もその始まりは化石の記録にあるに違いない

と思えた.この点で,ダーウィンの考えはきわだって独創的だった.進化という観念の基本が未知のものであったわけではない.なぜならそれは1830年代と40年代の間に何人かの急進派によって積極的に立証へと踏み出されていたからであった.しかし,初期の頃の論争はそのほとんどが比較解剖学や古生物学という点から行われた.生命の歴史を支配する法則があるのなら,その法則は化石の記録によって解明されるだろうと思われた.ダーウィンは,反対の立場をとった少数派の博物学者の一人であり,今日の地球上の生物分布状態に光を投げかけるであろう現在あるいは近過去に作用していた自然過程を探求することで,ライエルの衣鉢を継いだ.彼と同時代の人々の概念枠を理解するために,発展のパターンを化石の中に明かそうとする努力をまず見ておかねばならない.

地質学者は,岩石の年代を定めるにつき,無脊椎動物の化石を主に用いたが,かなり注目を集めたのは化石骨の発見であった.ますます歴史熱が高まる時代にあって,奇怪で時に巨大な動物の化石を明らかにすることによって生命の古さを過去へと拡張する期待が,科学の領域外で浪漫的な魅力を醸し出した.しかし,発見物を理解したのは科学者だけだった.そして18世紀の後半,博物学者はアメリカとヨーロッパの両方で発見された巨大な象のような動物の骨に当惑し始めていた.脊椎動物を扱う古生物学は,ついに19世紀の初頭に系統立った科学になった.それは,ジョルジュ・キュヴィエの解剖学技術に多くを負っていた.

広範囲の現存生物種の骨格構造に精通した比較解剖学者として,キュヴィエは,地質学的堆積物の中から断片的でばらばらに見つかった骨を再構成するのに必要な経験を積んでいた.彼はたった1つの骨から生物の構造全体を推定できると言われた.それはやや誇張だとしても,古生物学者は,古い岩から出てくる奇怪な種を再構成するとき,重大な誤りを犯した.しかし解剖学者だけはその発見物の意味を理解することが可能だった.キュヴィエは化石の記録によって明かされる地球の生息動物の変化を示すことで,過去についての新しい科学を創設する決心をした.ナポレオンの征服が最盛期だった頃,彼はヨーロッパ中から出てくる化石を手に入れており,こうして最初の包括的な学問をつくる地位にいた.その話題に関する彼の論文は,その後1812年の『四足獣化石骨の研究』として集められ,脊椎動物の古生物学という科学の始まりを告げた.

a. 種の絶滅

キュヴィエの研究の中でも困難中の困難は,いくつかの種は本当に絶滅してしまったということの証明だった.もはや生息していない種の化石があるという可能性は,17世紀後半でさえ気づかれてはいたが,その時まで棚上げにされていた.キュヴィエ

は古代の象の骨を調べ，それらが現存のアフリカ象やインド象と同じではないことを示した．マンモスは今日の象と関係はあるが，異なるものであった．したがって，マンモスは今日の象と同一属の絶滅種に違いなく，マストドンはさらにもっと違うものであると結論づけた．というのは，その歯が今日の象の歯とは似ていなかったからである．それほど巨大な生物が，ヨーロッパの科学に知られていないどこか遠く隔たった場所で生きているとは考えられなかった．それゆえ，それらの巨大生物は何か他のものに変化するか絶滅するかした［と考えられた］．ラマルクは，転成が変化の原因であるとし，自然はその産物が消え去ることを容認するかもしれないという可能性を回避した．しかしキュヴィエは，古代種から現代種への移行が非常に急激であること，そしてそうだとしたらどのような場合にも中間形が存続する余地などなかっただろうと主張した．転成を除けば絶滅は不可避となった．

キュヴィエは，その現象を自分の地質学の激変理論に関連づけることで，絶滅という1つの困った事態を避けて通ろうとした．彼は地表の突然の変化が広大な地域に広がるすべての種の絶滅を招くと確信していた．大量絶滅という激変説支持者の考えでは，種の消滅が自然の通常作用の一部ではなく，大変動によって地球の正常な安定性が遮られる例外的な状況でのみ起こると信じられていた．今日，世界にはそのような

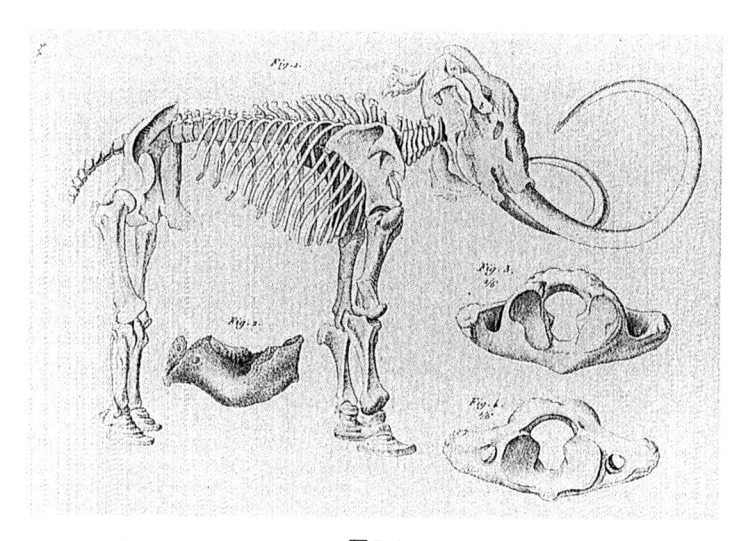

図7.3

マンモスの骨格．ジョルジュ・キュヴィエ『四足獣化石骨の研究』(第三版：パリ，1825，全5巻) 第1巻，図解11より．

破壊的結果を招くような原因は何もなかった．この情勢は，1830年代にライエルが斉一説地質学を紹介した時にようやく崩れ始めた．ライエルの体系においては激変は存在しなかったため，絶滅は自然の通常活動の一部とならねばならなかった．もし種が本当に固定的なら，環境への種の適応状態は，状況が地質学的な力で変えられるにつれて徐々に破綻するだろう．種は時々新しい場所へ移動できるだろうが，そうすれば，もともと生息しているものの存在を脅かすことになるだろう．ライエルの体系では，もはや現状に適応できない個体群が徐々に減らされるので，絶滅はその時代でさえも起こっていた．

ライエルの反対者は，現在の観察できる原因によって種の絶滅や交替を説明しようとする代わりに，地球上の生命の歴史を知るために化石の記録に示されるパターンに注目した．アレキサンドル・ブロンニャールと共同で行ったキュヴィエのパリ盆地の層位に関する研究は，異なる時代の地質学上の堆積が連続的な層をなしていることを示した．脊椎動物の化石は最も古いものから最近の地質学年代のものまで歴史的に連続して整然と並べられた．明らかに一連の大絶滅があった．その後，次の安定期の個体群を形成するまったく新しいひとまとまりの種が出現する時代へと続いた．キュヴィエは新種の誕生について最も明白な非進化論的説明（聖書の記述）を採用しなかった．彼は奇跡的な創造については何もいわず，その代わりに「新しい」個体群が，激変の影響を被らなかった地域から単純に移動してきたと説明した．このことは，特徴ある化石が世界的に連続しているという地質学者たちの期待を裏切り，二度ととり上げられなかった．ほとんどの激変説支持者は，ある超自然的な作用の形態が新しい個体群の1つ1つの出現に関与していると信じることを好んだ．

マンモスのような最も新しい絶滅生物は，現存種と密接に関係しているとキュヴィエは気づいた．ウィリアム・バックランドが洪水の証拠としてとり上げたハイエナの化石は，同様にそう遠くはない過去の時代のものであった．時に「アイルランド・ヘラジカ」と呼ばれる巨大鹿も同様であった．キュヴィエはさらに古い古代の化石を研究し始めるにつれて，それらは今日知られるものとはますます似ていないことがわかった．最も古い第三期の岩石には，同じ綱にいながら現存の科とは似ていない古代の哺乳動物が含まれていた．キュヴィエはそれらの1つをパレオテリウム（古代獣）と呼んだ．さらに古い第二期の岩石の中には，哺乳類はまったくいないようだった．ただ，奇妙な爬虫類がいただけだった．まもなく「爬虫類の時代」として知られるようになる時代を拓いたのは，キュヴィエの英国人の弟子たちであった．水生のプレシオサウルスは1821年に初めて記述され，その後まもなくして，ほぼ完全な骨格がドーセットのライム・リージスの化石を豊富に含む岩石の中から掘り出された．地元の女性

であるメアリー・アニング（1799-1847）は，収集家にこれらの岩から出た化石を売って生計を立てた．そして 'She sells seashells on seashore'（「彼女は，海岸で貝殻を売っている」）という早口言葉の中に永遠性をとどめることになった．

有史前の生命の中でも奇怪さの代表選手として依然，人々の注目を集めた化石は恐竜だ．まず最初に発見されたのは，オックスフォード州ストーンフィールドのジュラ紀の岩石から出た巨大肉食竜だった．それについてはバックランドが1824年メガロサウルス（大トカゲ）という名で記載した．その翌年サセックスの医師ギーディオン・マンテル（1790-1852）は，道路の補修用に用意された岩石の山の中にいくつかの大きな化石化した歯を見つけ，それらが今のイグアナの歯に似ていると気づいた．彼はこの巨大な草食性の爬虫類をイグアノドンと名づけ，続いて1831年に発行された記事の中で「爬虫類の地質時代」という言葉を造語した．一般的な「恐竜類」（恐ろしい爬虫類）という言葉は，1841年英国で行われた爬虫類の化石調査でリチャード・オーエンによって紹介された．数年後，オーエンは南ロンドンにある水晶宮の敷地に爬虫類時代の恐竜その他の実物大復元模型を建てる手伝いをした．それらは今なおそこにあり，ヴィクトリア時代の過去に対する見識を表す劇的な実例となっている．実際，オーエンはメガロサウルスとイグアノドンの化石を誤解し，四つ足で立つ巨大なトカゲとしてそれらを紹介した．後の発見で，メガロサウルスとイグアノドンは本当は大きな後ろ足と小さな前足をもつ二足獣であることが明らかになった．

爬虫類時代の地層の下には，海洋生物の化石だけを含む一連の岩層があった．特にスコットランドの旧赤色砂岩は変わった魚の化石に富んでおり，それらの多くは鎧のような甲羅で覆われていた．それらは，石工のヒュー・ミラー（1802-56）によって収集された．やがて彼は，その分野の権威者として受け入れられ，進化論に対して遠慮のない批判家になっていった．当時，化石魚類の権威者であったルイ・アガシはミラーの標本を研究し，それらのいくつかについてはその記述を手伝った．旧赤色砂岩（デボン紀）の下にマーチソンやセジウィックによって記述されたシルル系とカンブリア系が横たわっていた．ここでは脊椎動物はまったく見い出せず，化石は三葉虫などの無脊椎動物だけだった．

b. 前進的発展

1840年代までには，地球上の生命の歴史において一連の発展の明らかな証拠が存在するように思えた．動物は，無脊椎動物に始まり，脊椎動物の各綱，つまり魚類，爬虫類，哺乳類へと順次上昇発展してきたと思われた．しかしチャールズ・ライエルだけはこの解釈に反対し，連続性があるように見えるのは不完全な証拠の結果であるかもしれないと主張した．ライエルは，生命の歴史にどんな歴史的傾向性の存在も否定

図 7.4

ロンドン南部のクリスタル・パレスの一角に建てられたリチャード・オーエン設計の肉食恐竜メガロサウルスの実物大復元模型．のちに後ろ 2 足だけで歩行していた事実判明．

してかｎた．なぜならそれは彼の斉一説の安定状態原理に背くだろうからだった（6章参照）．数はわずかだが議論の余地ある哺乳類の化石が爬虫類の時代から知られており，ライエルは，連続性全体が頼りにならない証拠としてこれらに訴えた．地質学上の変化による地球の気候変動は，爬虫類と哺乳類の個体数の割合を変えたかもしれないと彼は主張した．いわゆる「爬虫類時代」は，地球が一様に暑い状態であったがゆえに哺乳類より爬虫類が多かっただけで，今日のような穏やかな気候に変わるにつれて，爬虫類の割合は減少したのだ．ただしもっと後の地質時代になって初めて哺乳類が出現したならば，なるほどそうかもしれないと思えるような魚類から哺乳類へという歴史的傾向は何もなかった．

ほとんどの地質学者は，ライエルの安定状態の案を完全に非現実的なものと見なした．最初期の岩石の中からいつかは多くの哺乳類が発見されるだろうとは信じがたかった．基本的な連続順序は十分に明らかであり，19世紀のほとんどの博物学者や地質学者にとって，それがより下等で単純な形態からより高等で複雑な形態への前進的な発展であることは自明であった．キュヴィエの警告にもかかわらず，脊椎動物は一様に無脊椎動物のどのような型よりも発達したものであるとまだなお広く思われていた．そして，脊椎動物のうちで魚は「最も下等」であり，哺乳類が「最も高等」であった．なぜなら，我々自身が哺乳類であり，ヴィクトリア時代の人々は人類が創造物

7.4 生命の歴史

の頂点だと確信していたからである．人間の化石はないと広く信じられていた．それゆえ近年の人間の出現は，生命の向上発展の最後の段階を表しているように思えた．重要な質問とは，なぜ生命が時とともにこのような前進的な発展を経たのかということであった．

ロバート・グラントのようなラマルク説信奉者は，化石に見られる発展の意義について何の疑問ももたなかった．それは動物が純粋に自然過程の結果として発達の段階を踏んで進んできたことを示していた．この解釈に反対する者たちは，進化論の妥当性を崩すために発達の不連続性を強調しなければならなかった．彼らは進歩を望んだが，その発達は一連の不連続でとびとびのステップによって起こったと信じることをより好んだ．しかしそのステップはそれぞれが非常に大きかったので，自然な[連続的]発達から生じるどんな形態とも矛盾しないことはなかった．しかしもしその進行が進化法則の結果でないのなら，なぜそのようなことが起こったのであろうか．生命の創造に超自然的な過程を残しておきたい博物学者は，進化論に対する代案として役立つ説明の枠組みを模索する中で，多くのものを試さざるをえなかった．

1つの可能性としては，ペイリーのデザイン論を拡張してその時々に支配的な状況に適応した連続的な創造を含めることであった．もし地質学が，地球の気候が時を通じて変化したというのなら，創造主が連続的な地質時代のその時々にさまざまな種を設計したとするのは，道理に適っている．激変は古い種を過渡期に絶滅させるのに有効に働くであろう．そして一掃された世界に創造主は介入し，激変後の安定した環境に合ったまったく新しい個体群をデザインするのである．地球冷却説は，そのような連続的な適応段階のモデルに申し分のない枠組みを提供した．大気中の二酸化炭素含有量の低下を考えれば，なぜ空気を吸う動物が地球の歴史上，後の段階で創られたのか説明できよう．ウィリアム・バックランドのような古生物学者は熱狂的にこの解釈をとり上げ，連続的な創造という概念を媒介として，デザイン論に対するゆるぎない確信を転成(トランスミューテイション)に対する反対に結び付けた．

観念論的哲学者は，人体を脊椎動物の形態のうちで最も完全なものと見なした．彼らは人類を神によって歴史に刻印された発達パターンのゴールとして思い描いた．J. F. メッケルのような発生学者は，脊椎動物の各綱の階層と人間の胚の発達段階の間の並行関係を打ち立てようとした．この「並行法則」は，まるで地球上の生命の全歴史に広げられるように思われた．人間の胚の成長は，化石の記録によって暴かれたように動物の歴史を再演した．地球の歴史を通して，生命はあらかじめ決められた連続的な発達段階を経て人間の姿という完成をめざして進み，着実に成熟を遂げてきたのだった．ルイ・アガシは，神の力で構築された発達パターンの最も雄弁な語り手の一人

だった[7]．

　　地球の歴史は，その創造主をはっきり示している．それは創造の目的と到達点が人間であることを教えている．人間は，有機的な存在の最初の出現から，到達すべき目標として自然の中に組み込まれていた．そして，これら一連の全生物にそれぞれに重要な修正が加えられるが，それらは有機生命発達の明確な到達点へと向かう一歩である．

人間の個体の発生と地球上の生命の歴史の間にある外観上の類似は，我々が神の創造の目的であることを告げる神の表象である．

　アガシは，自分と転成論者の立場の違いを強調するために，化石の記録で示される発展が不連続をなすことを主張した．全体的な傾向がどうであれ，ある綱から次の綱へのステップがきわめて突然であったので，それらのステップを，漸進的な転成で説明することは不可能だった．神の計画の展開は，生物の階層の漸進的上昇によるのではなく，まったく新しい形態の突然の導入に呼応する異なる段階によるのである．リチャード・オーエンは転成論者に反対するキャンペーンの一環として，1841年に行った英国の爬虫類化石調査の結果を用いて，連続的な発展という考えに反論した．恐竜は爬虫類の最高の形態であったが，オーエンの時代には恐竜は爬虫類の中の最も古顔とされていた．それは，連続的な発展理論による予想をまったく裏切る結論だった[8]．

　スコットランドの古生物学者であるヒュー・ミラーは，最も古い化石魚の研究から同様の教訓を得ていた．それらは，転成論者が予想したような最下等の魚ではなく，最も高等な部類に入るものだった．それぞれの新しい綱の歴史は，突然の爆発的発展の後，徐々に衰退するもので，ちょうど人間の帝国の栄枯盛衰のようであった[9]．

　　創造の全般的進展は，はかりがたく偉大だ．脊椎動物の中でも下等なものが，より高等なものに先行している．つまり魚は爬虫類より先に誕生し，爬虫類は鳥に先行し，そして鳥は哺乳四足動物より先に生まれた．しかしこれら大きな区分では，少なくとも何か顕著な特徴について，退化という不思議な原理によって，現在が過去に劣っていないようなものがあるだろうか［鳥は魚のようには泳げないし，四足動物は鳥のようには飛べない］．

発展の循環的なモデルは，転成論者を挫くために意図されたが，それはオーエンとミラーの単なる想像の産物ではなかった．化石の記録は，連続的な発展よりむしろ思い

7.4 生命の歴史

がけなく展開する飛び石のように思われた．次の数十年にわたる新しい発見が，進化論者の主張を補強したといえども．

　1840年代と50年代の化石の発見から学んだ最も重要な教訓は，生命の歴史が当初の予想をはるかに越えて複雑であることだった．転成論が直線的な階層上の単純な向上という古い考えにつなげられる限り，それは破綻する運命にあった．事実，全般的な前進はあったが，魚から爬虫類への向上や，次に鳥や哺乳類への向上は，全体的な傾向とは独立して起こったように見える込み入った発展の連続に重ねられた．めったに注目されることもなかったが，いろいろな無脊椎動物の型の中で主要な変化があった．下等動物のすべてが単に人間の未成熟版と見なせるわけでもなかったし，また絶滅したあらゆる個体群が，必ずしもその時代環境に完全に適応していたと想定することもできなかった．地球上の生命の歴史を説明しようとするどんな理論も，人類へと進む生命の向上に加えて，地理的要因や適応要因などすべてを考慮しなければならないだろう．

　現代世界の明瞭な地理的地区は，地質年代の期間の中でもごく近年の存在にすぎないことが，19世紀の20年代，30年代には広く了解されていた．歴史の大半において地球の表面全体が暖かく均質な状態を保っていたとする解釈は，1830年代にはすでに衰退していた．それは，新しい証拠が地理的地区を過去へといくぶん拡張したことを示したためであった．ダーウィン自身ビーグル号の航海で化石をもち帰ることによって，この傾向に貢献した．それらの化石は，南アメリカの過去の生物が現代の生物に密接に関係していること示していた．昔の，地上に暮らす巨大なナマケモノやアルマジロは，明らかに南アメリカに特徴的であった．それらは，この大陸がずっと長い間大変珍しい動物の仲間たちで栄えていたことを示していた．ダーウィンとオーエンは，化石記録のこの地理的な連続性を指摘するために「型の遷移法則」を定式化した．これは，転成に反対する人々には，「創造の複数の中心」が地球の歴史を通して活動的だっただけのことと解された．ダーウィンは，型の遷移法則は，大陸を定義している主な地理的障壁が進化に課した制約という点から，最もうまく説明されると見当づけた数少ない一人だった．

　1850年代に化石の記録は，それぞれの綱（こう）の発達の内で，ある種の新しい傾向の証拠をもたらし始めた．K. E. フォン・ベアが発生学の発達の直線的モデルを攻撃したことは，オーエンや生理学者のW. B. カーペンター（1813-85）を奮起させて化石の記録の中に非直線的な関係を探させた．彼らが示したのは，それぞれの綱が最初は非常に一般化された形で通常出現し，その形態から多くの発展の枝分かれが起こり，それぞれが特異な生活様式のために綱の独特な変化形へとつながっていくというものであ

った．枝分かれや特殊化は，それぞれの綱の歴史にとって鍵であり，それは，次の最も高等な形態へと向かう直線的な階層をなす上昇ではなかった．ドイツの古生物学者 H. G. ブロン（1800-62）もまた系統樹のような全体的な過程を表す生命の歴史の図を描き始めた．しかしオーエンやブロンは，発展のパターンは神の設計の開示，つまりテーマにそってあらかじめ決められた変種の展開を表していると信じ続けた．

7.5 変化の過程

1859年の暮れに『種の起源』が出版されてダーウィンの理論が受容されるのに，1840年代と50年代の古生物学がどのようにしてその露払いを行っていたのかを我々は後知恵で理解できる．しかし実際に渦中にあった多くの博物学者にとって，新発見は革命的変化よりむしろ伝統的な考えの修正のみを必要とした．地球上の生命の歴史の統合に役立つ傾向を明かす努力にもかかわらず，大多数の人々は，今日世界で作用しているのが認められる自然過程の結果として，その傾向を説明したくはなかった．彼らが議論しているパターンは，ダーウィンが説明できる類のものであったのにもかかわらず，彼らは過程よりはむしろパターンにまだ興味を抱いていた．

パターンに対するこうした偏重は，初期の転成論を概観する場合にはいつも念頭に置かねばならない．博物館や解剖室で働く解剖学者は，野外で実地にしか観察されない過程というものには少しも興味がわかなかった．彼らはさまざまな構造の間の抽象的な関係を探し求めたが，新しい環境にさらされたときにどのような環境が種を変化させるのかについては問う気がほとんどなかった．転成に関する初期の説明はこの罠にはまりこみ，過程を環境に対する反応という点から説明できない傾向の漸進的展開として見なした．ダーウィンは，新しい要素を進化の謎を解く方程式に導入した．なぜなら彼は化石の記録からではなく，野外研究から出発したため地質時代を通して種に作用する実生活の圧力を考慮せざるをえなかったからである．

a．ダーウィン以前の転成論

ラマルクの理論は環境変化に生物を適応させる手段として，獲得形質の遺伝を含んでいた．しかし『動物哲学』の中でラマルクはこのことを，生物を有機体の階層の上の段へと着実に押し上げる前進的力ほどには確信していなかった．彼の後継者は，前進論的要素に集中しがちであった．そして動物の綱の間に連続的関係を探し，既知の形態の間の間隙を最小限にした．種が新しい環境に置かれたとき，実際どのように反応するのか探る努力はなされず，ラマルク主義者は生物地理学にほとんど注意を払わなかった．ジョフロア・サンティエールは直線的階層の概念から転成論主義を切り離したが，やはり地理的要因の重要性を解さなかった．ジョフロアにとっては，環境の

7.5 変化の過程

変化は生物の新しい成長パターンを誘発するかもしれなかった．しかしその結果は，生物の適応的必要によるよりも成長の法則によって，より決定づけられた．彼は自分の理論を試すために，奇形を生み出す原因となる過程を凝視した．なぜならそれらは彼の理論に必要な跳躍的転成論に相当する最も身近に観察できる事例を提供したからであった．

先に本章で，R. E. グラントのような急進的転成論者と，オーエンのような保守派の間にある対立をかいつまんで述べた．保守的な勢力は，初めは成功を収めた．1840年代までに転成論者の挑戦が衰退し，グラントは影響力を失い，すべての活動は無宗教的で，破壊的でもありうると決めつけられてしまった．ダーウィンが彼自身の転成理論を発展させたのは1830年代後半のことであった．当時の思想風土を理解するためには，ラマルキズムが政治的な革命家にのみアピールする無神論的理論という烙印を押されていたことを心に留めておくべきである．ダーウィンが，この古いテーマ［転成論］の新しい展開［自然選択］に献身することによって，自身の特権的な地位を危くするのではないかと熟慮を重ねたことは，少しも驚くことではない．

ラマルキズムをブラックリストに載せることによって引き起こされた行き詰まりを打開する最初の試みは，ダーウィンではなく，エディンバラの出版者でアマチュア博物学者のロバート・チェンバース（1802-71）によってなされた．1830年代，40年代にチェンバースは，中産階級の関心を反映した彼自身の雑誌を発行した．彼は，自由企業制社会に向かう社会進歩は避けられないものであると論じ，前進的進化を人類を含む宇宙の発展の哲学を打ち立てるための有効な基盤と見なした．スコットランドよりさらに保守的なイングランドの政治風土の中で，そういった哲学を広めるためには，ラマルキズムに貼りついた唯物論的イメージから転成の考えを切り離す必要があるとチェンバースは悟った．1844年に匿名で出版されたチェンバースの著書『創造の自然史の痕跡』の中で，彼は転成を神の計画の具現として示した．生物のかなり高等な形態の進歩的な出現は，盲目的に作用する自然法則の結果ではなく，創造主があらかじめ宇宙に組み込んだ定められたパターンを少しずつ展開することであった．チェンバースは，宗教的な疑惑をもつ読者が転成という考え一般に馴染んでいくことを望んだ．人類は自然の発展の所産として受け入れられた．なぜなら，その発展は創造主の目的を達成する間接的な手段として，推進されたものだったからである．

チェンバースは生命の歴史の中で，一般的な前進的傾向の証拠を挙げることを望んで化石の記録を論じた．しかし彼の戦略は，ラマルキズムから彼の理論を引き離せるかにかかっていた．彼は，環境への種の適応について興味をもたなかったばかりでなく，転成についてどんな自然主義的メカニズムを考えるかということについてもまっ

たく興味を示さなかった．生命の進歩は，それがたどってきたとおりに展開した．なぜなら神は，有機体が人間の形態へと進んでいく発展段階の定まった連続性を，課したからである．

チェンバースが並行法則を引き合いに出したのは，直線的階層において，ある種から次の最も高等な種へと転成する実際の過程は，個体の成長に拡張を加えることによって起こったということを示すためだった．ここで再び，下等動物が人類の未成熟版として扱われた．それは，人間の胚の成長が，生命が発達の最高レベルに到達するために通過していった全行程の再演であったからだ．しかしそのときチェンバースは，成長に加えられた拡張は超自然的な干渉なしで起こり，それゆえ1つの種は，ある点で，結局はより高等なものへと自身を自然に転成させたと主張した．発達の直線的なパターンは，生命の全歴史をより高等な知的レベルへと意図的に方向づける神の計画の提示であった．いくぶん逆説的ではあるが，チェンバースは[『痕跡』に]マクレーの円環すなわち五円環説に関する一章を含めもした．なぜなら，これは全動物界が首尾一貫した合理的なプランの産物であることを示していたからである．

『痕跡』は，激しい論争の中心的存在であった．チェンバースは，動物の階層を上へとのぼり最後にたどり着いた最も高等なものとして人類を扱うことをまったくはばからなかった．彼は，脳の形が人の性格を決定するとした「骨相学」という疑似科学にも訴えた．知性に対するこういった本質的に唯物論的な研究は，チェンバースに次のように言わしめた．進化の過程で脳がその大きさを増すに従い，知能は人間のレベルへと伸びていったと．そのような主張は，保守的な思想家にはひどく嫌われた．そしてアダム・セジウィックやヒュー・ミラーによって導かれた大勢の著述家たちは，『痕跡』ならびにその影響を非難した．神が，自然界における目的達成のために「進歩の法則」を設けたのかもしれないということが考えの1つであり，また人間は単に高度に発達を遂げた動物にすぎないというのがもう1つの考えであった．

しかしながら，チェンバースの本は，人々に生命発展の連続的な傾向という点から再考を促す建設的な結果をもたらした．1849年，リチャード・オーエンでさえ，脊椎動物の元型の変化は奇跡によらない原因によって展開されたかもしれないと少しほのめかした[10]．

　　元型的な考えはこの惑星で多くの変化を受けながら肉体に明確に示された．それは元型的思考を実際に例証する動物の種の出現よりずっと以前のことであった．そのような有機的現象の秩序正しい継承や進行は我々がまだ気づいていない自然法則あるいは二次的な原因に委ねられてきたかもしれない．しかし，もし神

の威信を傷つけることなく，我々がそのような僕の存在を考え，「自然」という言葉でそれらを具現するのなら，我々は，この地球の過去の歴史から次のようなことを学ぶ．自然という女性は，魚のような衣をまとって脊椎動物イデアの最初の化身となり，それから脊椎動物イデアが人間という栄えある衣服で着飾るようになるまで，世界の破滅の中にありながら，元型的な光によって導かれゆっくりとではあるが堂々とした足どりで前進してきた．

　オーエンは，こうした主張を前ダーウィン時代には一度も繰り返さなかった．しかし，オックスフォードの数学者であり哲学者であるベイデン・パウエル（1857-1941）のような進歩的な神学者たちは，1850年代のうちに「デザイン進化」の考えに同意し始めた．化石の記録に見られる傾向が，神のプランの漸進的展開として受容されるために，デザインと転成というかつての対立概念を総合する妥協が議論の末に図られつつあった．

　このようにチェンバースの著書は，ダーウィンの理論を受け入れる機運の醸成に重要な役割を演じた．進化は合目的な過程として提示される限り受け入れ可能であった．その過程で人類は，自然の進歩がめざすべきゴールとして中心的な役割を演じた．急進論者たちは人類に至る進歩を中心的テーマとしたが，オーエンのような保守的な人々は，人間の魂の地位を案じ，まったく新しい有機的機構が時折導入されることを認めるいっそう複雑な発展パターンを好んだ．

　チェンバースの理論には，なぜそのような変化が起こったのかについて自然な説明が何もなかった．進化の唯一の推進力は神の力であった．その力は，生命の上昇に合目的的方向を課すために通常の自然法則を何らかの方法で超越していた．チェンバースのアプローチは，ダーウィン理論を予期させるどころか，重大な見落としがあった．彼のアプローチは，生物が環境にいかに関わっているかという日常世界で観察可能な自然法則によって転成を説明する可能性を無視していた．したがって，このアプローチに満足している人々は，転成の基本概念を科学的検証に耐える理論へ変えていこうとは決してしなかった．

　ラマルキズムは，自然進化の唯一有効な理論だった．そしてこれは自由主義社会哲学者ハーバート・スペンサー（1820-1903）によってもち上げられたにもかかわらず，生物学者はそれが危険思想視されていることに気づいていたので，本気でとり上げはしなかった．若いトーマス・ヘンリー・ハクスリーを含むわずかの博物学者が，この領域の新たな主導権の行方を固唾を呑んで見守っていた．もしラマルキズムが信用に値しないとなれば，そして進化が真に自然過程として理解されるべきものであるなら

ば，何かまったく新しいメカニズムが提案されねばならないだろう．しかしハクスリーは『痕跡』を無意味な戯言（ざれごと）と決めつけており，その過程がどのようにして進んだかを説明できる自然なメカニズムを誰かが彼に示さない限り，彼には進化の基本思想を支持する気がなかった．ダーウィンが『種の起源』の中で人々に示そうとしたのは，まぎれもなくこの類の主導権（たぐい）であった．

b．ダーウィン理論の起源

　ダーウィンが自然選択理論の発見に導かれる状況は，科学史の中でも人気の研究分野の1つである．この話題についてはあまりに多くの本や論文が書かれているので「ダーウィン産業」と称されるほどだ．歴史家は利用可能な資料の山に魅了されてきた．つまりダーウィンの多くの書簡とともに個人的なノートブックが残されており，しかも世界中の学者が創造的な思考のたぐい稀なこの記録を利用できるよう，これらは現在刊行中である．しかし，ダーウィン研究にこれほど多くの歴史家が従事することになった動機づけは，自然選択理論が近代生物学の中で築き上げた名声による．今日，現場の生物学者の大多数は，動植物の個体群が環境変化にどのように適応するのかについて，自然選択を我々の理解の要（かなめ）として受け入れている．このようにダーウィンが科学史における重要人物として扱われている理由は，彼が進化の一般理論を社会に広めたばかりでなく，どのようにしてその過程が進んでいるのかを説明する最良の見通しともいえる進化のメカニズムを発見したからである．

　しかし，ここに大きな落とし穴がある．ダーウィン産業があまりに巨大なため，ともすれば我々は重要なことを見落としてしまう．すなわち，その当時，他の人々も生物の起源について考えており，彼らは地球上の生物の進化を理解するのにダーウィンとは違った方法を探っていたのだということを．ダーウィンは，環境科学のどんな歴史においても重要である．なぜなら彼の理論は，種がどのようにして環境に適応するようになったのかという問題に焦点を当てていたからである．しかし彼と同時代の多くの人々にとって，適応は中心的な課題ではなかった．したがって自然選択では人々の胸の奥の最重要問題に答えたことにならなかったのである．ダーウィニズムの受容を概観するとき（8章参照），20世紀の選択理論の成功を，ダーウィンの時代に築かれた基礎の上に立つものと考えがちであることに気をつけねばならないだろう．実際，ダーウィンが科学界を進化論に改宗させたのは，彼の自然選択理論が生物進化に十分な説明を与えるものであることに否定的な，四面楚歌の中のことであった．ダーウィンの思考は，彼と同時代の人々の伝統的な考えを参考にし，そして乗り越えたのである．

　ダーウィンは，エディンバラ大学のうだつが上がらぬ医学生であった一時期に，ロ

7.5 変化の過程

バート・グラントに出会った．(ダーウィン自身の回想録に乗せられてしまった) 伝記作家は，そのほとんどが，エディンバラのエピソードを軽視したけれども，最近の研究では，彼がここで無脊椎動物への興味を膨らませたことに注目している．それはビーグル号の航海の時代へと入っていく彼の科学研究の大黒柱を形づくることになるものだ．ダーウィンは，医者になる考えを断念した後，英国国教会の聖職者になるために必要とされた学士号をとるため，ケンブリッジに移った．彼はケンブリッジで地質学の教授であるアダム・セジウィックと植物学の教授であるジョン・スティーヴンズ・ヘンズロー (1796-1861) の影響下にあった．ヘンズローは，若きダーウィンの博物学への興味をかき立てるのにとりわけ重要な人物であった．ヘンズローの指導は学部学生のカリキュラムにはなかったが，興味をもった学生は野外調査に連れていってもらい，当時の科学の基礎を十分に与えられた．ケンブリッジで，ダーウィンは自然について国教会流の考えに没頭し，ペイリーの『自然神学』を読んだ．この時点で，彼は目的論的証明を受け入れた．そして，神の創造に対する確信が揺らぎ始めたときでさえ，彼は適応の問題に関心を抱き続けた．

ダーウィンは，フンボルトの『南アメリカ旅行記』を読んだ後，熱帯地方を訪れる決心がついた．彼はまた，地球上の生命の地理的な多様性に関するフンボルトの包括的な理論に感銘を受けた．これはワーズワースのようなロマン派の詩人の作品を，彼が好んだことと通底するところがあった．ワーズワースもまた，科学は単なる細部の探求へと堕落すべきでないという考えを表明していた．ダーウィンの多方面にわたる研究は実際的な関心を反映していたが，彼の全般的なものの見方は自然の統一性や世界をつくり変える自然の威力が強調されたロマン派時代の大いなる所産であった．

ダーウィンは，まもなく軍艦ビーグル号に乗る博物学者の地位を提供された．その船はロバート・フィッツロイ艦長の指揮下，南アメリカ近海の海図作成の任務を負っていた．彼は1831～36年の間航海したが，彼の時間の多くは船を離れて大陸内部の探検に使われた．その航海の間に，彼はライエルの『地質学原理』を読み，アンデス山脈が徐々に隆起したものであることをほどなく目のあたりに観察し，彼はそれで斉一説に改宗した．ダーウィンが種の地理的な分布について研究するのに格好の場にいたとき，ライエルの本の第2巻はこの問題をとり上げていた．エドワード・フォーブズやダーウィンは，ライエルに鼓舞されてヨーロッパにおける今日の種の分布を説明する地質学上の変化を探しまわった．しかしフォーブズは，新しい種は超自然的な力の作用によって生じるという確信から逃れられなかった．そして彼は「両極性」という奇妙な理論を出した．その理論の中では，創造的な力が地球の生命史の初めと終わりで最も強く働いたと考えられていた．ビーグル号航海によるダーウィンの見聞は，種

の固定性に対する彼の確信を徐々に揺るがし，生物とその環境の間の関係をダイナミックにとらえる方向に転じる結果をもたらした．彼は帰国するまでにはすでにライエルやフォーブズの地位を凌ぎ，種が新しい環境にさらされたとき実際に変化するかもしれないという可能性を探り始めた．

　南アメリカの本土を旅するうち，ダーウィンはヨーロッパの入植者と先住民インディアンの間に起こっていた軋轢に直面することになった．おそらくこのことから類推して，動物の種も，相互にまた環境との間でダイナミックな釣合い状態にあるということを，そしてその釣合いは，地質学上の変化や新種の地域への流入によってたやすくかき乱されるということを，彼は理解し始めた．ダーウィンは，アメリカダチョウの新種であるパンパスの飛べない鳥を発見した．そして，同一地域でかなり近縁の2つの種が共存する事実は，完全適応という旧概念を正すことになると考えた．たとえある種がパンパスの一方の領域に適応し，別の種がそれと反対の領域に適応しても，その中間の領域には両方の種が生息し，その2つの種はこの領域をなるべく多く奪えるよう競争しているに違いない．ここにおいてド・カンドルのいう互いに交戦中である種の概念が，ライエルによる詳述と相まって，どんな種の個体群でも必要とあらばそこに生息している生物を犠牲にして周りの領域へ広がっていこうとしていることを，ダーウィンはありありと見ることができたに違いなかった．状況にわずかな変化が起こり，それがライバルの種を犠牲にして，ある1つの種に好都合に働くと，力の均衡が破れ不利な種が絶滅に追いやられるのかもしれない．

　こういった自然の類縁関係のよりダイナミックなモデルは，ダーウィンの考えの必須部分になるだろうが，彼を進化論者に変えていくには，それだけでは十分でなかった．ビーグル号が南アメリカ本土から太平洋上数百マイルの火山島であるガラパゴス諸島を訪れている間に，決定的な展開が起ころうとしていた．ガラパゴス諸島独特の動物相は海に棲むイグアナや大ガメを含んでいるが，新種の誕生について地理的隔離の影響を研究するのに博物学者に絶好の機会を与えているのは，鳥とくに「ダーウィンのフィンチ」であった．ダーウィンがこの機会をすんでのところで逃がすところだったことを，我々は今日知っている[11]．その土地の人々は，カメの甲羅の形を見ただけで，それがどの島から来たのかが言えるとダーウィンが知ったのは，ビーグル号出航の間際だった．ダーウィンはこの情報に照らしてフィンチの分布を研究するなど及びもつかず，それぞれの標本が採取された場所を思い出しながら，彼の収集品を整理しなければならなかった．おそらくマネシツグミが一番のヒントだった．なぜならここにおいて彼は，異なる島々の個体群はまったく別個であることを示す確かな証拠を摑んだとわかったからであった．

7.5 変化の過程

　ビーグル号が英国に戻った後，鳥類学者のジョン・グールド(1804-81)は，その島々にはいくつかの異なったフィンチやマネシツグミの種がいることを確認した．ダーウィンにとって，神の創造説はこの情報によって砕かれた．フィンチやマネシツグミの種をこれらの小さな島々に送り出すために，別々の奇跡を創造主が起こしたとは，彼には素直に信じられなかった．本土から何かの偶然で少数の個体が運ばれ島に棲みつき，その後，それぞれの個体群が異なった方法でそこの新しい環境にたやすく適応したと考える方が，はるかに信じられる．群島をなすそれぞれ異なる島々に生息する近縁種の誕生は，枝分かれした進化のモデルを提供した．そして1つの種が異なった生殖個体群に分かれるとき，それらは各々その新しい環境に適応できるよう変化する能力を有していた．分かれた個体群は，初めは元の種の単なる変種であるが，変形が積み重なるにつれて結局はそれら自体として別の種になり，たとえ戻し交雑を試みても，もはや元の種との交雑は不可能である．これと同じ過程を広大な期間に広げれば，動植物すべてのいろいろな種の誕生をこれで説明できた．

C．自然選択

　ダーウィンは数年間ロンドンに落ち着き，地質学協会の活発なメンバーとなった．しかし，種が新しい環境にさらされたとき〈いかに〉変化するのかという疑問につい

図7.5

アヒルのような口ばしをもつカモノハシ．19世紀初頭ヨーロッパの博物学者に初めて報告されたとき，大論争の種となった．この図はジョン・グールド『オーストラリアの哺乳動物』(1845-63)の中で最初に出され，広く再版された．W. H. フラワーとR. ライデッカーの『哺乳動物研究入門』(ロンドン，1891)，121ページ．

て同僚にほとんど知られることなく情報収集を熱心に行った．彼は，獲得形質の遺伝についてラマルクの理論を知っていたが，それは適応の全範囲について説明できない二次的プロセスとして切り捨てた（彼はまたオーエンや科学界の保守勢力からのラマルキズムに対する強い抵抗にも気づいていたにちがいない）．彼は手がかりを探すうちに，実際に種の変化が見られるある領域の研究を始めた．つまり人間の育種家の活動を通して，鳩や犬などの新種が作られる場面である．自分の理論に関するダーウィンの後の記述では，人為選択は自然におけるそれと等価のもの，すなわち自然選択の可能性を読者に教える手段として用いられ，彼はこれが彼の理論発見の方法であったと常にほのめかした．しかし彼のノートには，より複雑な話が書かれており彼が最終的に自然選択の考えをまとめ上げたのは，さらに数年の研究の後のことであった．

重要な手がかりとなったのは，人口に関するマルサスの著作を彼が読んだことであった．それを通して，彼が理解したことは，人口圧によって引き起こされた「生存競争」は，種〈内〉で起こり，環境にうまく適応しないものは絶滅し，「最適者」（つまり最もうまく適応したもの）が生き残り繁殖するということであった．「最もうまく適応した生き残り」は，どの個体群のうちにも存在するランダムな個体変異の中から有利な形質をもったものを選び出し，それぞれの世代の適応性のある特徴を強化した．ダーウィンは，彼の理論についての詳細にわたる最初の説明の中で，自然選択がどのようにして行われるかを説明するために，以下に示すような架空の例を提示した[12]．

> ……犬科の動物の体のつくりを少しばかり変形しやすくさせよう．それらは主にラビットを餌とし，時には野ウサギも食う動物である場合を考えてみよう．こうした変化はラビットの数を非常にゆっくりと減らし，野ウサギの数は増やすことになる．その結果は，キツネや犬は［捕獲のむずかしい］野ウサギをより多く捕まえざるをえなくなり，キツネや犬の数は減少傾向をたどるであろう．しかしながら，キツネや犬の体のつくりがわずかに変形しやすいものであるなら，最も軽い体型，長い足，よく見える目（たぶん狡猾さと嗅覚では劣るにしても）をもった個体はわずかに有利であろう．その違いはきわめてわずかである．しかし，食べ物が最も不足したときには，彼らはより長く生き，生き残るだろう．それらは，旧型のキツネや犬よりもっと多くの子ギツネや子犬を育て，それらは親のちょっとした特性を受け継いでいくだろう．動きの素早くないものは，確実に絶滅するであろう．グレイハウンドが選択と注意深い交雑によっても改良されることを疑いえないのと同じように，何千世代にも及ぶこういった要因は著しい影響を生み出し，キツネの形態をラビットより野ウサギの捕獲に適応させるだろうことに，

7.5 変化の過程

もはや疑いの余地はない．

　マルサスの原理に衝撃を受けて，多くの歴史家は，個々の競争を通して徐々に進む転成(トランスミューテイション)というダーウィンの理論が，ヴィクトリア朝資本主義社会の競争的特質を映し出していると主張した．自然選択は，個体群を構成する個々のものに進歩の責任を課す．個々のものがそれぞれにとって最善をつくそうとすれば，それが種の未来を保証することになるのだ．もし，全体としての個体群が，抑圧のもとで適応に失敗すれば，その種は競争相手によって絶滅させられるだろう．

　ダーウィン理論の最も独創的局面は，彼がライエルの書物を読んだり，生物地理学の勉強をしたことによって育まれた．しかし今日歴史家たちは，ダーウィン自身にとって，自然選択という着想が，彼の地理学的研究と，種の維持に関わる生殖過程に対する彼の関心との対話から生まれたと認識している[13]．ダーウィンの「生殖」すなわちジェネレーションに関する見解がしばしば無視されるのは，その見解がメンデルの遺伝学という現代理論に少しも似ていないからである．なるほどダーウィンの理論には，後に遺伝の現代的知識によって埋められる欠落があると見なすのは容易である．しかし，そのような後知恵の適用は，ダーウィンのいう前遺伝学的思考が，彼の進化論構想の概念体系の必須部分であったという事実を無視することになる．ダーウィンの理論は，「博物学」と「生物学」の間にはっきり区別をつけることがどれほど困難であったかという典型例を提供している．つまり進化過程は，個体群を存続させる生殖過程と，個体群が適応しなければならない環境の間を，必然的に仲介しなければならないのである．

　ダーウィンは，1830年代後半に，彼の自然選択理論のアウトラインを練り上げた．1842年彼は自論の短いスケッチを書き上げ，1844年には内容あるエッセーを執筆した．それは，(彼が当時怖れていたように)早死することになった場合に限り出版を意図したものであった．ダーウィンが1840年代の出版に気乗り薄だったのは，ラマルキズムとチェンバースの『痕跡』をめぐる論争が，なお活発であったことから容易に理解できる．裕福な中産階級の一員としてダーウィンは社会的な地位を得ていたが，もし彼の理論が転成(トランスミューテイション)という無神論的概念と同一視されるなら，それも無に帰すことになったであろう．

　社会的影響への懸念が，彼の出版躊躇(ちゅうちょ)の唯一の原因ではなかった．まもなく彼は，自説の欠陥に気づくことになった．それは科学における最も刺激的な新しい発展のいくつかが彼の理論で説明できないことであった．ガラパゴス諸島で得られたモデルは，移住によって物理的に隔離された一群の個体群が，いかにして新しい環境に適応する

かを提示した．しかし，いったん新しい状況への適応が成し遂げられると，ダーウィンは進化が中断するだろうと想定した．しかし化石記録の最新の研究は，多くの科において，特殊化のレベルが増大する傾向にあるよう示唆していた．ダーウィンは自説で，分岐と特殊化へ向かう圧力が説明されなければならないことを理解していた．そして，1850年代中頃になってようやくその問題を解決した．このとき彼は次のようなことを悟った．特定の生活様式のための特殊化は，安定な環境の中でさえ有利である．なぜなら特殊化のおかげで種は，同じ資源を食物にする競争相手の圧力から逃れることができたからである．製造過程における「分業」がより大きな生産力を生み出すように，もし生物が多様な専門家集団に分かれ，それぞれが特殊な方法で環境を利用するなら，自然は1メートル四方につきより多くの生物を扶養できる．

1850年代後半までに，ダーウィンは出版のために数冊から成る著作の準備にとりかかった．しかしこの仕事は1858年に，ある一編の論文の出現によって中断されることになった．それは，アルフレッド・ラッセル・ウォレス（1823-1913）が独自に進めた研究で，ダーウィン理論によく似た選択の概念を展開していた．貧しい家の出身であったウォレスが，博物学への関心にお金を注ぎ込むことのできた唯一の方法は，珍しい標本のプロの収集家として立つことであった．彼は以前には南米で働いたことがあり，当時はマレー諸島（現インドネシア）を探検していた．彼もまたライエルの影響を受けており，新種はきわめて近縁の現存種の近傍に常に出現すると思われる事実を論評した論文を，早くも1855年に出版した．ウォレスもダーウィンのように生物地理学の研究に勤しみ，既存の種がさまざまな環境の地域へと移動していった場合，新しい種がどのようにして生まれるのかを理解した．

1858年，ウォレス（彼もまたマルサスを読んでいた）は自然選択の考えを思いつき，論文を書き上げ，それをダーウィンに送ってきた．ダーウィンが種の問題に関心をもっていることは広く知られていたのだ．ダーウィンとウォレスの理論の組立て方には大きな違いがある．ウォレスは動物の育種にはまったく興味がなく，人為選択過程に関するメカニズムをモデル化しなかった．彼独自の概念は，同じ個体群の中の個々の変種にではなく，亜種に作用する自然選択に関するものであるように思われた．しかし彼ら二人の考えは，ウォレスの論文がダーウィンのもとに届いたとき彼が非常に懸念せざるをえないほどによく似ていた．結局ダーウィンは20年間をその理論研究に費やしてきており，ことここに及んでよそ者に出し抜かれた自分を見たくはなかった．ライエルとフッカーの助言に従って，彼は自説を手短にまとめ，ウォレスの論文と一緒にロンドンのリンネ協会で公表してもらった．同時に彼は自分の理論を本一冊分にまとめ始めた．それは1859年末に『種の起源』として出版された．進化の時代の到来

である.

■注

1) 「生物学」という用語は，1802年ラマルクとトレヴィラヌスによって独立に造語された. 生物学という明確な科学が実際に出現する時期を決定する問題については，Joseph A. Caron, '"Biology" in the Life Sciences : A Historiographical Contribution', *History of Science*, **26** (1988): 223-68.
2) William Paley, *Natural Theology*, in *The Works of William Paley, D. D.* (London: F. C. and J. Rivington, 1819, 5 vols), vol. 4, p. 371.
3) Richard Owen, *On the Nature of Limbs* (London: Van Voorst, 1848), p. 3.
4) Hewett C. Watson, *Cybele Britannica: Or British Plants and their Geographical Relations* (London: Longman, 1845-59, 4 vols), vol. 4, p. 449.
5) Charles Lyell, *Principles of Geology* (London: John Murray, 1830-3, 3 vols), vol. 2, p. 131; translating Augustin de Candolle's 'Géographie botanique', in F. G. Levrault (ed.), *Dictionnaire des sciences naturelles* (Strasbourg and Paris: Le Normant, 1820), vol. 28; pp. 359-418, see p. 384.
6) Charles Darwin, 'Essay of 1844', in Charles Darwin and Alfred Russel Wallace, *Evolution by Natural Selection* (Cambridge: Cambridge University Press, 1958), p. 180.
7) Louis Agassiz, 'On the Succession and Development of Organized Beings at the Surface of the Terrestrial Globe', *Edinburgh New Philosophical Journal*, **33** (1842): 388-99, p. 399.
8) Richard Owen, 'Report on British Fossil Reptiles, Part 2', *Report of the British Association for the Advancement of Science*, 1841 meeting; pp. 60-204, see p. 202.
9) Hugh Miller, *Footprints of the Creator; or the Asterolepis of Stromness* (3rd edn, London: Johnston and Hunter, 1850), p. 179.
10) Owen, *On the Nature of Limbs* (note 3), p. 89.
11) Frank Sulloway, 'Darwin and his Finches: the Evolution of a Legend', *Journal of the History of Biology*, **15** (1982): 1-54.
12) Darwin, 'Essay of 1844', in Darwin and Wallace, *Evolution by Natural Selection* (note 6), pp. 119-20.
13) M. J. S. Hodge, 'Darwin as a Lifelong Generation Theorist', in David Kohn (ed.), *The Darwinian Heritage* (Princeton, NJ: Princeton University Press, 1985), pp. 207-43.

人名索引

ア 行

アイマー，テーオドール（Theodor Eimer 1843-98）261
アヴィセンナ（Ibn Sinā Avicenna 980-1037）44
アウグストゥス（Augustus 前63-後14）39
アガシ，ルイ（Louis Agassiz 1807-73）158, 228
アクィナス，トマス（St Thomas Aquinas 1224-74頃）43
アグリコラ，ゲオルク（Georg Agricola 1494-1555）54
アダンソン，ミシェル（Michel Adanson 1727-1806）114, 118
アッシャー，ジェームズ（James Ussher 1581-1656）10, 80
アッテンボロー，デヴィッド（Sir David Attenborough 1926- ）379
アードリ，ロバート（Robert Ardrey 1908-80）325
アナクサゴラス（Anaxagoras 前500頃-前428頃）31
アナクシマンドロス（Anaximandros 前610頃-前547頃）28
アニング，メアリー（Mary Anning 1799-1847）203
アムンゼン，ロアル（Roald Amundsen 1872-1928）284
アリー，ウォーダー・C（Warder C. Allee 1885-1955）363
アリスタルコス（Aristarchos 前3世紀）28
アリストテレス（Aristotelēs 前384-前322）23, 113
アレクサンドロス大王（Alexander the Great 前356-前323）26
アレン，E. J.（E. J. Allen 1866-1942）391
アンドルーズ，ロイ・チャップマン（Roy Chapman Andrews 1884-1960）324

イーヴリン，ジョン（John Evelyn 1620-1706）70

ヴァイスマン，アウグスト（August Weismann 1834-1914）260
ヴァイン，フレッド（Fred Vine 1939-88）307
ヴァーグナー，モーリツ（Moritz Wagner）257
ヴァスコ・ダ・ガマ（Vasco da Gama 1469頃-1524）53
ヴァーミング，ユーゲン（Eugenius Warming 1841-1924）269
ヴァリスニエーリ，アントニオ（Antonio Vallisnieri 1631-1730）77
ヴァレニアス，ベルンハーダス（Bernhardus Varenius）77
ヴァンソン，J.B.ボリー・ド・サン（J. B. Bory de Saint Vincent 1778-1846）185
ヴィクトリア女王（Alexandrina Victoria 1819-1901）224
ウィーナー，ノーバート（Norbert Wiener 1894-1964）394
ウィラビー，フランシス（Francis Willoughby 1613?-66）63
ウィリアムズ，ジョージ（George Williams 1926- ）364
ウィリス，ベイリー（Bailey Willis 1857-1949）298
ウィルクス，チャールズ（Charles Wilkes

1798-1877) 182
ウィルソン，エドワード・O（Edward O. Wilson 1929- ） 365
ウィルソン，J・ツゾー（J. Tuzo Wilson 1908-93） 307
ウィルバーフォース主教，サミュエル（Bishop Samuel Wilberforce 1759-1833） 238
ヴィレノウ，カール（Karl Willdenow 1765-1812） 125, 145
ウィレム，オラニエ公（William of Oragne 1650-1702） 68
ウイン-エドワーズ，V. C.（V. C. Wynne-Edwards 1906- ） 363
ヴェーゲナー，アルフレート（Alfred Wegener 1880-1930） 286
ヴェリコフスキー，イマニュエル（Immanuel Velikovsky 1895-1919） 311
ウェルズ，H. G.（H. G. Wells 1866-1946） 344
ウェルドン，W. F. R.（W. F. R. Weldon 1860-1906） 260
ヴェルナー，A. G.（Abraham Gottlob Werner 1750-1817） 89
ヴェルナツキー，ウラジーミル・イヴァノヴィチ（Vladimir Ivanovich Vernadsky 1863-1945） 376, 394
ウォーカー，ジョン（John Walker 1731-1803） 92
ウォード，ナサニエル（Nathaniel Ward 1791-1868） 178
ウォルコット，チャールズ・ドゥーリットル（Charles Doolittle Walcott 1850-1927） 328
ヴォルテラ，ヴィート（Vito Volterra 1860-1940） 389
ヴォルテール（Voltaire 1694-1778） 68
ウォレス，アルフレッド・ラッセル（Alfred Russel Wallace 1823-1913） 218, 237, 257
ウッドワード，ジョン（John Woodward 1665-1728） 82

エイクリー，カール（Carl Akeley 1864-1926） 319
エヴェレスト卿，ジョージ（Sir George Everest 1790-1866） 142
エピクロス（Epikuros 前341頃-前270頃） 28

エマソン，アルフレッド（Alfred Emerson 1896- ） 386
エラトステネス（Eratosthenēs 前276頃-前194頃） 39
エルドリッジ，ナイルズ（Niles Eldredge） 348
エルトン，チャールズ（Charles Elton 1900-91） 387
エンペドクレス（Empedoklēs 前500-前430頃） 28, 132

オーエン，リチャード（Richard Owen 1804-92） 179, 189, 225, 242
オーガスタ王女（Princess Augusta 1796-1817） 105
オーケン，ローレンツ（Lorenz Oken 1779-1851） 190
オズボーン，ヘンリー・フェアフィールド（Henry Fairfield Osborn 1857-1935） 249, 322
オダム，ハワード・T（Howard T. Odum 1924- ） 394
オダム，ユージン・P（Eugene P. Odum 1913- ） 394
オーデュボン，J. J.（J. J. Audubon 1785-1851） 178
オビエド・イ・バルデス（Oviedo y Valdes 1478-1557） 53
オラニエ公ウィレム（William of Orange）→ウィレム，オラニエ公
オルデンブルク，ヘンリー（Henry Oldenburg 1618?-77） 77, 82
オルムステッド，フレデリック・ロー（Frederick Law Olmsted 1822-1903） 231

カ 行

ガイキー，アーチボルド（Archibald Geikie 1835-1924） 161
ガイキー，ジェームズ（James Geikie 1839-1915） 161
ガウゼ，G. F.（G. F. Gause 1910-86） 389
カウルズ，ヘンリー・C（Henry C. Cowles 1869-1939） 271, 384
カエサル，ユリウス（Julius Caesar 前101頃-前44） 32
カーソン，レイチェル（Rachel Carson 1907-64） 378
カーネギー，アンドルー（Andrew Carnegie

人 名 索 引　　　　3

1835-1919) 250
カーペンター, クラレンス・レイ (Clarence Ray Carpenter 1905-75) 361
カーペンター, W. B. (W. B. Carpenter 1813-85) 207
カメラリウス (Rudolph Jakob Camerarius 1665-1721) 113
ガリレオ (Galileo Galilei 1564-1642) 47
カレン, エスター (Esther Cullen) 358
カーワン, リチャード (Richard Kirwan 1733-1812) 92
カント, イマニュエル (Immanuel Kant 1724-1804) 78, 145
カンドル, アルフォンズ・ド (Alphonse de Candolle 1806-93) 194
カンドル, オーギュスタン・ド (Augustin de Candolle 1778-1841) 194
カンメラー, パウル (Paul Kammerer 1880-1926) 333

キケロ (Cicero 前106-前43) 32
ギゼリン, マイケル (Michael Ghiselin 1939-) 365
ギーニ, ルーカ (Luca Ghini 1556没) 52
キュヴィエ, ジョルジュ (Georges Curvier 1769-1832) 140, 151
ギヨー, アーノルド・ヘンリー (Arnold Henri Guyot 1807-84) 144
キング, クラレンス (Clarence King 1842-1901) 143

クセノパネス (Xenophanēs 前570-前475頃) 28
クセノポン (Xenophōn 前430頃-前354頃) 31
クック, ジェームズ (James Cook 1728-79) 75
グドール, ジェーン (Jane Goodall 1934-) 359
クラーク, ウィリアム (William Clark 1770-1838) 142
グラント, ロバート・E (Robert E. Grant 1793-1874) 185, 209, 212
グリースン, ヘンリー・アラン (Henry Allan Gleason 1882-1973) 384
グリネル, ジョゼフ (Joseph Grinnell 1877-1939) 387
グールド, ジョン (John Gould 1804-81) 215

グールド, スティーブン・ジェイ (Stephen Jay Gould 1941-2002) 328, 348
グレイ, エイサ (Asa Gray 1810-88) 198
グレゴリー, ウィリアム・キング (William King Gregory 1876-1970) 331
クレメンツ, フレデリック・E (Frederic E. Clements 1874-1926) 271
グローヴナ, ギルバート (Gilbert Grosvenor 1875-1966) 286
クロポトキン, ピョートル (Peter Kropotkin 1842-1921) 241
クロール, ジェームズ (James Croll 1821-90) 160
クロワザ, レオン (Leon Croizat 1894-1982) 348
クーン, トーマス (Thomas S. Kuhn 1922-96) 14

ケイパビリティ (Capability)→ブラウン, ランスロット
ケストラー, アーサー (Arthur Koestler 1905-83) 333
ゲスナー, コンラート (Conrad Gesner 1516-65) 52
ゲタール, J. E. (J. E. Guettard 1715-86) 96
ゲッデス, パトリック (Patrick Geddes 1854-1932) 231
ケッペン, ヴラディミル (Wladimir Köppen 1846-1940) 287
ゲーテ, J.W.フォン (J. W. von Goethe 1749-1832) 145
ケプラー (Johannes Kepler 1571-1630) 47
ケルヴィン卿 (ウィリアム・トムソン) (Lord Kelvin 1824-1907) 157, 294
ケロッグ, ヴァーノン (Vernon Kellogg 1867-1937) 323

皇帝フリードリヒII世 (Frederick II 1194-1250) 45
コックス, アラン (Alan Cox 1926-) 303
コナン・ドイル (Conan Doyle)→ドイル, アーサー・コナン
コープ, エドワード・ドリンカー (Edward Drinker Cope 1840-97) 240
コペルニクス (Nicolaus Copernicus 1473-1543) 61
ゴールドシュミット, リチャード (Richard

Goldschmidt 1878-1958) 345
ゴールトン, フランシス (Francis Galton 1822-1911) 260, 321
コールリッジ, サミュエル・テーラー (Samuel Taylor Coleridge 1772-1834) 144
コレンス, カール (Carl Correns 1864-1933) 262
コロンブス (Christpher Columbus 1451-1506) 41

サ 行

ザッカーマン, ソリー (Solly Zuckerman 1904-93) 360
ザックス, ユリウス・フォン (Julius von Sachs 1832-1897) 353
サムナー, フランシス・B (Francis B. Sumner 1874-1945) 343
ザルジアンスキイ, アダム (Adam Zaluzniansky 1558-1613) 57
サンティエール, ジョフロア (Etienne Geoffroy Saint Hilaire 1772-1844) 179, 208

ジェヴォンズ, W. S. (W. S. Jevons 1835-82) 233
ジェファソン, トマス (Thomas Jefferson 1743-1826) 142
ジェフリーズ, ハロルド (Harold Jeffreys 1891-1990) 299
ジェームソン, ロバート (Robert Jameson 1774-1854) 92
シェリング, F.W.フォン (F. W. von Schelling 1775-1854) 144
シェルフォード, ヴィクター・E (Victor E. Shelford 1877-1968) 384, 386
シャルダン, ピエール・テイヤール・ド (Pierre Teillard de Chardin 1881-1955) 346
シャルパンティエ, ジャン・ド (Jean de Charpentier 1786-1855) 158
ジュシュー, アントワーヌ・ロラン・ド (Antoine-Laurent de Jussieu 1748-1836) 118
ジュシュー, ド (Bernard de Jussieu 1699頃-1777) 183
ジュース, エドゥアルト (Eduard Suess 1831-1914) 165, 294
シュタイナー, ルドルフ (Rudolf Steiner 1861-1935) 376
シュミット, カール (Karl Schmidt) 386
ショー, ジョージ・バーナード (George Bernard Shaw 1856-1950) 332
ジョージ3世 (George III 1738-1820) 105
ジョーダン, デヴィッド・スター (David Starr Jordan 1851-1931) 343
シンデヴォルフ, オットー (Otto Schindewolf 1896-1971) 345
シンパー, アンドレアス (Andreas Schimper 1856-1901) 269
シンプソン, ジョージ・ゲイロード (George Gaylord Simpson 1902-84) 223, 344

スウェインソン, ウィリアム (William Swainson 1789-1855) 186
スクループ, ジョージ・プリット (George Poulett Scrope 1797-1876) 168
スクレイター, P. L. (P. L. Sclater 1829-1913) 257
スコット, R. F. (R. F. Scott 1868-1912) 284
スコープス, ジョン・トーマス (John Thomas Scopes 1900?-70) 323
スターリン, イオシフ (Iosif Stalin 1879-1953) 278, 376
ステノ, ニコラウス (Nicholaus Steno 1638-86) 82
ストラット, R. J. (Robert John Strutt 1875-1947) 295
ストラボン (Strabōn 前64-後24頃) 39
スパランツァーニ, ラザロ (Lazzaro Spallanzani 1729-99) 131
スペンサー, ハーバート (Herbert Spencer 1820-1903) 211, 224
スマッツ, ヤン・クリスチャン (Jan Christiaan Smuts 1870-1950) 333
スミス, アダム (Adam Smith 1723-90) 93
スミス, ウィリアム (William Smith 1769-1839) 150
スミス, ウィリアム (William Smith 1866-1928) 273
スミス, ジェームズ (James Smith 1759-1828) 106
スミス, ロバート (Robert Smith 1873-1900) 274
スワンメルダム, ヤン (Jan Swammerdam 1637-80) 64

人名索引

聖アウグスティヌス（St Augustine 354-430) 41
セイビン，エドワード（Edward Sabine 1788-1883) 141
聖フランチェスコ（St Francis of Assisi 1181(82)-1226) 46
セーガン，カール（Carl Sagan 1934-96) 379
セネカ（Lucinus Seneca 前5頃-後65) 32
ゼノン（Zēnōn 前335-前263) 32
セール，エティエンヌ（Etienne Serres 1786-1868) 185
ゼンパー，カール（Karl Semper 1832-93) 267

ソクラテス（Sōkratēs 前469-前399) 26
ソシュール，オラス-ベネディクト・ド（Horace-Bénédict de Saussure 1740-99) 97
ソラス，W. J. (W. J. Sollas 1849-1936) 254
ソランダー，ダニエル（Daniel Solander 1736-82) 106
ソロー，ヘンリー（Henry Thoreau 1817-62) 231

タ 行

大アルベルトゥス（Albertus 1200頃-80) 52
大プリニウス（Pliny the Elder 23-79) 32
ダーウィン，エラズマス（Erasmus Darwin 1731-1802) 133
ダーウィン，チャールズ（Charles Darwin 1809-82) 2, 103, 141
ダ・ヴィンチ，レオナルド（Leonard da Vinchi 1452-1519) 51
ダ・ガマ（da Gama）→ヴァスコ・ダ・ガマ
ダグラス，メアリー（Mary Douglas 1921-) 8
ダットン，クラレンス（Clarence Dutton 1841-1912) 166
ダート，レイモンド（Raymond Dart 1893-1988) 324
ダーラム，ウィリアム（William Derham 1657-1735) 69, 120
ダルリンプル，G・ブレント（G. Brent Dalrymple 1937-) 303
タレス（Thalēs 前640-前546頃) 28
タンズリー，アーサー・G（Arthur G.

Tansley 1871-1955) 273, 374
チェザルピーノ，アンドレア（Andrea Cesalpino 1519-1603) 58, 113
チェトヴェリコフ，セルゲイ・S（Sergei S. Chetverikov 1880-1959) 341
チェンバース，ロバート（Robert Chambers 1802-71) 209
チェンバリン，トマス・C（Thomas C. Chamberlin 1843-1928) 166
チャーリー，ボニー・プリンス（Bonnie Prince Charlie) 142
チャールズ2世（Charles II 1630-85) 63
チャント，ドナルド（Donald Chant) 373

ツゾー・ウィルソン，J.→ウィルソン，J・ツゾー

ディー，ジョン（John Dee 1527-1608) 51
ディヴィー，ハンフリー（Humphry Davy 1778-1829) 163
ディオゲネス（Diogenēs 前410頃-前323頃) 31
ディオスコリデス（Dioscorides 最盛期60-77) 39
ティセルトン-ダイア，ウィリアム（William Thiselton-Dyer 1843-1928) 224
ディーツ，ロバート（Robert Dietz) 306
ディドロ，デニス（Denis Diderot 1713-84) 109, 132
ディナ，ジェームズ・ドワイト（James Dwight Dana 1818-95) 160, 164
ティモフェーエフ-レソフスキー，N. W. (N. W. Timoféeff-Ressovsky) 341
テイラー，ウォールター（Walter Taylor) 380
テイラー，F. B. (F. B. Taylor 1860-1938) 296
デイリ，R. A. (R. A. Daly 1871-1957) 300
ティンダル，ジョン（John Tyndall 1820-93) 159
ティンバーゲン，ニコラス（Nikolaas Tinbergen 1907-88) 358
テオフラストス（Theophrastos 前373-前275頃) 38
デカルト，ルネ（René Descartes 1596-1650) 61, 66
デニケン，エリック・フォン（Erich von Däniken) 347

デマレ, ニコラ (Nicholas Desmarest 1725-1815) 97
デモクリトス (Dēmokritos 前470-前370頃) 29
デュシャユー, ポール (Paul du Chaillu 1831-1903) 225
デュ・トワ (Du Toit)→トワ, アレクサンダー・デュ
デュボア, ユージェーヌ (Eugène Dubois 1858-1940) 253
デューラー, アルブレヒト (Albrecht Dürer 1471-1528) 51
デラック, J. A. (J. A. Deluc 1727-1817) 92
デ・ラ・ベッシュ, ヘンリー (Henry de la Beche 1796-1855) 141

ドイル, アーサー・コナン (Arthur Conan Doyle 1859-1930) 250
トゥアン, イー・フー (Yi-Fu Tuan 1930-) 6
ドゥーリトル, W・フォード (W. Ford Doolittle) 399
トゥルヌフォール, ジョゼフ・ド (Joseph de Tournefort 1650-1708) 113
トゥレッソン, イエーテ (Göte Turesson) 383
ドエル, リチャード (Richard Doell 1923-) 303
ド・カンドル (de Candolle)→カンドル, アルフォンス・ド
ドーキンス, リチャード (Richard Dawkins 1941-) 365
ド・サン・ヴァンソン (de Saint Vincent)→ヴァンソン, J.B.ボリー・ド・サン
ド・シャルダン (de chardin)→シャルダン, ピエール・テイヤール・ド
ド・シャルパンティエ (de Charpentier)→シャルパンティエ, ジャン・ド
ド・ジュシュー (de Jussieu)→ジュシュー, アントワーヌ・ロラン・ド
トスカネリ, パオロ (Paolo Toscanelli 1397-1482) 53
ド・ソシュール (de Saussure)→ソシュール, オラス-ベネディクト・ド
ド・トゥルヌフォール (de Tournefort)→トゥルヌフォール, ジョゼフ・ド
ドブジャンスキー, セオドシウス (Theodosius Dobzhansky 1900-75) 341
トプセル, エドワード (Edward Topsell ?-1625没) 54
ド・フリース (de Vries)→フリース, ヒューゴ・ド
ド・ボーモン (de Beaumont)→ボーモン, レオンス・エリー・ド
ド・マイエ (de Maillet)→マイエ, ブノワ・ド
トマス・アクィナス (St Thomas Aquinas)→アクィナス, トマス
トムソン, ウィリアム (ケルヴィン卿) (William Thomson 1824-1907) 157, 294
デュモン, ドゥルヴィ (d'Urville Dumont 1790-1842) 140
ドリーシュ, ハンス (Hans Driesch 1867-1941) 375
トリスメギストス, ヘルメス (Hermes Trismegistus) 50
ドルーデ, オスカル (Oscar Drude 1852-1933) 268
ドルバック男爵 (baron d'Holbach 1723-89) 132
ドールン, アントン (Anton Dohrn 1840-1909) 229
ド・レオミュール (de Reaumur)→レオミュール, ルネ-アントワーヌ・ド
トレンブリー, アブラハム (Abraham Trembley 1700-84) 109
トワ, アレクサンダー・デュ (Alexander Du Toit 1878-1948) 300
トンプソン, ウィリアム・R (William R. Thompson 1887-1972) 389

ナ 行

ナンセン, フリチョフ (Fridtjof Nansen 1861-1930) 148

ニコルソン, アレクサンダー・ジョン (Alexander John Nicholson 1895-1969) 389
ニーダム, ジョン・ターバヴィル (John Turberville Needham 1713-81) 131
ニュートン, アイザック (Sir Isaac Newton 1643-1727) 15
ニュートン, アルフレッド (Alfred Newton 1829-1907) 229

人名索引

ネイスァンスン，アレクサンダー（Alexander Nathansohn 1878-1940) 268
ネッカム，アレグザンダー（Alexander Neckham 1157-1217) 42
ノイマン，ジョン・フォン（John von Neumann 1903-57) 290
ノックス，ロバート（Robert Knox 1793-1862) 189
ノルゲイ，テンジン（Tenzing Norgay 1914-86) 285

ハ 行

ハイアット，アルフィオス（Alpheus Hyatt 1838-1902) 240
ハインロート，オスカー（Oscar Heinroth) 356
ハーヴィー，H. W. (H. W. Harvey) 392
パウエル，ジョン・ウェズリー（John Wesley Powell 1834-1902) 143
パウエル，ベイデン（Baden Powell 1857-1941) 211
パウンド，ロスコー（Roscoe Pound 1870-1964) 271
ハガード，H・ライダー（H. Rider Haggard 1856-1925) 232
パーク，オーランドゥ（Orlando Park 1901-) 386
パーク，トーマス（Thomas Park) 386
ハクスリー，オールダス（Aldous Huxley 1894-1963) 354
ハクスリー，ジュリアン（Julian Huxley 1887-1975) 344
ハクスリー，トーマス・ヘンリー（Thomas Henry Huxley 1825-95) 179, 225, 211
ハーシェル卿，ジョン（Sir John Herschel 1792-1871) 242
パスカル，ブレーズ（Blaise Pascal 1623-62) 76
パッカード，アルフィオス（Alpheus Packard 1839-1905) 261
バックランド，ウィリアム（William Buckland 1784-1856) 159
ハッチンソン，G・イーヴリン（G. Evelyn Hutchinson 1903-91) 394
ハットン，ジェームズ（James Hutton 1726-97) 89
ハーディン，ガレット（Garrett Hardin) 393

バトラー，サミュエル（Samuel Butler 1835-1902) 240
バードン-サンダーソン，J. S. (J. S. Burdon-Sanderson 1828-1905) 266
パナイティオス（Panaitios 前185頃-前110頃) 32
バーナード・ショー（Bernard Shaw)→ショー，ジョージ・バーナード
バーネット，トマス（Thomas Burnet 1635-1715頃) 85
パネット，R. C. (R. C. Punnett 1875-1967) 263
パブロフ，イワン（Ivan Pavlov 1849-1936) 354
バベッジ，チャールズ（Charles Babbage 1792-1871) 141
ハミルトン，W. D. (W. D. Hamilton 1936-2000) 364
パリシィ，ベルナール（Bernard Palissy 1510-90頃) 60
ハリソン，ジョン（John Harrison 1693-1776) 75
パール，レイモンド（Raymond Pearl 1879-1940) 389
バルフォア，フランシス（Francis Balfour 1851-82) 228
パルム，デヴィッド（David Balme) 37
パルメニデス（Parmenidēs 前515頃-前450頃) 28
パルラース，ペーター・ジーモン（Peter Simon Pallas 1741-1811) 88, 97
ハレー，エドモンド（Edmond Halley 1656-1742) 77
バンクス卿，ジョゼフ（Sir Joseph Banks 1743-1820) 76, 105, 142, 181

ビアズリー，オーブレー（Aubrey Beardsley 1872-98) 321
ピアソン，カール（Karl Pearson 1857-1936) 260, 338
ピアリー，ロバート・E（Robert E. Peary 1856-1920) 284
ピション，グザヴィエ・ル（Xavier Le Pichon 1937-) 309
ヒッポクラテス（Hippokratēs 前460頃-前375頃) 31
ビャークネス，ヴィルヘルム（Vilhelm Bjerknes 1862-1951) 288
ヒューエル，ウィリアム（William Whewell

1794-1866) 138
ビュフォン伯爵, ジョルジュ・ルクレール・ド (G. L. Leclerc, comte de Buffon 1707-88) 87, 105, 128
ヒラリー, エドムント (Edmund Hillary 1919-) 285
ピール卿, ロバート (Sir Robert Peel 1788-1850) 141
ピンショー, ギフォード (Gifford Pinchot 1865-1946) 231

ファン・ヘルモント (Van Helmont)→ヘルモント, ファン
ファン・レーウェンフック (van Leeuwenhoek)→レーウェンフック, アントン・ファン
フィッシャー, R. A. (R. A. Fisher 1890-1962) 339
フィッシャー, オズモンド (Osmond Fisher 1817-1914) 165
フィッチ, エイサ (Asa Fitch 1809-1879) 182
フィッツロイ, ロバート (Robert Fitzroy 1805-65) 141, 147
フィリップス, ジョン (John Phillips 1800-74) 153, 383
フェルネル, ジャン (Jean Fernel) 49
フォースター, ジョージ (George Forster 1870-1935) 145
フォッシー, ダイアン (Dian Fossey 1932-85) 361
フォーブス, スティーヴン・A (Stephen A. Forbes 1844-1930) 267
フォーブズ, エドワード (Edward Forbes 1815-54) 148, 198
フォルスター, ヨハン・ラインホルト (Johann Reinhold Forster 1729-98) 125
フォン・ゲーテ (von Goethe)→ゲーテ, J. W. フォン
フォン・ザックス (von Sachs)→ザックス, ユリウス・フォン
フォン・シェリング (von Schelling)→シェリング, F. W. フォン
フォン・デニケン (von Daniken)→デニケン, エリック・フォン
フォン・ノイマン (von Neumann)→ノイマン, ジョン・フォン
フォン・ブーフ (von Buch)→ブーフ, レオポルド・フォン
フォン・フンボルト (von Humbolt)→フンボルト, アレグザンダー・フォン
フォン・ベア (von Baer)→ベア, K. E. フォン
フォン・リービッヒ (von Leibig)→リービッヒ, J.フォン
フォン・リンネ (von Linné)→リンネ, カール・フォン
フーコー, ミシェル (Michel Foucault 1926-84) 7, 73, 100, 101, 102, 183
フッカー, ウィリアム (William Hooker 1785-1865) 181
フッカー, J. D. (J. D. Hooker 1817-1911) 198, 224, 257
フック, ロバート (Robert Hooke 1635-1703) 64, 84
フックス, レオンハルト (Leonhard Fuchs 1501-66) 57
プトレマイオス (Ptolemaios 127-145 に活躍) 39
ブーフ, レオポルド・フォン (Leopold von Buch 1774-1853) 163
プフングスト, オスカー (Oskar Pfungst 1874-) 352
ブライ船長 (Captain William Bligh 1754-1817) 106
ブラウン, ラーンスロット・ケイパビリティ ('Capability' Lancelot Brown 1715-83) (ケイパビリティ Capability の名で知られる) 79
ブラウン卿, トマス (Sir Thomas Brawne 1605-82) 58
ブラケット, パトリック・M・S (Patrick M. S. Blackett 1897-1974) 302
ブラッチョリーニ, ポッジオ (Poggio Bracciolini 1380-1459) 50
ブラッドリー, リチャード (Richard Bradley 1688-1732) 120
ブラード, エドワード・C (Edward C. Bullard 1907-80) 302
プラトン (Platōn 前429-前347) 10, 33
フランクリン, ベンジャミン (Benjamin Franklin 1706-90) 76
フランクリン卿, ジョン (Sir John Franklin 1786-1847) 141
ブラント, カール (Karl Brandt 1854-1931) 268
フーリエ, ジョゼフ (Joseph Fourier 1768-

人名索引

1830) 156
フリース, フーゴー・ド (Hugo de Vries 1848-1935) 262
ブリッジウォーター伯爵 (Earl of Bridgewater 1756-1829) 188
プリニウス (Plinius Major 23-79) 39
プリューシュ師 (l'abbé Pluche 1688-1761) 108
ブルアッシュ, フィリップ (Phillippe Bruache 1700-73) 77, 146
ブルックナー, エデュアルト (Eduard Bruckner) 161
プールトン, E. B. (E. B. Poulton 1856-1943) 260
ブルーム, ロバート (Robert Broom 1866-1951) 325
ブルンフェルス, オットー (Otto Brunfels 1488-1534) 57
プレイフェア, ジョン (John Playfair 1748-1815) 95
プレヴォ, コンスタント (Constant Prévost 1787-1856) 164
プロティノス (Plōtinos 205-70) 40
ブロン, H. G. (H. G. Bronn 1800-62) 208
ブロン, ピエール (Pierre Belon 1517-64) 55
ブロンニャール, アドルフ (Adolphe Brongniart 1770-1847) 156
ブロンニャール, アレキサンドル (Alexandre Brongniart 1801-76) 151
ブローン-ブランケ, ジョジャース (Josias Braun-Blanquet 1884-1980) 385
フンボルト, アレクサンダー・フォン (Alexander von Humboldt 1768-1859) 78, 140, 145, 193

ベア, K.E.フォン (K. E. von Baer 1792-1876) 192, 207
ベアード, スペンサー・F (Spencer F. Baird 1823-87) 229
ベイチ, アレグザンダー・ダラス (Alexander Dallas Bache 1806-67) 142
ヘイドン, フェルディナンド V. (Ferdinand V. Hayden 1829-87) 143
ペイリー, ウィリアム (William Paley 1743-1805) 108, 187
ベクレル, アンリ (Henri Becquerel 1852-1908) 294
ベーコン, フランシス (Francis Bacon 1561-1626) 61
ヘス, ハリー (Harry Hess 1906-69) 306
ベーツ, ヘンリー・ウォルター (Henry Walter Bates 1825-92) 260
ヘッケル, エルンスト (Ernst Haeckel 1834-1919) 237, 320
ベッシー, チャールズ・エドウィン (Charles Edwin Bessey 1845-1915) 271
ベーツソン, ウィリアム (William Bateson 1861-1926) 261, 337
ベッドフォード公爵夫人 (Duchess of Bedford) 105
ベッヒャー, J. J. (J. J. Becher 1635-82) 90
ヘニッヒ, ヴィリ (Willi Hennig 1913-76) 348
ベルクソン, アンリ (Henri Bergson 1859-1941) 333
ヘルモント, ファン (van Helmont 1577-1644) 55
ペロー, ピエール (Pierre Perrault 1611-80) 77
ペンク, アルブレヒト (Albrecht Penck 1858-1945) 161
ヘンズロー, ジョン・スティーヴンズ (John Stevens Henslow 1796-1861) 213
ヘンゼン, ヴィクトル (Victor Hensen 1835-1924) 268
ベンティンク嬢, マーガレット (Lady Margaret Bentinck 1714-85) 105

ボアズ, フランツ (Franz Boas 1858-1942) 325
ボーアン, ガスパール (Gaspard Bauhin 1560-1624) 58
ホイストン, ウィリアム (William Whiston 1667-1752) 86
ホイーラー, ウィリアム・モートン (William Morton Wheeler 1865-1937) 387
ボイル, ロバート (Robert Boyle 1627-91) 64, 77
ポウプ, アレグザンダー (Alexander Pope 1688-1744) 111
ポセイドニオス (Poseidōnios 前135頃-前51頃) 32
ホッブズ, トマス (Thomas Hobbes 1588-1679) 67
ボネ, シャルル (Charles Bonnet 1720-93) 109

ポパー卿, カール (Sir Karl Popper 1902-94) 12
ホームズ, アーサー (Arthur Holmes 1890-1965) 295
ボーモン, レオンス・エリー・ド (Léonce Elie de Beaumont 1798-1874) 163
ホール, ジェームズ (James Hall 1761-1832) 143
ホール, ジェームズ (James Hall 1811-98) 95
ホールデン, J. B. S. (J. B. S. Haldane 1892-1964) 340, 364
ボールドウィン, ジェームズ・マーク (James Mark Baldwin 1861-1934) 332
ポーロ (Polo)→マルコ・ポーロ
ホワイト, ギルバート (Gilbert White 1720-93) 119, 122
ボンプラン, エーメ (Aimé Bonpland 1773-1858) 145

マ 行

マイアー, エルンスト (Ernst Mayr 1904-) 25, 343
マイヴァート, セント・ジョージ・ジャクソン (St George Jackson Mivart 1827-1900) 242
マイエ, ブノワ・ド (Benoît de Maillet 1656-1738) 86
マーカム, クレメンツ (Clements Markham 1830-1916) 225
マグヌス, アルベルトゥス (Albertus Magnus 1200-80 頃) 43
マクブライド, E. W. (E. W. MacBride 1866-1940) 247, 334
マクレー, ウィリアム・シャープ (William Sharpe MacLeay 1792-1865) 185
マクロビウス (Macrobius 5 世紀) 40
マクーン, ジョン (John Macoun 1832-1920) 225
マコーレー卿 (Lord Macaulay 1800-59) 15
マシュー, ウィリアム・ディラー (William Diller Matthew 1871-1930) 250
マーシュ, O. C. (O. C. Marsh 1831-99) 248
マーシュ, ジョージ・パーキンス (George Perkins Marsh 1801-82) 230
マシューズ, ドラモンド (Drummond Matthews 1931-97) 307

マーチソン卿, ロデリック (Sir Roderick Murchison 1792-1871) 142
マッカーサー, ロバート (Robert MacArthur 1930-72) 396
マッケンジー, アレグザンダー (Alexander Mackenzie 1764-1820) 76
マッケンジー, ダン [ダニエル] (Dan McKenzie) 309
マラー, ヘルマン・J (Herman J. Muller 1890-) 341
マリオット, エドメ (Edmé Mariott 1620-84) 77
マルコ・ポーロ (Marco Polo 1254-1324) 41
マルサス, トーマス (Thomas Robert Malthus 1766-1834) 122, 218
マルシーリ伯爵, ルイージ (Count Luigi Marsigli 1658-1730) 77
マルピーギ, マルチェロ (Marcello Malpighi 1628-94) 64
マンテル, ギーディオン (Gideon Mantell 1790-1852) 203

ミューア, ジョン (John Muir 1838-1914) 231
ミュラー, ヘルマン (Herman Müller 1890-1967) 267
ミュラー, ヨハネス (Johannes Müller 1801-58) 37
ミラー, ヒュー (Hugh Miller 1802-56) 203, 206
ミランコヴィッチ, ミルティン (Milutin Milankovitch 1879-1958) 290

メッケル, J. F. (J. F. Meckel 1781-1833) 185, 205
メービウス, カール (Karl Möbius 1825-1908) 267
メリアム, C・ハート (C. Hart Merriam 1855-1942) 230
メンデル, グレゴール (Gregor Mendel 1822-84) 236, 262

モア, ヘンリー (Henry More 1614-87) 69
モーガン, コンウェイ・ロイド (Conway Lloyd Morgan 1852-1936) 352
モーガン, ジェイソン (Jason Morgan 1935-) 309
モーガン, トーマス・ハント (Thomas Hunt

Morgan 1866-1945) 263, 337
モナーデス, ニコラス (Nicholas Monardes 1493-1578) 53
モノー, ジャック (Jacques Monod 1910-76) 345
モーリー, マシュー・F (Matthew F. Maury 1806-73) 148
モーリー, ローレンス (Lawrence Morley) 307

ヤ 行

ヤーキーズ, ロバート (Robert Yerkes 1876-1956) 325, 360

ヨルダン, カール (Karl Jordan 1888-) 343

ラ 行

ライエル, チャールズ (Sir Charles Lyell 1797-1875) 149, 156
ライト, シューアル (Sewall Wright 1889-1988) 341
ライプニッツ, G. W. (G. W. Leibniz 1646-1716) 86
ライリ, ゴードン・A (Gordon A. Riley 1911-85) 396
ラヴォアジエ, アントワーヌ (Antoine Lavoisier 1743-94) 77
ラヴロック, ジェイムズ (James Lovelock 1919-) 379
ラザフォード, アーネスト (Ernest Rutherford 1871-1937) 294
ラック, デヴィッド (David Lack 1910-73) 393
ラッテン, マーティン・G (Martin G. Rutten) 303
ラマルク, J. B. (Jean Baptiste de Monet Lamarck 1744-1829) 104, 134, 151, 222
ラムゼー, A. C. (A. C. Ramsay 1814-79) 159
ランケスター, E・レイ (E. Ray Lankester 1847-1929) 228, 319

リーキー, ルイス (Louis Leakey 1903-72) 361
リスター, マーティン (Martin Lister 1638?-1712) 82
リッター, カール (Carl Ritter 1779-1854) 144

リービッヒ, J.フォン (Justus von Leibig 1903-73) 182
リビングストン, デビッド (David Livingstone 1813-73) 142
リンデマン, レイモンド (Raymond Lindemann 1915-42) 394
リンネ, カール・フォン (Carl von Linné 1707-78) 10, 102, 115
リンネウス, カロルス→リンネ, カール・フォン

ルイ 14 世 (Louis XIV 1638-1715) 68
ルイス, メリウェザー (Meriwether Lewis 1774-1808) 142
ルイセンコ, T. D. (T. D. Lysenko 1898-1976) 335, 376
ルクレティウス (Lucrētius 前 94 頃-前 55 頃) 28
ルーズヴェルト, セオドア (Theodore Roosevelt 1858-1919) 231, 283, 319
ルーズヴェルト, フランクリン・D (Franklin D. Roosevelt 1882-1945) 377
ル・ピション (Le Pichon)→ピション, グザビエ・ル
ルフィヌス (Rufinus) 43
ルロワ, ピエール (Pierre Leroy 1717-85) 75

レイ, ジョン (John Ray 1627-1705) 62, 107
レイリー卿→ストラット, R. J.
レーウェンフック, アントン・ファン (Anton van Leeuwenhoek 1632-1723) 64
レオナルド・ダ・ヴィンチ (Leonard da Vinci)→ダ・ヴィンチ, レオナルド
レオポルド, アルド (Aldo Leopold 1887-1948) 377
レオミュール, ルネ-アントワーヌ・ド (René-Antoine de Réaumur 1682-1757) 108
レディ, フランチェスコ (Francesco Redi 1626-97) 65
レーニン (Vladimir Ilich Lenin 1870-1924) 376
レーマン, J. G. (J. G. Lehmann 1719-67) 90
レンシュ, ベルンハルト (Bernhard Rensch 1900-) 343
レンネル, ジェームズ (James Rennell 1742-1830) 148

ロイド, エドワード (Edward Lhwyd 1660-1709)　81
ロエブ, ジャック (Jacques Loeb 1859-1924)　353
ロスビー, カール-グスタフ (Carl-Gustaf Rossby 1898-1957)　289
ローゼン, D. E. (D. E. Rosen)　349
ロック, ジョン (John Locke 1632-1704)　114
ロトカ, アルフレッド・J (Alfred J. Lotka 1880-1949)　389
ロビンソン, トマス・ロムニー (Thomas Romney Robinson)　147
ロマネス, ジョージ・ジョン (George John Romanes 1848-94)　352
ローレンツ, コンラート (Konrad Lorenz 1903-89)　320, 356
ロンドレ, ギョーム (Guillaume Rondelet 1507-66)　55

ワ 行

ワイルド, オスカー (Oscar Wilde 1854-1900)　321
ワーズワース, ウィリアム (William Wordsworth 1770-1850)　144, 213
ワット, ジェームズ (James Watt 1736-1819)　93
ワトソン, ジョン・B (John B. Watson 1878-1958)　350
ワトソン, ヒューエット・C (Hewett C. Watson 1804-81)　194

書 名 索 引

ア 行

アメリカの鳥類 Birds of America　178
アルプス山脈の起源 The Origin of the Alps　165
アルプス旅行記 Voyages dans les Alpes　97

医学の材料 De Materia Medica　39
石について On Stones　38
一般形態学 Generalle Morphologie　244, 265
遺伝学と種の起源 Genetics and the Origin of Species　344
インディアス自然一般史 History of the Indies　53

失われた世界 The Lost World　250
宇宙 Kosmos　146

英国産および外国産のランの昆虫による受精における様々な工夫 On the Various Contrivances by which British and Foreign Orchids are Fertilized by Insects　267
英国における科学の衰退 The Decline of Science in England　141
英国の植生型 Types of British Vegetation　274

温帯アメリカの動物群集 Animal Communities in Temperate America　386

カ 行

海洋自然地理学 Physical Geography of the Sea　148
化石について On Fossil Objects　59
化石の本質について On the Nature of Fossils　60
環境, 権力そして社会 Environment, Power and Society　395

偽教義の流行 Pseudodoxia Epidemica　58
気候と時代 Climate and Time　160
気象論 Meteorologica　35, 45
基礎植物学 Eléments de botanique　114

空気, 水, 場所 Airs, Waters, Places　31
偶然と必然 Chance and Necessity　345

形相と質の起源 Origin of Forms and Qualities　66
系統論と種の起源 Systematics and the Origin of Species　344
現象としての人間 Phenomenon of Man　346

攻撃 On Aggression　357
鉱物学体系 System of Mineralogy　92
鉱物と金属について De Mineralibus et Rebus Metallicis (On Minerals and Metals)　44
古代の狩猟民 Ancient Hunters　254

サ 行

サルと類人猿の社会生活 The Social Life of Monkeys and Apes　359
サンバガエルの謎 The Case of the Midwife Toad　333

四肢の本性について On the Nature of Limbs　190
地震に関する論文 Discourse of Earthquakes　84

自然界における人間の位置 Man's Place in Nature　238
自然学的神学 Physico-Theology　120
自然神学 Natural Theology　187
自然神学 Physico-Theology　69
自然について De Naturis Rerum　42
自然の遺産 Our Heritage of Wild Nature　374
自然の過程によって固体内に閉じ込められた硬い物体に関する論文への序論 Prodromus to a Dissertation concerning a Solid Body Enclosed by Process of Nature within a Solid　82
自然の光景 Spectacle de la nature　108
自然の諸時期 Les époques de la nature　87, 130
自然の体系 Systema Naturae　115, 116
自然の体系 Système de la nature　132
自然の殿堂 The Temple of Nature　133
四足獣化石骨の研究 Recherches sur les ossemens　200
社会行動との関連における動物の分散 Animal Dispersion in Relation to Social Behaviour　363
社会生物学：新しい総合 Sociobiology: The New Synthesis　365
種の起源 Origin of Species　189, 221, 234
樹木誌：陛下の領地における森林および森林地拡大に関する論考 Sylva: A Discourse of Forest Trees and the Propagation of Timber in His Majesty's Dominions　70
衝突する宇宙 World in Collision　311
植物学の原理 Principles of Botany　125
植物活写図 Herbarium Vivae Icones (Living Portraits of Plants)　57
植物群落 Plantesamfund　269
植物誌 De Historia Stirpium (History of Plants)　57
植物新方法論 Methodus Plantarum Nova　114
植物生態学 Oecology of Plants　269
植物地理学に関する論考 Essai sur la géographie des plantes　193
植物地理学入門 Essai élémentaire de géographie botanique　194
植物について De Plantis　58
植物について De Vegetabilibus et Plantis (On Vegetables and Plants)　45

植物の受精 Fertilization of Flowers　267
植物の園 The Botanic Garden　133
植物論 De Plancis　45
女性のための本草書 Ex Herbis Feminis　43
司令本部の夜 Headquarter's Nights　323
神学大全 Summa Theologiae　43
進化：現代的総合 Evolution: the Modern Synthesis　344
進化と適応 Evolution and Adaptation　263
進化の速度と様式 Tempo and Mode in Evolution　344
進化の物質的基礎 The Material Basis of Evolution　345
進化論批判 Critique of the Theory of Evolution　338
新旧の進化論 Evolution Old and New　240
人口論 Essay on the Principle of Population　122, 196
新発見の世界からの喜ばしい知らせ Joyfull Newes out of the Newefound World　53

砂の国の暦 Sand County Almanac　377
すばらしい新世界 Brave New World　354

生存の自然条件に影響を受ける動物生活 Life as Affected by the Natural Conditions of Existence　267
生態学 Ecology　380
生態学の研究法 Research Methods in Ecology　272
生態劇場と進化芝居 The Ecological Theatre and the Evolutionary Play　396
生物生態学 Bio-Ecology　384, 386
生命の科学 The Science of Life　344
世界周航観察記 Observations made during a Voyage round the World　125
石炭問題 The Coal Question　233
脊椎動物の原型と相同に関して On the Archetype and Homologies of the Vertebrate　190
セルボーンの博物誌 The Natural History of Selborne　119
全体論と進化論 Holism and Evolution　333

相互扶助論 Mutual Aid　241
創造の自然史の痕跡 Vestiges of the Natural History of Creation　209
創造の御業に顕現する神の英知 Wisdom of

書名索引　15

God Manifested in the Works of the Creation　69, 107
ソクラテスの思い出 Memorabilia　31
ゾーノミア Zoonomia　133
ソロモンの指環 King Solomon's Ring　356

タ行

大洪水の遺物 Reliquiae Diluvianae　168
太古の宇宙人 Chariots of the God　347
大氷河時代 Great Ice Age　161
太陽の神ポイボスの鏡 Le Miroir de Phoebus　45
ダーウィンのフィンチ Darwin's Finches　393

地殻の物理学 The Physics of the Earth's Crust　166
地球 The Earth　299
地球構造学の基礎 Elements of Geognosy　92
地球と人間 The Earth and Man　144
地球の自然誌に関する論考 Essay toward a Natural History of the Earth　83
地球の新理論 New Theory of the Earth　86
地球の聖なる理論 Sacred Theory of the Earth　85
地球の相貌 The Face of the Earth　165
地球の年齢 The Age of the Earth　295
地球物理学研究 Journal of Geophysical Research　287
地磁気 Terrestrial Magnetism　287
地質学原理 Principles of Geology　156, 170, 195, 213
地理学 Geography　39
地理学概論 Geographia generalis　77
地理学入門 Geography　50
地理学論 Essai de Géographie　77
沈黙の春 Silent Spring　378

ティマイオス Timaeus　33, 34, 42
適応と自然選択 Adaptation and Natural Selection　364
哲学者と神の判断 Judgement both of Philosophers and Divines　107
テリアメド Telliamed　87
デ・レ・メタリカ（鉱物について）De Re Metallica　54, 60

動物誌 Historia Animalium　36, 45
動物集団 Animal Aggregations　386
動物生態学の原理 Principles of Animal Ecology　386
動物哲学 Philosophie zoologique　134, 208
動物について De Animalibus (On Animals)　45
動物の集合：一般社会学における研究 Animal Aggregations: A Study in General Sociology　363
動物の精神の進化 Mental Evolution in Animals　352
動物の生態学 Animal Ecology　387, 388
動物の知能 Animal Intelligence　352
鳥を用いて狩りをする方法 De Arte Venandi cum Avibus (The Art of Falconry)　45

ナ行

なわばりの意識 Territorial Imperative　325

ニュー・アトランティス New Atlantis　63
人間論 Essay on Man　111

ネブラスカの植物地理学 Phytogeography of Nebraska　272

ハ行

博物誌（ビュフォン）Historie Naturelle　87, 105, 122, 128
博物誌（プリニウス）Natural History　39, 42, 54
ハタネズミ，ハツカネズミ，タビネズミ Voles, Mice and Lemmings　388, 395
ハットンの地球理論の解説 Illustrations of the Huttonian Theory of the Earth　95
パリの環境の地質の記述 Descriptions géologiques des environs de Paris　151

人と超人 Man and Superman　332
ピナクス Pinax　58
秘密事象の原因について De Abditis Rerum Causis (On the Causes of Secret Things)　49
氷河に関する研究 Studies on Glaciers　158

フィジオログス Physiologus　42
フィロソフィカル・トランザクションズ Philosophical Transactions　65
ブリッジウォーター論集 Bridgewater Treatises　188
プロトガイア Protogaea　86
分析論後書 Analytics　37

変異研究のための資料 Materials for the Study of Variation　262

見事な論考 Admirable Discourses　60

南アメリカ旅行記 Personal Narrative　146, 213

メトセラに還れ Back to Methuselah　332

ものの本性について（宇宙の本質について）De Natura Rerum (On the Nature of the Universe)　29

ヤ 行

野生のうたが聞こえる→砂の国の暦

利己的遺伝子 The Selfish Gene　365

事項索引

ア 行

アイソスタシー 166
アウストラロピテクス 324
赤　潮 268
アパラチア山脈 163
アメリカ生態学会 380
アメリカ地球物理学連盟 287
アメリカ鳥類研究者連合 229
アララト山 123
アルバトロス号 229
アルプス山脈 97, 163
暗黒大陸 137
安定状態理論 157, 171
アンデス山脈 146, 147, 165, 213
アンモナイト 82

イエローストーン 231
イグアノドン 203
一元論 320
一元論哲学 241
一元論同盟 320
遺伝学 236
遺伝決定論 335
遺伝子プール 339
移　動 336

ヴィクトリア時代 177, 221
ウィルダネス協会 377
ウォードの箱 178, 181
ウォレス線 258
失われた環→ミッシング・リンク
宇宙進化論 242
宇宙生成論 27

宇宙の目的 346
ウッズホール海洋研究所 287
ウプサラ大学 105
羽毛連盟 232

英国海軍 148
英国科学振興協会 238
英国国教会 108, 168, 181
英国植生調査研究委員会 274
英国生態学会 274, 380
英雄と悪者 138
エヴェレスト山 285
エコロジー 263
エスキモー 6
エディンバラ大学 92, 212
エトナ（火）山 169
エルタニン号 308

王立協会 65
王立植物園 140
王立鳥類保護協会 233
王立地理学協会 142, 284
オカピ 319
雄優位 361
オゾン層 400
オーデュボン協会 232

カ 行

ガイア仮説 379
海　溝 305
カイツブリ 355
海底地図 287
海洋科学 229
海洋学 147
海洋障壁 258
海洋生態学 381

海洋生物学実験所 229, 391
海洋探査 287
海洋底拡大 301, 304
海洋動物学実験所 229
海　嶺 305
科学革命 48, 61, 74, 175
科学と宗教の戦争 221
獲得形質 135, 208
　　──の遺伝 222, 328
核の冬 311
革　命 152
花崗岩 91
火山活動 93
火成論 93
火成論者 89
化　石 72
家族構成 360
型 204
　　──の遷移法則 207
合衆国地質調査所 233
合衆国農務省生物調査局 266
カーネギー研究所 283
カモノハシ 181, 185
ガラパゴス諸島 214, 256
カリウム-アルゴン法 295
環境圧 241
環境科学 1, 280
環境主義 2, 222, 279, 370
　　──運動 223
　　──の台頭 374
環境適応 252
環境保護運動 241, 279
環境（保護）主義者 2
観念論 190
カンブリア系 154
管理者責任 234

機械論 113, 139, 185, 379
機械論的自然観 49
機械論哲学 62, 129, 150, 241, 353
気候変動 290, 400
寄生 270
擬態 260
キニーネ 224
旧赤色砂岩 154
キュー植物園 224
共生 270
競争的排除則 393
局所的適応 336
極相 272, 382
巨大科学 144, 178, 277
ギリシア・ローマ時代 50
キリスト教原理主義 323

区系 124
グレートプレーンズ 372
クロノメーター 75
軍産複合体 279, 316
群集 270
群選択 364

経済モデル 370
形態学 179
系統樹 244, 348
啓蒙時代 72, 86, 99
啓蒙主義 102, 135, 187
激変説 149, 154, 166, 299
激変論者 149
血縁選択 364
原生自然 6
現代的総合説 314
顕微鏡 64
原理主義 323

攻撃性 356
鉱山学校 75, 140, 141
鉱山大学 140
洪水論 169
洪積層 157, 170
高層気象学 287
後退海洋モデル 89
後退海洋理論 93, 97, 123, 125
行動主義 353
五円環説 186, 210
古気候学 296

国際気象機関 287
国際生物学事業計画 378
国立公園 374
古生物学 200, 206
古生物学研究 238
個体群生態学 397
個体主義 393
個体発生 336
古地磁気学 302
古典派時代 74
コヨーテ 371
コラム→層位列
ゴリラ 225, 314
コールドスプリング・ハーバー会議 396
コレクション 81
ゴンドワナ大陸 165, 300

サ行

サイクロン 288
最適者 216
最適者生存 223, 239
栽培作物 225
サイバネティックス 394
殺虫剤 378
産業革命 318
サンゴ礁 171
サンバガエル 333
残留磁気 302

シアル 295
ジェット気流 287
シエラクラブ 231
ジェントルマン専門家 149, 151
シカゴ学派 386
資金提供団体 279
シグマティスト学派 386
シグマティズム 385
始原層 95
システム生態学 381, 394
自然過程 188
自然観 381
自然史博物館 134, 178, 179, 227, 319
自然神学 110, 132, 238
自然神学者 350
自然選択 176, 215, 222
自然選択理論 212, 236

自然に帰れ 273, 370
自然の経済 102
自然の統一性 244
自然のバランス 121, 196, 263
自然のモデル 381
自然発生 131, 132
自然発生説 132
自然分類 116
自然保護区 233
自然保護区調査委員会 374
自然保全局 374
自然保存 231
自然保存運動 223
自然魔術 51
始祖鳥 248
実験的研究方法 222
実証主義哲学 139
シマ 295
社会進化論 267
社会生物学 363
社会ダーウィニズム 221, 327
社会ダーウィン学派 327
ジャワ原人 253
褶曲 152
集合種 383
収縮理論 297
習性 350
集団遺伝学 335
自由放任主義 224
樹状モデル 183
ショウジョウバエ 337
植生帯 146
植物生態学 380, 382
植物生理学 386
植物相 124, 193, 250
植物地理学 146, 193
食物連鎖 102, 267, 386
シルル系 154
人為選択 224
人為分類 113, 115
進化形態学 228, 244
進化総合説 342
人種差別主義 318
人種差別主義者 317
人種のヒエラルキー 325
神聖病 31
神秘主義 373
新プラトン主義 39
進歩哲学 239

進歩の観念 223
心理学 350
森林伐採 230
人類進化 252, 325

水成論 86, 89
水成論者 89
スクリップス海洋学研究所 287
スコープス裁判 323, 346
スコラ哲学 58
砂嵐 233, 372, 383
刷り込み 356

斉一主義 167
斉一説 93, 166, 195, 299
星雲説 173
生気論 122, 273, 281
生気論者 375
生殖質 261
生殖戦略 363
精神
　──の起源 350
　──の進化 351
性選択 252, 355
生息地 122, 194
生息場所 122, 124, 194
生息範囲 194
生態学 2, 223, 264, 326
生態学主義 20
生態学的関係 176, 264
生態系 381
生態的地位(ニッチ) 387
生物学 101, 176
生物圏 376, 394
生物測定学 339
生物測定学派 260, 339
生物地理学 208, 222, 348
生物変移論者 104
生命科学 222
生命の樹 243
世界気象機関 287
石炭 233
石炭紀 156
石油 233
絶滅 248
絶滅種 176
遷移 272
先駆者 99

先駆者探し 72
先験的解剖学 188, 189
染色体 260
漸進主義 72, 97, 162
前進的進化 134
漸進的進歩 348
漸進的変化 138
漸進的冷却 157
前成説 103
全体論 281, 392
全体論哲学 333
全米科学財団 283

層位学 96, 150, 155, 293
層位列 151, 152
草原生態学 382
草原生態学派 381
層序累重 91
創世神話 41
創造科学 323
創造的進化 333
創造論者 83
ソビエト連邦 335
存在の連鎖 40, 112, 134, 183, 184

タ行

第一次世界大戦 278, 318
退化 247
大気循環モデル 288
大洪水→ノアの洪水
堆積岩 81
第二次世界大戦 278, 380
大復興 61
大陸移動 6
大陸移動説 250, 291
大陸不変 166
ダーウィニズム 101, 127, 222
　──の含意 346
　──の失墜 236, 337
ダーウィン学派 236
ダーウィン革命 175, 234
ダーウィン説信奉者 236, 237, 346
単線モデル 252
断続平衡説 347

地殻構造 80, 286
地殻内の対流 301

地下貯水池 45
地球温暖化 400
地球科学 310
地球磁場 284, 302
地球物理学 280, 286
地球冷却理論 149, 155, 156, 157, 281
地区 124
地向斜 164
知識社会学 18
地質学 310
地質学協会 215
地質調査所 143, 154
地層累重→層序累重
チャレンジャー号 229
中央海嶺 301
中性昆虫 351
中生代 171
チューリッヒ-モンペリエ学派 385
跳躍 189
跳躍進化 337
跳躍進化説 236
超有機体 270, 382
鳥類学 178
鳥類保護協会 233
直線的階層 185
地理学的分布 88
地理的隔離 256, 314, 343
地理的な変種 343
地理的要因 247, 342
チンパンジー 314

通常科学 15
つつき順位 387

DNA 336
定向進化 243, 328
帝国昆虫局 225
帝国主義 224, 321
帝国動物相保護協会 232
DDT 373
適応圧 388
適応進化 222, 259
適応放散 249, 330
デザイン論 107, 187, 189, 205
哲学的博物学者 176
テネシー渓谷開発公社 283
デボン紀 203

事項索引

転成　201, 205, 208
転成理論　133, 134
転成論　183, 208
転成論者　206, 209

等温線　147
闘争　137
動物学協会　180
動物寓話集　8
動物行動学　344, 350
動物生態学　380, 386
動物相　195, 250
土壌浸食　230
突然変異　337
突然変異説　262
トランスフォーム断層　308
ドレスデン植物園　269

ナ行

ナイアガラの滝　170
内的鋳型　129, 130
ナショナリズム　278
ナショナル・ジオグラフィック協会　284
ナチス　278
ナチズム　320
ナチ党　320

ネアンデルタール人　253
ネオ・ラマルキズム　236
熱帯雨林　146, 400
年代測定技術　290

ノアの洪水　59, 82, 86, 149, 157
ノアの方舟　123

ハ行

ハイエナ　168
バウンティ号　106
博物学　177
博物館　226
バージェス頁岩　328
爬虫類　171
発生学　179
パドヴァ大学　52
パトロン　105
パラダイム　14
ハラミジョ事象　304
反機械論哲学　320

パンゲア　297
反ダーウィン学派　327
反復説　246
反唯物論者　316
反唯物論的理論　317
反唯物論哲学　241

比較解剖学　176, 189, 200
東インド会社　224
ビーグル号　141, 207, 213, 234
微小化石　293
非ダーウィン理論　327
ビッグ・サイエンス→巨大科学
ピテカントロプス　253
非適応進化の理論　326
ヒヒ　360
ビューリタン　63
氷河　155
氷河期理論　198, 258
氷河作用　160
氷河時代　157, 160, 167, 290
品種改良　341

フィードバック・ループ　394
フェミニスト　9
フェミニズム　317
プランクトン　391
プレートテクトニクス　280, 301
プレーリー　225, 271
プレーリードッグ　371
プロクルーステース　25
プロテスタント　239, 316
分布範囲　194
分類学　348
分類体系　116, 117

平行進化　327
並行法則　192, 205
兵站調査所　142
ベルゲン博物館　288
ヘルメス主義　50
変移　188
変移論　103
変移論者　179
変種　127
ヘンゼン学派　268

ホイッグ史観　15
包括適応度　364
放射性元素　173, 294
放射能　173, 294
防除
　化学的——　373
　生物的——　373
ホット・スポット　305
ホモ・エレクトス　253
ボールドウィン効果　332, 333
ボローニャ大学　52
本質主義　10
本能　350

マ行

迷子石　167, 170
マウンテンゴリラ　359
マグマ　300
マストドン　88
マルクス主義　335
マンモス　88, 201

ミッシング・リング（失われた環）　248, 328
密度依存要因　389
密度独立要因　389
緑の運動　4, 263, 374
緑の党　375, 378

無神論　187
無脊椎動物　200

メキシコ湾流　161
メンデル遺伝学　103, 261, 322
メンデル学派　336

モンキー裁判→スコープス裁判

ヤ行

野外博物学者　314
野生生物保全特別委員会　374
野鳥観察　355
野鳥観察者　229

唯物論　109, 132, 135, 318
有害動物　371
有機体論哲学　384
優生学運動　321

優先権論争　195
優占種　266
ユダヤ=キリスト教　9, 317

ヨセミテ渓谷　231
4つの基本型　186

ラ 行

ラマルキズム　134, 209, 236
ラマルク学徒　208, 239, 398
ラマルク主義者　208
ラマルク説信奉者　205
ラモント地質学観測所　308

陸水学　267
理性の時代　71
利他的行動　364
陸　橋　123, 250
リンネ協会　106

類人猿　247, 323
ルイセンコ事件　334
累　層　82, 92, 150, 151
ルネサンス自然主義　51

冷却速度　87
霊長類　359

歴史生物地理学　195
連続の原理　111

ロイド・モーガンの公準　352
ロトカ・ヴォルテラ方程式
　　389, 393
ローマクラブ　378
ローマ帝国　26
ロマン主義　6, 139, 144, 145,
　　190
ローラシア　300
ロンドン動物園　168

訳者略歴

小川眞里子（おがわ・まりこ）
1948年　岐阜県に生まれる
1978年　東京大学大学院比較文学比較文化博士課程中退
現　在　三重大学人文学部教授
著　書　フェミニズムと科学／技術（単著，岩波書店，2001）
　　　　生命論への視座（共著，大明堂，1998）
　　　　講座文明と環境11 環境危機と現代文明（共著，朝倉書店，1996）他

財部香枝（たからべ・かえ）
1961年　東京都に生まれる
2000年　名古屋大学大学院人間情報学研究科博士後期課程満期退学
現　在　中部大学中部高等学術研究所研究員
著　書　Cultures and Institutions of Natural History
　　　　(joint work, California Academy of Science, 2000)

桒原康子（くわばら・やすこ）
1956年　三重県に生まれる
2002年　三重大学大学院人文社会科学研究科修士課程修了
現　在　岐阜市立中学校英語非常勤講師

科学史ライブラリー

環境科学の歴史 I　　　定価はカバーに表示

2002年9月30日　初版第1刷
2009年2月25日　　　第3刷

訳者代表　小 川 眞 里 子
発 行 者　朝 倉 邦 造
発 行 所　株式会社 朝 倉 書 店
　　　　　東京都新宿区新小川町6-29
　　　　　郵便番号　162-8707
　　　　　電　話　03(3260)0141
　　　　　FAX　03(3260)0180
　　　　　http://www.asakura.co.jp/

〈検印省略〉

© 2002〈無断複写・転載を禁ず〉　　新日本印刷・渡辺製本

ISBN 978-4-254-10575-9　C 3340　　Printed in Japan

最新刊の事典・辞典・ハンドブック

元素大百科事典	渡辺　正 監訳	B5判 712頁
火山の事典（第2版）	下鶴大輔ほか3氏 編	B5判 584頁
津波の事典	首藤伸夫ほか4氏 編	A5判 368頁
酵素ハンドブック（第3版）	八木達彦ほか5氏 編	B5判 1008頁
タンパク質の事典	猪飼　篤ほか5氏 編	B5判 1000頁
時間生物学事典	石田直理雄ほか1氏 編	A5判 340頁
微生物の事典	渡邉　信ほか5氏 編	B5判 700頁
環境化学の事典	指宿堯嗣ほか2氏 編	A5判 468頁
環境と健康の事典	牧野国義ほか4氏 著	A5判 576頁
ガラスの百科事典	作花済夫ほか7氏 編	A5判 696頁
実験力学ハンドブック	日本実験力学会 編	B5判 660頁
材料の振動減衰能データブック	日本学術振興会第133委員会 編	B5判 320頁
高分子分析ハンドブック	日本分析化学会高分子分析研究懇談会 編	B5判 1264頁
地盤環境工学ハンドブック	嘉門雅史ほか2氏 編	B5判 584頁
サプライ・チェイン最適化ハンドブック	久保幹雄 著	A5判 520頁
口と歯の事典	高戸　毅ほか7氏 編	B5判 436頁
皮膚の事典	溝口昌子ほか6氏 編	B5判 388頁
からだの年齢事典	鈴木隆雄ほか1氏 編	B5判 528頁
看護・介護・福祉の百科事典	糸川嘉則 総編集	A5判 676頁
食品技術総合事典	食品総合研究所 編	B5判 612頁
日本の伝統食品事典	日本伝統食品研究会 編	A5判 648頁
森林・林業実務必携	東京農工大学農学部編集委員会 編	B6判 464頁

価格・概要等は小社ホームページをご覧ください．